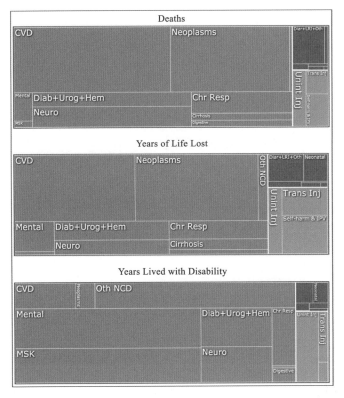

图 9-3 GBD Compare 的 Treemaps 显示了美国每种疾病导致的死亡比例（顶部）、生命损失年限（中间）和残疾生活年限（底部）

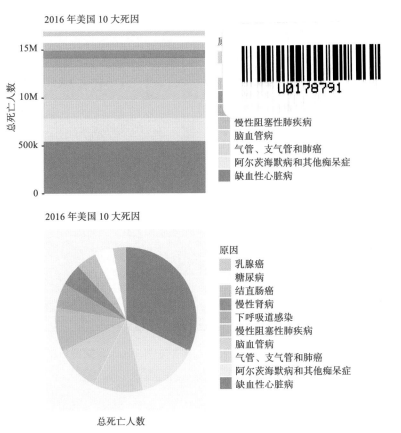

图 15-5 美国死亡主要原因比例图：堆积条形图（顶部）和饼图（底部）

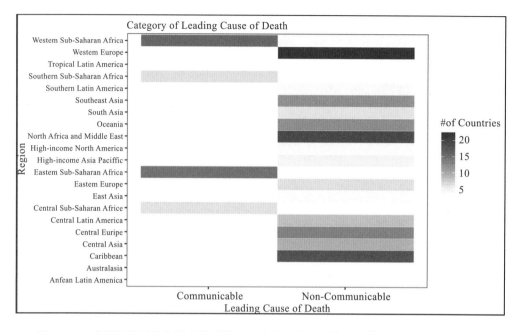

图 15-13　主要死因是传染性或非传染性疾病的每个地区的国家数量的热图（heatmap）

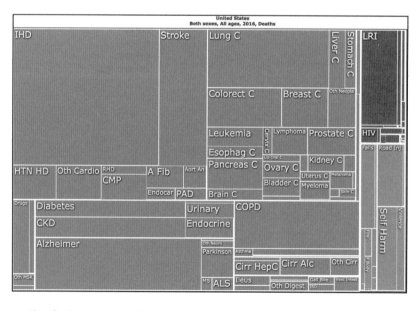

图 15-14　美国每种原因死亡人数的矩形树图。全球疾病负担的可视化工具 GBD Compare
（https://vizhub.healthdata.org/gbd-compare/）的屏幕截图

图 15-15　使用圆填充布局重新创建矩形树图所示的美国疾病负担可视化。使用 d3.js 库（https://d3js.org）创建

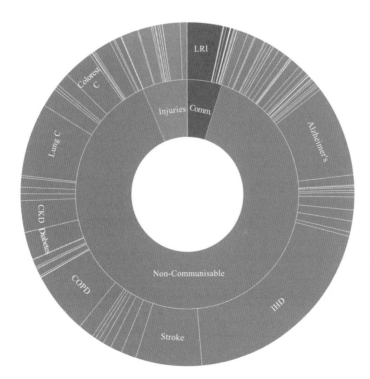

图 15-16　使用旭日图重新创建矩形树图所示的美国疾病负担可视化。使用 d3.js 库（https://d3js.org）创建

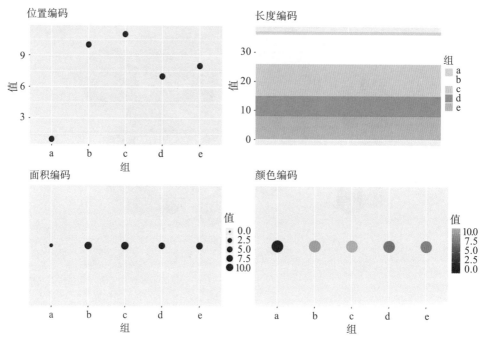

图 15-17　相同数据的不同图形编码。注意值之间差异的可感知性变化

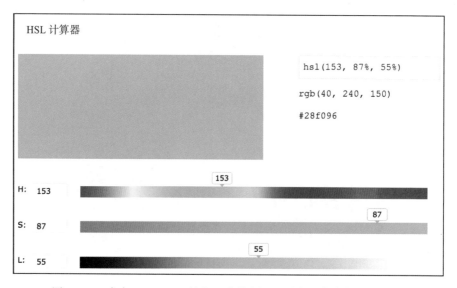

图 15-18　来自 w3schools 的交互式的色调 – 强度 – 亮度颜色选择器

图 15-19 R 中 colorbrewer 包提供的调色板。可在 RStudio 中使用 display.brewer.all() 查看

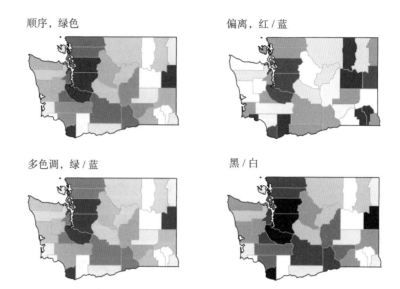

顺序，绿色　　　　　　　　偏离，红/蓝

多色调，绿/蓝　　　　　　黑/白

图 15-20　华盛顿的人口数据用四种 ColorBrewer 色阶表示。顺序和黑白色阶准确地表示连续数据，而偏离色阶（不适当地）意味着从有意义的中心点偏离。多色调色阶中的颜色可能被误解为具有不同的含义

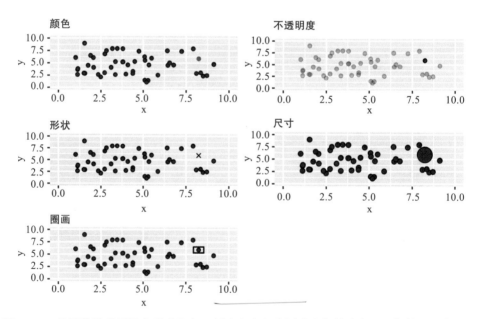

图 15-22　使用前注意属性来吸引焦点。所选点在每个图形中都是清晰的，但使用颜色标识特别容易检测

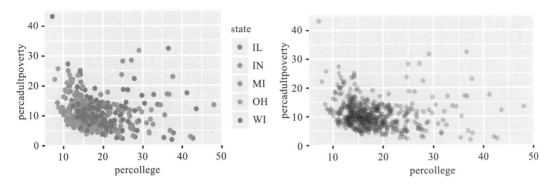

图 16-6　比较成人贫困率和大学教育率时选择颜色的不同方法。左侧使用数据驱动的方法，其中每个州设置不同的颜色（美学映射），而右侧则为所有观测结果设置一个固定的颜色

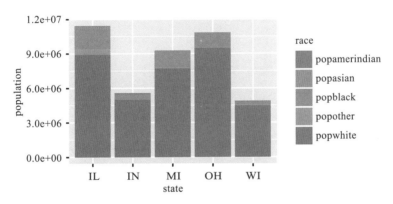

图 16-7　每个州（按种族）人口数量的堆积条形图。颜色是基于"种族"列设置填充美学来添加的

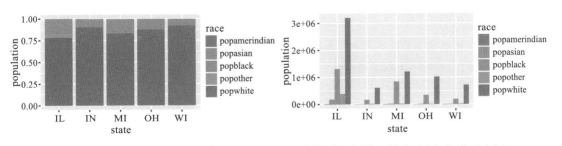

图 16-8　按种族划分的州人口条形图，显示了不同的位置调整：填充（左）和错开（右）

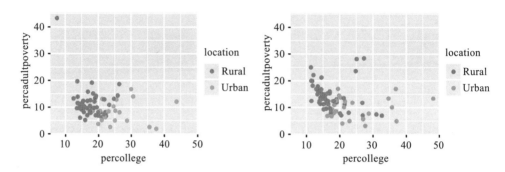

图 16-9 威斯康星州(左)和密歇根州(右)大学教育人口百分比与成人贫困百分比的关系图。这些图具有相同的显式标度(不完全基于绘制的数据)。因为轴和颜色匹配,因此比较这两个数据集非常容易

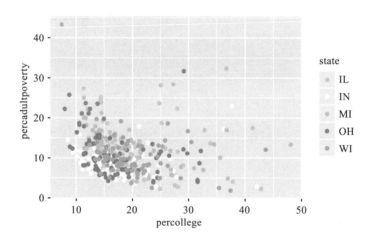

图 16-10 各县成人贫困率和大学教育率的比较,用颜色表示各县所处的州,颜色来自 ColorBrewer Set3 调色板

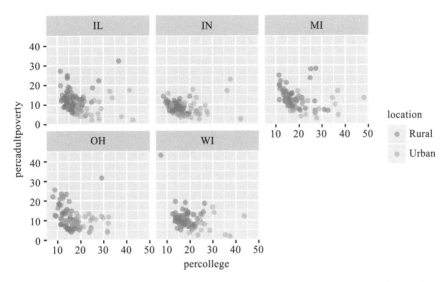

图 16-12 各县成人贫困率和大学教育率的比较。使用 facet_wrap() 函数为每个州单独创建的绘图

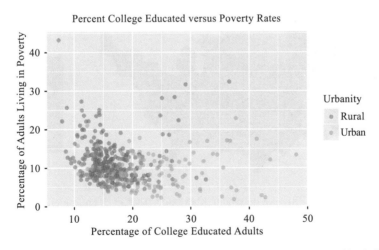

图 16-13 各县成人贫困率和大学教育率的比较。labs() 函数用于为每个美学映射添加标题和标签

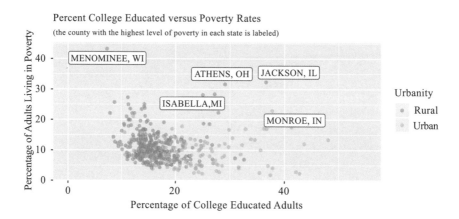

图 16-14　使用标签识别每个州最贫困的县。使用 ggrepel 包防止标签重叠

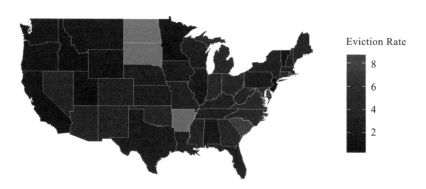

图 16-16　用 ggplot2 绘制的按州划分的驱逐率的 choropleth 图

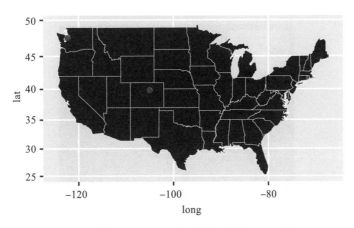

图 16-17   向地图添加离散点

Evictions in San Francisco, 2017

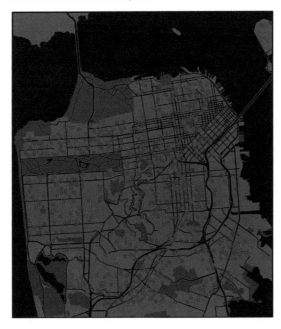

图 16-19   2017 年旧金山归档的每个驱逐通知的位置。图像是使用 ggplot2 包在地图块上放
            置点层生成的

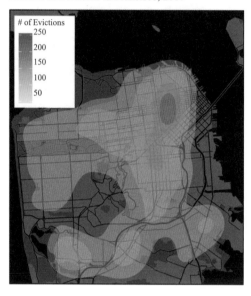

图 16-20 旧金山驱逐通知的热图。该图像是使用 ggplot2 的统计转换功能将驱逐通知聚合
为二维等高线而创建的

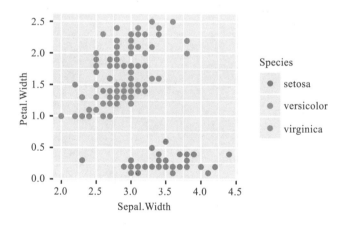

图 17-2 使用 ggplot2 创建的 iris 数据集的静态可视化

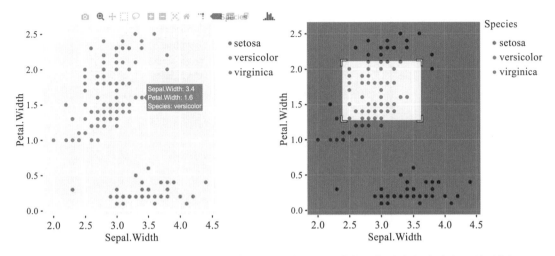

图 17-3　Plotly 图表交互：鼠标悬停将显示提示（左），单击＋拖动鼠标将放大区域（右）。
通过左侧图表顶部的交互菜单提供更多交互（如平移）

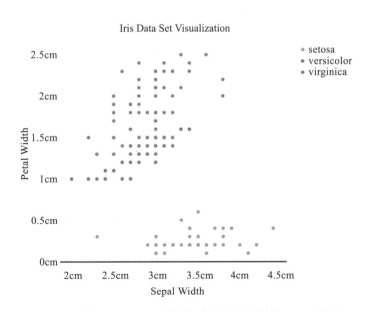

图 17-4　使用 layout() 函数添加信息标签和轴的 Plotly 图表

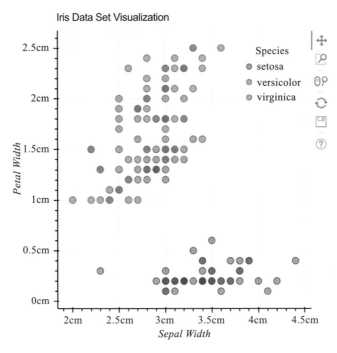

图 17-5　带格式化坐标轴的 Bokeh 图表。注意图表右侧的交互菜单

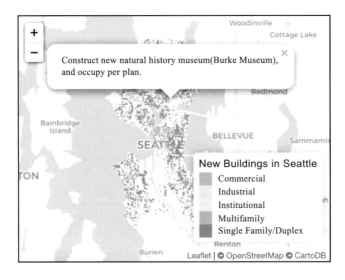

图 17-11　2010 年以来西雅图新建筑许可证的 Leaflet 地图，按建筑类别着色

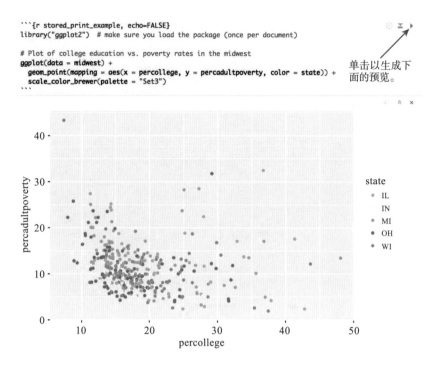

```{r stored_print_example, echo=FALSE}
library("ggplot2") # make sure you load the package (once per document)

# Plot of college education vs. poverty rates in the midwest
ggplot(data = midwest) +
  geom_point(mapping = aes(x = percollege, y = percadultpoverty, color = state)) +
  scale_color_brewer(palette = "Set3")
```

单击以生成下
面的预览。

图 18-6　单击绿色播放按钮图标（非常有利于调试 .Rmd 文件），将显示 knitr 生成的内容预览

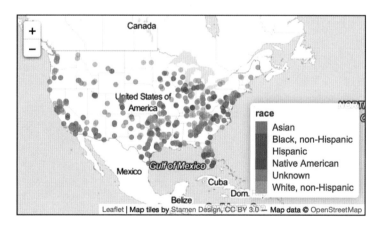

图 19-9　使用 leaflet 生成的 2018 年被警察杀死的死者地理分布图

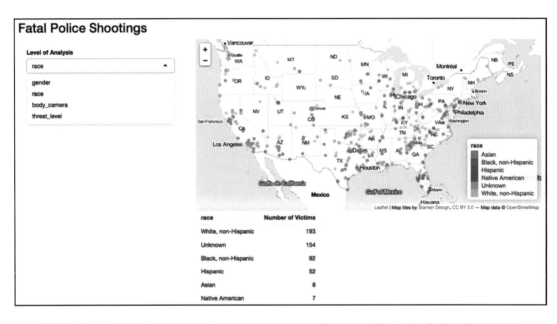

图 19-10　一个 Shiny 应用程序，显示 2018 年致命的警察枪击事件，下拉菜单允许用户选择在地图上指定颜色的功能以及汇总表的聚合级别

数据科学与工程技术丛书

PROGRAMMING SKILLS FOR DATA SCIENCE

START WRITING CODE TO WRANGLE, ANALYZE, AND VISUALIZE DATA WITH R

数据科学之编程技术

使用R进行数据清理、分析与可视化

[美]

迈克尔·弗里曼（Michael Freeman）
华盛顿大学

乔尔·罗斯（Joel Ross）
华盛顿大学

著

张燕妮 译

机械工业出版社
China Machine Press

图书在版编目（CIP）数据

数据科学之编程技术：使用 R 进行数据清理、分析与可视化 /（美）迈克尔·弗里曼（Michael Freeman），（美）乔尔·罗斯（Joel Ross）著；张燕妮译 . —北京：机械工业出版社，2019.10
（数据科学与工程技术丛书）

书名原文：Programming Skills for Data Science：Start Writing Code to Wrangle, Analyze, and Visualize Data with R

ISBN 978-7-111-64089-9

I. 数…　II. ① 迈…　② 乔…　③ 张…　III. 程序语言 – 程序设计　IV. TP312

中国版本图书馆 CIP 数据核字（2019）第 234890 号

本书版权登记号：图字　01-2019-1416

本书围绕使用 R 进行数据科学编程所需的实际步骤展开。全书着眼于该主题，介绍了有关该主题的工具和技术的整个生态系统。虽然编写代码是成为数据科学家的核心部分，但获得更多的基础技能也是这个过程中必不可少的。数据科学要安装和配置软件以编写、执行和管理代码，跟踪项目版本变动，利用计算机科学的核心概念来理解如何完成给定任务，访问并处理各种不同来源的数据，利用可视化手段来揭示数据中的模式，构建与他人共享观点的应用程序。

本书的目的是帮助人们在这些领域打下坚实基础，以便能进入数据科学领域（或将数据科学引入他们工作的领域中）。

数据科学之编程技术
使用 R 进行数据清理、分析与可视化

出版发行：机械工业出版社（北京市西城区百万庄大街 22 号　邮政编码：100037）

责任编辑：游　静　　　　　　　　　　　　责任校对：李秋荣

印　　刷：中国电影出版社印刷厂　　　　　版　　次：2020 年 1 月第 1 版第 1 次印刷

开　　本：185mm×260mm　1/16　　　　　印　　张：17.75（含 1 印张彩插）

书　　号：ISBN 978-7-111-64089-9　　　　定　　价：99.00 元

客服电话：（010）88361066　88379833　68326294　　　　投稿热线：（010）88379604

华章网站：www.hzbook.com　　　　　　　读者信箱：hzit@hzbook.com

译 者 序

　　数据科学作为交叉学科，涉及领域广，又与多个热门技术如人工智能、机器学习、深度学习等的发展密不可分。随着人们对数据科学的期望值越来越高，数据科学家需要掌握的技能也越来越多。通过本书，Michael Freeman 和 Joel Ross 为立志从事数据科学的新手提供了学习基本编程技能的相关资源。

　　本书逐步介绍使用 R 进行数据科学编程，并介绍了有关的工具和技术。书中共分为6 大部分。第一部分介绍了如何下载和安装书中涉及的各种软件；第二部分介绍了项目管理的基础技术，包括跟踪代码的版本和生成文档；第三部分介绍了 R 编程语言，它是整本书使用的主要开发语言；第四部分介绍了如何在 R 中加载、格式化、遍历和重塑数据；第五部分介绍了数据科学中数据可视化的原则以及如何利用 R 构建数据可视化；第六部分介绍了如何使用两种不同的方法创建交互平台来分享自己的观点，以及如何拓展自己的知识。

　　本书包含大量的代码示例和演示，很多是基于真实的数据集，这不仅有助于读者实际练习编写代码，还能帮助读者更好地理解数据科学程序的工作机制。

　　基于对数据科学和计算机科学的热爱，本人翻译了此书。翻译过程中我的知识面得到了进一步的扩展和丰富，感谢关敏编辑为我提供了翻译本书的机会，感谢我的爱人和女儿对我翻译工作的支持。

序

  数据科学所需的技能正在不断扩展以包含越来越多的分析途径,除了拟合统计和机器学习模型外,数据科学家还期望能从不同格式的文件中获取数据、与 API 交互、在命令行工作、操作数据、创建图形、构建仪表板并用 git 跟踪所有工作。通过组合所有这些组件,数据科学家能产生令人震惊的结果。在本书中,Michael 和 Joel 为立志从事数据科学的新手提供了学习基本编程技能的权威资源。

  Michael 和 Joel 因利用可视化和前端接口来解释复杂的数据科学主题而出名。除了书面工作外,他们还对统计方法进行了互动解释——其中对分层建模进行了特别清晰和引人入胜的介绍。正是这些感悟以及对揭示复杂主题的迫切,促使他们编著了本书,书中教授了大量的数据科学技能。

  书中的数据科学之旅从设置本地计算环境(如文本编辑器、RStudio、命令行和 git)开始。虽然这些经常被忽视,但这将为后续章节奠定坚实的基础,并使学习核心数据技能变得更加容易。之后章节将关注核心技能,包括数据操作、可视化、报告和 API 的精彩解释。Michael 和 Joel 甚至展示了如何使用 git 协作开发,有些数据科学家经常忽略将这项技能融入其项目中。

  本节在教授数据科学初学者所需的基本技能方面名副其实。这本书既为初学者也为那些可能缺少某些关键知识的有经验者提供了宝贵的见解。Michael 和 Joel 充分利用他们多年的教学经验,编著了一个引人入胜的教程。

杰瑞德·兰德(Jared Lander)

丛书编辑

将数据转换为有意义的信息需要一种能力,即清晰且可再现地清理、分析和可视化数据。这些技能是数据科学领域的基础,该领域增强了我们对从疾病传播到种族不平等等问题的整体理解。而且,研究人员和专业人员通过编程与数据进行交互,能够快速发现并沟通数据中通常难以检测的模式。理解了如何编写代码来处理数据之后,有助于人们使用新的、更大规模的方式进行信息处理。

自由、开源软件的存在,使得任何人都可以在计算机上使用这些工具。本书的目的是教人们如何通过编程探讨数据集中所隐藏的问题。

本书目的

本书围绕使用 R 进行数据科学编程所需的实际步骤展开。全书着眼于该主题,介绍了有关该主题的工具和技术的整个生态系统。虽然编写代码是成为数据科学家(以及本书)的核心部分,但获得更多的基础技能也是这个过程中必不可少的。数据科学要安装和配置软件以编写、执行和管理代码,跟踪项目版本变动,利用计算机科学的核心概念来理解如何完成给定任务,访问并处理各种不同来源的数据,利用可视化手段来揭示数据中的模式,构建与他人共享观点的应用程序。本书的目的是帮助人们在这些领域打下坚实基础,以便能进入数据科学领域(或将数据科学引入他们工作的领域中)。

本书读者

本书是为那些没有编程或数据科学经验的人编写的,但是它对那些活跃在该领域的人也很有帮助。本书最初是为了支持华盛顿大学信息学本科学位课程而编写的,因此(毫不奇怪)它非常适合有兴趣进入数据科学领域的大学生。我们相信任何需要与数据打交道的人都可从本书中学到如何再现地分析、可视化以及创建报告。

如果你有意从事数据科学,或者你经常使用数据并希望通过编程技术从数据中获取信息,那么这本书正适合你。

本书结构

本书分为 6 个部分,每个部分的要点如下。

第一部分：开始

本部分讲述了下载和安装本书其他部分所需软件的步骤。更具体地说，第 1 章详细介绍了如何安装文本编辑器、Bash 终端、R 解释器和 RStudio 程序。然后，第 2 章描述了如何使用命令行进行基本的文件系统浏览。

第二部分：项目管理

本部分介绍了项目管理的基础技术，包括跟踪代码的版本和生成文档。第 3 章介绍了用于逐行跟踪代码变化的 git 软件，以及流行的代码托管和协作服务 GitHub。然后，第 4 章描述了如何使用 Markdown 生成结构和样式良好的文档，这些文档用于共享和展示数据。

第三部分：R 的基本技能

本部分介绍 R 编程语言，它是整本书使用的主要开发语言。本书介绍了 R 语言的基本语法（第 5 章），描述了诸如函数之类的基本编程概念（第 6 章），并介绍了该语言的基本数据结构——向量（第 7 章）和列表（第 8 章）。

第四部分：数据清理

因为数据科学中最耗时的部分通常是加载、格式化、遍历和重塑数据，所以本部分深入地讲解了在 R 中清理数据的最好方法。在介绍了用于理解真实数据结构的技术与概念之后（第 9 章），接着讲解了 R 中常用于管理数据的数据结构——数据框（第 10 章）。为了更好地处理这类数据，随后描述了 R 中以编程方式交互处理数据的两个包：dplyr（第 11 章）和 tidyr（第 12 章）。本部分的最后两章详细描述了如何使用应用程序编程接口从数据库（第 13 章）和基于 Web 的数据服务中加载数据（第 14 章）。

第五部分：数据可视化

本部分着重介绍了数据科学中设计和构建数据可视化时所必需的概念和技术技能。首先概述了数据可视化的原则（第 15 章），用于指导在设计可视化时如何进行选择。然后第 16 章详细描述了如何在 R 中使用 ggplot2 可视化包。最后第 17 章介绍了三个 R 扩展包，以便产生有吸引力的交互式可视化结果。

第六部分：构建和共享应用程序

同任何其他领域一样，只有数据科学的观点能够被他人分享和理解时，它才有价值。本书的最后一部分重点介绍如何用两种不同的方法创建交互平台（直接从你的 R 程序）分享你的观点。第 18 章使用 R Markdown 将分析转换为可共享的文档与网站。第 19 章进而描述了 Shiny 框架，可以借助该框架使用 R 来创建交互式 Web 应用程序。随后第 20 章描述了如何进行协作，第 21 章则详细说明了如何在本书以外拓展自己的知识。

本书约定

示例代码块通常包括需要替换的值。这些替换值以下划线分隔的全大写单词的形式出现。例如，如果需要处理所选的文件夹，则需要在代码中标识 FOLDER_NAME 的地方输入文件夹的名称。代码部分将包括注释，在编程过程中，注释是不被解释为计算机指令的，它们不是代码，只是对代码的解释！计算机能够理解代码，而注释是帮助人们理解代码的。第 5 章讲解了编写你自己的描述性注释的技巧。

为了帮助阅读，我们还使用了 5 种特殊标注形式。

技巧：这些内容提供了简化工作的最佳实践和快捷方式。

趣事：这些内容提供了有关主题的有趣背景信息。

注意：这些内容是需要牢记在心的关键知识点。

警告：这些内容描述了常见错误并介绍了如何避免它们。

深入学习：这些内容提出了本书以外的拓展知识。

书内包含了一些特定按键的说明。这些内容以小写字母形式表示。当需要同时按下多个键时，它们之间使用加号（+）分隔。例如，如果需要同时按下命令键与"c"键时，则表示成 cmd+c。

Windows 用户需要将命令键替换成控制键（ctrl）。

如何阅读本书

本书的各个章节将指导读者完成数据科学的编程过程。后面的章节往往以前面的例子和概念（特别是第三和第四部分）为基础。

本书包括大量的代码示例和演示，并辅以输出和结果。学习编程的最好方法是实践，所以我们强烈建议读者在阅读本书时输入代码示例，自己尝试一下！尝试不同的选项和变量，因为如果想知道某些选项是如何工作的，或者是否支持某个选项，最好的方法是自己尝试。这不仅有助于实际练习编写代码，而且能帮助读者更好地构建数据科学程序如何工作的心智模型。

许多章节的最后都给出实践部分，将所描述的技术应用于实际数据集。这些章节采用数据驱动的方法来理解诸如中产阶级化、教育投资和世界各地预期寿命的变化等问题。这些部分使用动手实践的方法来使用新技能，并且所有代码都可以在线获取。

在学习每一章的时候，可能要完成相应的在线练习。这将有助于实践新技术，并确保读者对材料的理解。这些练习的解决方案也可在网上获得。

⊖ 实践部分代码：https://github.com/programming-for-data-scicncc/in-action。
⊖ 在线练习：https://github.com/programming-for-data-science。

最后，本书并不旨在全面。试图介绍 R 语言和整个生态系统中的每一个细微差别及选项（尤其是对刚起步的人）是既不现实又有害的。在讨论大量流行的工具和包时，本书无法解释已有的或将来创建的所有可能的选项。相反，本书旨在为每个主题提供入门知识，即为读者提供足够的详细信息，以了解基础知识，并启动和进行特定的数据科学编程任务。除了这些基础知识之外，我们还提供了丰富的链接和参考资料，以便读者能获取更多资源，从而进一步探索并深入了解与自己相关或感兴趣的主题。本书将提供使用 R 进行数据科学实践的基础，每个读者都需要应用和发展这些技能。

致谢

感谢华盛顿大学信息学院为我们提供了开发这些资料的环境。我们得到了许多教职员工的支持，特别是 David Stearns（为版本控制做出了贡献）以及 Jessica Hullman 和 Ott Toomet（他们为本书提供了初步反馈）。我们还要感谢 Kevin Hodges、Jason Baik 和 Jared Lander 的评论和见解，以及 Debra Williams Cauley、Julie Nahil、Rachel Paul、Jill Hobbs 和培生的工作人员为这本书的出版所做的工作。

最后，如果没有非凡的 R 语言开源社区，本书亦是不可能面世的。

目　　录

第一部分

开　始

　　本书的第一部分旨在帮助你安装进行数据科学所需的软件（第 1 章），并介绍使用命令行向计算机提供基于文本的指令所需的语法（第 2 章）。请注意，你将下载的所有软件都是免费的，并且包含对于 Mac 和 Windows 两种操作系统的说明。

第 1 章
设置计算机

为了能编写处理数据的代码，你需要使用一系列不同的（免费）软件程序来编写、执行和管理你的代码。本章详细描述了你需要什么软件以及如何安装这些软件。当某一任务有各种选项时，我们会讨论在数据科学社区中被广泛支持的软件程序以及谁的受欢迎度在持续增长。

生活就是这样，编写代码过程中最令人沮丧和困惑的障碍之一是正确配置你的计算机。本章旨在提供充分的信息，用于设置你的机器并排除安装过程的故障。

简而言之，你需要安装下列程序，后续的小节将详细讲解这些程序。

编写代码

我们推荐两种不同的编写代码的程序：

- RStudio：编写与执行 R 代码的集成开发环境。这将是你进行数据科学的主要工作环境。你也需要安装 R 软件，从而 RStudio 能够执行你的代码（后续会讨论）。

- Atom：轻量级的文本编辑器，支持多种语言开发（另有些高效工作的文本编辑器，本章会给出相应建议）。

管理代码

为了管理你的代码，你需要安装、设置下列程序：

- git：用于跟踪文件（即你的代码）变动的应用程序。这对维护一个有序项目是至关重要的，并且可以帮助促进与其他开发人员的协作。Mac 上已经安装该程序。

- GitHub：用于在线托管代码的 Web 服务器。你实际上不需要安装任何东西（GitHub 使用 git），但需要在 GitHub 网站上建立一个免费账户。本书习题存放在 GitHub。

执行代码

为了向机器提供指令（即运行代码），需要有一个环境来提供这些指令，同时还要确保机器能够理解你所用的编写代码的语言。

- Bash shell：控制计算机的命令行界面。这将为你提供基于文本的界面，你可以使用该界面与计算机打交道。Mac 已装有名为"Terminal"的 Bash shell 程序，可"开箱即用"。Windows 下，安装 git 时会同时安装一个名为 Git Bash 的应用程序，可将其作 Bash shell 使用。

- R：一种常用于数据科学的编程语言。本书主要使用该语言。"安装 R"实际上是指下载和安装那些让你的计算机理解并执行 R 代码的工具。

本章的剩余部分提供了关于每个软件系统的用途、如何安装以及可供选择的配置或选项的附加说明。程序按照本书介绍的先后顺序进行描述（尽管在许多情况下，软件程序是串联使用的）。

1.1　设置命令行工具

命令行提供了一个基于文本的界面，用于给计算机下指令（第 2 章重点介绍）。只要你开始进行数据科学研究，你将大量地使用命令行来浏览计算机文件结构以及执行能跟踪代码变化的命令（例如使用 git 版本控制）。

为了使用命令行，你需要使用命令 shell（也称为命令提示符或者终端）。这个计算机程序为你提供了输入命令的界面。本书主要讨论 Bash shell，它同时为 Mac 和 Linux 系统提供了一套特定命令集。

1.1.1　Mac 上的命令行

在 Mac 上，你需要使用名为 Terminal 的内置应用程序作为 Bash shell。此应用程序是 Mac 操作系统的一部分，所以不需要安装任何东西。通过 Spotlight 搜索，你可打开 Terminal 程序（一起按 cmd+ 空格，键入"terminal"，然后选择应用程序来打开它），或者通过 Applications → Utilities 文件夹找到并打开它。这将打开你的 Terminal 窗口，如第 2 章所述。

1.1.2　Windows 上的命令行

在 Windows 上，我们推荐使用 Git Bash 作为你的 Bash shell，Git Bash 随 git 一起安装。通过打开这个程序打开一个命令 shell。这非常有效，因为你主要使用命令行进行版本控制。

另外，64 位 Windows 10 纪念版的更新（2016 年 8 月）自带了一个集成的 Bash shell 版本。你可通过激活包含 Linux⊖个的子系统来使用 Bash shell，而后在命令提示符下运行 bash。

> **警告**：Windows 拥有自己的命令 shell，叫作 Command Prompt（以前的 DOS 提示符），但它有着不同的命令集和特性。如果你通过 DOS 命令提示符执行第 2 章中的命令，命令无法正常运行。对于更高级的 Windows 管理框架，你可使用 Powershell⊖做进一步研究。因为在如同本书中的开源编程领域，Bash 更常见，故此我们主要讲述 Bash 命令集。

1.1.3　Linux 上的命令行

多数 Linux 发行版预装了命令 shell，比如 Ubuntu 中，你可使用 Terminal 程序（通过按 ctrl+alt+t 键打开它或者从 Ubuntu dashboard 中找到它）。

1.2　安装 git

进行数据科学研究的最重要方面之一是跟踪对代码的改动情况。git 是一个版本控制系统，你可使用 git 提供的命令集来管理所编写代码的改动，尤其当与其他编程人员合作时（第 3 章将详细描述版本控制系统）。

⊖　Windows Linux 子系统的安装：https://msdn.microsoft.com/en-us/commandline/wsl/install_guide。

⊖　https://docs.microsoft.com/en-us/powershell/scripting/getting-started/getting-started-with-windowspowershell。

Mac 系统中已经预装 git，尽管可能在第一次使用它时会在对话框中提示你安装 Xcode 命令行开发员工具。你可选择安装这些工具或者在线下载 git 的最新版本。

Windows 中，你需要下载 git[⊖]软件。下载完安装包后，双击下载文件，跟随指令完成安装。安装过程中同时安装了 Git Bash 程序，它提供了在你的计算机上执行命令的命令行界面（基于文本）。1.1.2 节给出了其他的 Windows 命令行工具。

Linux 上，可使用 apt-get 或类似的命令安装 git。更多有关信息请参见 Linux[⊜]下载页面。

1.3 创建 GitHub 账户

GitHub[⊛]是用来保存计算机代码副本的网站，代码通过 git 进行管理。为了使用 GitHub，需要创建一个免费 GitHub 账户^㊃。注册时请记住个人资料是公开的，未来的合作者或雇主可以查看公开的 GitHub 账户，来评估用户的背景和正在进行的项目。因为 GitHub 利用了 git 软件包，使用 GitHub 不需要在计算机上安装任何其他软件。

1.4 选择一个文本编辑器

在用 RStudio 编写 R 代码时，偶尔可能想用其他更轻量（比如运行速度更快）、更健壮或可编写除 R 以外的其他编程语言的文本编辑器。专注于编写代码的文本编辑器具有自动格式化功能，以及为了代码易读的着色、自动完成和集成版本控制等功能（RStudio 也具有这些特性）。

现有多种文本编辑器，它们相互之间多少有着不同的外观和特性。你只需下载使用下列软件中的一个（我们推荐 Atom 为默认编辑器），但在找到满意的文本编辑器之前，尽管试用这些软件（找到后推荐给你的朋友们）。

技巧：编程涉及多种文件类型，扩展名表示文件类型（文件名中 . 后面的字母，例如 .pdf）。在计算机的文件资源管理器或查找器中显示这些扩展名是很有用的，请参阅 Windows^㊄或 Mac^㊅的说明以启用此功能。

1.4.1 Atom

Atom^㊆是一个由 GitHub 用户创建的文本编辑器。因为 Atom 是开源项目，人们在不断地构建（和提供）有趣和有用的插件。Atom 自带的拼写检查是一个很好的功能，尤其对于需要大量输入文本的文档而言。Atom 还能够很好地支持 Markdown 格式，该格式是本书常用的一种标记语言（见第 4 章）。实际上，本书的大部分是使用 Atom 编写的。

通过单击 Atom 网站中的"Download"按钮下载该软件。Windows 系统用户下载 AtomSetup. exe 文件，双击程序图标安装。Mac 系统用户下载 zip 文件，打开 zip 文件，将 Atom.app 文件拖到"Applications"文件夹。

⊖　git 下载：https://git-scm.com/downloads。
⊜　Linux 和 Unix 下的 git 下载：https://git-scm.com/download/linux。
⊛　GitHub：https://github.com。
㊃　加入 GitHub：https://github.com/join。
㊄　https://helpx.adobe.com/x-productkb/global/show-hidden-files-folders-extensions.html。
㊅　https://support.apple.com/kb/PH25381?locale=en_US。
㊆　Atom：https://atom.io。

安装 Atom 后，可运行该软件来新建一个文本文件（如同使用 Microsoft Word 新建一个文件）。在保存为特定文件类型的文件后（例如 FILE_NAME.R 或者 FILE_NAME.md），Atom（或其他最新的文本编辑器）将根据特定的语言配色方案着色文本内容，从而保证易读性。

高效使用 Atom 的技巧是用好命令面板⊖。Mac 中按下 cmd+shift+p 键或者 Windows 中按下 ctrl+shift+p 键，Atom 将打开一个小窗口，在该窗口中可搜索任何需编辑器执行的命令。例如，如果键入 markdown，Atom 将列出与 Markdown 文件相关的命令列表（包括在 Atom 中打开预览功能）。

关于 Atom 的更多信息，请查阅手册⊜。

1.4.2　Visual Studio Code

Visual Studio Code⊜（或者叫 VS Code，不要与 Visual Studio 混淆）是微软开发的免费、开源编辑器——没看错，是微软。尽管 VS Code 侧重于 Web 编程和 JavaScript，仍轻松支持大量语言，包括 Markdown 和 R，并提供了一些添加新特性的插件。VS Code 有着与 Atom 类似的命令面板，但编写 Markdown 不是特别好。尽管 VS Code 比较新，但它定期更新，并已经成为作者主要的编程编辑器之一。

1.4.3　Sublime Text

Sublime Text⊕是非常流行的文本编辑器，带有各种优秀的默认功能和一系列插件（尽管你需要管理和安装某些插件，而这些插件的功能在别的编辑器是立即可用的）。尽管软件可免费获得，但大约每保存 20 次，它会提示购买全功能版本（不购买也不影响功能的使用）。

1.5　下载 R 语言

本书主要的编程语言是 R⑤。它是一个功能强大的统计编程语言，能够处理大而多样的数据集。第 5 章将深入地介绍该语言。

为了进行 R 编程，需要在计算机上安装 R 解释器。该解释器能"读懂"以 R 编写的代码并使用该代码控制计算机，因此用它"编程"。

安装 R 最简单的方法是从 Comprehensive R Archive Network（CRAN）⑥下载。单击相应操作系统的链接下载对应文件。Mac 系统用户下载用户计算机对应的最新版本的 .pkg 文件。双击 .pkg 文件，按照提示安装软件。Windows 系统用户单击"install R for the first time"链接下载最新版的 R 安装包，而后双击 .exe 文件，按照提示安装软件。

1.6　下载 RStudio

虽然可以在终端模式下执行 R 脚本，但 RStudio 程序提供了一种很好的使用 R 语言的

⊖　Atom 命令面板：http://flight-manual.atom.io/getting-started/sections/atom-basics/#command-palette。
⊜　Atom 使用手册：http://flight-manual.atom.io。
⊜　Visual Studio Code：https://code.visualstudio.com。
⊕　Sublime Text：https://www.sublimetext.com/3。
⑤　统计计算的 R 软件：https://www.r-project.org。
⑥　The Comprehensive R Archive Network (CRAN)：https://cran.rstudio.com。

方式，提供了一个编写和执行代码、搜索文档以及查看结果（如图表和地图）的单一界面。第 5 章详细讲解了 RStudio。本书假定读者使用 RStudio 编写 R 代码。

为了安装 RStudio 软件，首先进入 RStudio 的下载页面[⊖]，选择下载 RStudio 桌面免费版，而后选择相应操作系统的安装包来下载。

下载完后，双击 .exe 或 .dmg 文件进行安装。按照提示安装完 RStudio。

本章介绍了如何为基本的数据科学安装必要的软件，对应软件如下：

- 用于控制计算机的 Bash
- 以编程方式分析和处理数据的 R 语言
- 用于编写和执行 R 代码的 IDE 软件 RStudio
- 用于版本控制的 git
- 用于新建和编辑文档的通用文本编辑器 Atom

在安装完这些软件后，就已经准备好开始数据科学编程了。

⊖　下载 RStudio：https://www.rstudio.com/products/rstudio/download/。

第 2 章

使用命令行

命令行是计算机的界面——人类与计算机的通信方式。不像常见的图形界面使用了"窗口、图标、菜单和光标"（即 WIMP），命令行是文本形式的，需要手工键入命令而不是点击图标。命令行如同点击鼠标一样执行命令，但输入方式如同编程！数据科学家多数使用命令行来管理文件并使用版本控制系统（见第 3 章）跟踪代码。

尽管命令行不如图形界面友好或直观，但它具有更强大和更高效的优点（命令行的输入比移动鼠标快得多，并且一个命令就能等效于很多次"单击"）。当在远程服务器（未激活图形界面的其他计算机）上工作时，必须使用命令行。因此，命令行是数据科学家必备工具，尤其是在处理大量数据或文件时。

本章简要介绍了使用命令行的基本任务，这些命令行足以完成浏览界面和解释命令的工作。

2.1 访问命令行

为了使用命令行，需要打开一个命令 shell（也称为命令提示符或者终端）。该程序提供了向计算机输入命令的界面。为了进行下面内容，需先安装上命令 shell（也称为终端或命令行），具体安装过程见第 1 章。

一旦打开命令 shell（Mac 中是 Terminal 程序，Windows 中是 Git Bash），可见到类似图 2-1 的界面。

命令 shell 在文本上相当于打开了查找器或文件资源管理器，并能够显示用户的"Home"文件夹。虽然每个命令 shell 程序的界面稍微不同，大多数将至少显示以下信息：

- 当前正在连接的计算机（可以使用命令行在网络或 Internet 控制不同的计算机）。图 2-1 中，Mac 计算机（上图）是 work-laptop1，Windows 计算机（下图）是 is-joelrossm13。
- 正在查看的目录（文件夹）。图 2-1 中，Mac 目录是 ~/Documents，Windows 的目录是 /Desktop。~ 是主目录的缩写，如 Mac 中的 /Users/CURRENT_USER，或 Windows 中的 C:/Users/CURRENT_USER/。
- 登录用户。图 2-1 中用户是 mikefree（Mac）和 joelross（Windows）。
- 命令提示符（典型形式是 $ 符号），是输入命令的地方。

图 2-1　新打开的命令 shell。Mac（上图）的 Terminal 和 Windows（下图）的 Git Bash。增加了注释，以灰底表示

　　注意： 井号（#）开始的代码行是注释：它们解释代码功能（但会被计算机忽略）。

2.2　浏览文件系统

　　尽管命令提示符提供了当前文件夹名，但你可能想了解文件夹的具体路径。下面开始讲解第一条命令了！在提示符中，输入 pwd 命令。

```
# Print the working directory (which folder the shell is currently inside)
pwd
```

　　该命令是打印当前工作目录（为了快速输入，shell 命令被高度简化），并通知计算机打印当前所在文件夹。pwd 的输出结果（后续命令也包含其中）见图 2-2。

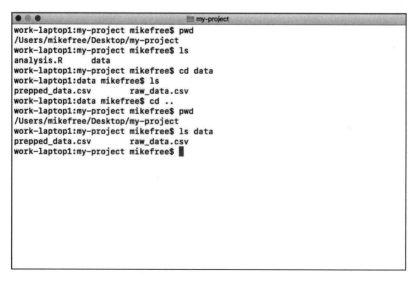

图 2-2　以命令行形式的基本命令浏览文件系统

　　趣事： 类似 pwd 的命令行函数实际上开启了一个微型程序（app），从而准确地完成某一任务。该例中，app 打印了当前工作目录。运行某一命令实际上是在执行一个微型程序！

　　计算机上的文件夹按层次结构存储：每个文件夹中包含很多文件夹，而被包含的文件夹又包含了更多的文件夹。该形式形成了一种树状结构，见图 2-3。

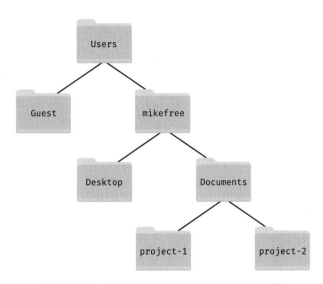

图 2-3　Mac 系统中的树状目录（文件夹）结构

　　通过在树中的每个文件夹之间加上斜线（/）来表示当前的文件夹。这样 /Users/mikefree 的意思是：mikefree 文件夹在 Users 文件夹中。当然也可以在 /Users/mikefree 后面增加 /，这样就成了 /Users/mikefree/ 形式，这与 /Users/mikefree 的意思相同。新增的 / 有助于说明这是个文件夹，而不是一个缺少扩展名的文件。

　　最顶层（取决于你的视点，也可能叫作最底层）是根目录，它没有名字，只有一个斜杠。这样 /Users/mikefree 表示：根目录下有一个 Users 文件夹，Users 文件夹下有一个 mikefree 文件夹。

2.2.1　改变目录

　　在命令 shell 中改变目录才能访问目标文件。在类似查找器的图形系统中，只需双击文件夹即可打开它。在命令行中，必须键入命令才能进入指定文件夹。

　　警告： 在命令行中没有点击鼠标动作（根本没有！）。这包括单击以便能将光标移动到先前已输入的命令，无法这样做是很令人失望的，但可通过左箭头和右箭头按键来移动光标。但是，如果在按下左箭头键和右箭头键的同时按住 alt（或 option）键，则可以使光标跳过语法段。

　　更改目录的命令称为 cd（change directory）。需要输入如下命令：

```
# Change the working directory to the child folder with the name "FOLDER_NAME"
cd FOLDER_NAME
```

本例中的第一个单词是命令，或者希望计算机执行的动作。本例输入的是 cd 命令。

第二个单词是参数，这是一个编程术语，是指"有关要做事的更详细细节"。本例中的参数意思是指需要更改到的文件夹！当然，你需要将 FOLDER_NAME 替换成想要改变的目录（无须全部大写）。

动手练习一下，你可实验改到 Desktop 目录下并通过打印当前目录加以确认。

> **技巧**：上下箭头键可重复已键入的命令，所以无须重复输入它们！

2.2.2　列出文件

在图形系统中，文件资源管理器或查找器会显示文件夹中的所有内容。命令行无此功能，因此需执行下面命令：

```
# List the contents of the current folder
ls
```

ls 命令意思是列出文件夹内容。如果不带参数的 ls 命令（如例子中所示），将列出当前文件夹中的内容。如果后面跟了可选参数（例如 ls FOLDER_NAME），就可查看其他文件夹中的内容，而不是当前文件夹（见图 2-2）。

> **警告**：命令行只对你的行为提供有限的反馈信息或无反馈。例如，如果文件夹中无文件，ls 命令将不显示任何东西，这样显得它"没做任何事"。另外，当键入密码时，出于安全原因，输入的字符无任何显示（甚至连 * 都不显示）。

不要因为没看到命令或输入的任何结果，就怀疑它们没有工作！要相信自己，如果不确定，通过 ls 和 pwd 之类的基本命令验证一下。一步一步地，慢慢来。

> **警告**：ls 命令是 Bash shell（例如 Terminal 或者 Git Bash）特有的。Windows 的命令提示符之类的命令 shell 使用不同的命令。本书重点关注 Bash shell，它适用于所有操作系统并且是远程服务器的常用软件，在远程服务器中命令行已成为必需品（见 2.6 节）。

2.2.3　路径

对于那些不是在当前目录下的文件夹，cd 和 ls 同样适用。通过指定路径参数可引用计算机上的任何文件或文件夹。文件的路径表示"如何访问该文件"：要访问该文件，需要输入文件夹列表，每个文件夹之间用斜线（/）分隔。例如，用户 mikefree 通过输入其文件系统中的路径转到 Desktop 目录：

```
# Change the directory to the Desktop using an absolute path (from the root)
cd /Users/mikefree/Desktop/
```

该代码的意思是：首先从根目录开始（第一个 /），而后进入 Users，紧接着 mikefree，最后转入 Desktop 目录。因为该路径以特定路径（根目录）开始，也称为绝对路径。因为是从根目录开始的，所以无论你现处于什么文件夹下，该用法都能转到正确目录中。

对比下面的例子：

```
# Change the directory to `mikefree/Desktop`, relative to the current location
cd mikefree/Desktop/
```

　　因为该路径没有最前面的斜杠，它表示"从当前位置转到 mikefree/Desktop/ 文件夹下"。这是一个相对路径的例子：将转到相对当前文件夹的文件夹中。这种用法，只有正好在 /Users 文件夹下，相对路径 mikefree/Desktop/ 才会指向正确位置；如果是在其他文件夹下，不知道会绕到哪呢！

　　注意：在编程问题上应该使用相对路径！因为一个项目总是包含着多个文件，应该标明这些文件相对于项目本身的路径。这样，程序就可轻松地放到其他计算机上运行。例如，如果代码引用了 /Users/YOUR_USER_NAME/PROJECT_NAME/data，它只能运行在 YOUR_USER_NAME 账户上。然而，如果代码使用了相对路径（例如，PROJECT_NAME/data），该程序将可以运行于多台计算机上——这对于合作的项目是至关重要的。

　　也可通过使用点号（.）来指向当前文件夹，所以下面的命令

```
# List the contents of the current directory
ls .
```

　　是指"列出当前文件夹的内容"（即使没有输入这个参数，运行结果也相同）。
　　使用两个点（..）会指向父文件夹（是指包含当前文件夹的文件夹）。所以下面的命令

```
# List the contents of the parent directory
ls ..
```

　　是指"列出包含当前文件夹的文件夹中的内容"。
　　需要注意的是 . 和 .. 代表文件夹名，所以可在路径名中任何地方使用：../../my_folder 是指"往上移动两级目录，而后进入 my_folder"。

　　技巧：多数命令 shell，比如 Terminal 和 Git Bash，支持 tab 键自动补全。如果在输入一个文件或者文件夹名的头几个字母时按下 tab 键，会自动完成名字的剩余部分！如果名字有歧义（比如输入了 Do，但有 Documents 和 Downloads 两个文件夹），可按两次 tab 键来查看要选的文件夹列表。而后再输入些字符以便区分，并按下 tab 键完成相应名字。这条捷径提高了输入速度。

　　另外，可使用波浪线（~）来表示当前用户的主目录的绝对路径。如果点（.）代表当前文件夹，~ 表示用户的主目录（通常是 /Users/USER_NAME）。当然，你同样可用波浪线作为路径的一部分（例如 ~/Desktop 是当前用户主目录下的 Desktop 的绝对路径）。
　　同文件夹一样，可以在路径（类似"目的地"）的最后面添加一个完整的文件名来表示指定文件的路径（相对或绝对）：

```
# Use the `cat` command to conCATenate and print the contents of a file
cat ~/Desktop/my_file.txt
```

　　有时会用文件来指代文件所在的文件夹。例如，某人说的"到 ~/Desktop/my_file.txt 的上一级目录"是"从包含 ~/Desktop/my_file.txt 的文件夹转到上一级目录"的简称（~/Desktop/ 是主目录）。

2.3　管理文件

一旦你习惯于使用命令行来浏览文件夹，就可开始在命令行中使用适当命令，完成查找器或者文件资源管理器同样的功能。尽管命令行命令很多[⊖]，表 2-1 中给出了一些常用命令来帮助大家入门。

表 2-1　基本的命令行命令

命　　令	功　　能
mkdir	创建一个目录
rm	删除一个文件或文件夹
cp	将文件从一个位置复制到另外一个位置
open	打开文件或文件夹（仅 Mac 可用）
start	打开文件或文件夹（仅 Windows 可用）
cat	连接（合并）文件内容并显示结果
history	显示以前执行的命令
!!	重复之前的命令

警告：命令行很容易永久删除多个文件或者文件夹，并且删除时（或者将其移到“垃圾箱”中）不要求加以确认，故命令行很危险。命令行功能强大，当使用终端来管理文件时需要相当谨慎。

了解到执行命令时多数命令不显示任何信息。这通常意味着它们只是静悄悄地在工作。如果命令不正常工作，会有一条信息通知（告知为何出错）。如果只是没有得到任何输出，这不代表你做错了什么。可用其他命令（例如 ls）确认文件或文件夹是否按要求改动过。

2.3.1　学习新命令

基于数据科学领域的不断发展特性，从业者经常需要不断学习新事物。学习的一种方式是查阅官方编写的资料（通常称为文档），其解释了语法内容。这类信息可在线查询，但很多命令 shell（不幸的是，不包括 Git Bash）都自带了可用来查询的手册。在命令行，可使用 man 命令在手册中查询某一个具体命令：

```
# View the manual for the `mkdir` command (not available in Git Bash)
man mkdir
```

该命令将显示 mkdir 命令的手册（见图 2-4）。因为手册内容往往很长，它们将由命令行查看器 less 打开。使用上下箭头键进行上翻和下翻查看。按下 q 键将退出查看并返回到命令提示符。

如果查看“Synopsis”后的内容，可看到该命令具有的所有参数简介。该语法中有一些需要注意的事项：

- 方括号 [] 包含的内容是可选的。不在方括号内（例如 directory_name）的参数是必需的。

　Unix 命令可见：http://www.lagmonster.org/docs/unix/intro-137.html。

- 带下划线的参数是指你所选择的参数：实际输入的不是 directory_name 单词，而是替换成你自己的目录名。与此相对比的是：如果要用 –p 选项，需要准确地输入 –p。
- 命令行程序的"选项"（或"标志"）经常以前导符 – 标记，为了将其从文件名或文件夹名区分开来。选项可能改变命令行程序的行为，如同游戏模式中设置成"简单"或"难"。可分别写出每个可选参数或者组合起来：mkdir -p -v 与 mkdir -pv 是等同的。

一些选项需要额外参数来说明特定用法形式。在图 2-4 中，显示了 -m 参数需要另外指定 mode 参数。可查看"Description"，其准确地描述了 mode 的具体含义。

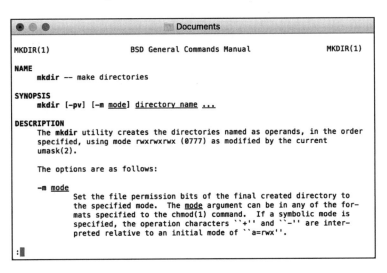

图 2-4　Mac Terminal 上显示的 mkdir 命令的手册页

命令行手册（"man 页"）经常是难读、难懂的。首先只查看所需的参数（通常很简单），然后搜索并使用特定的选项（如果要更改命令的行为）。动手实验下，阅读 rm 的 man 页，而后尝试下如何删除一个文件夹而不是一个文件。小心，这是无意中永久删除文件的"最佳"方式。

技巧：在学习特定命令时，手册页是很好的资源，在其中可找到相应的语法解释。但这不一定是学习使用命令的最佳方法。为此我们推荐更明确的资源，例如 Michael Hartle 的优秀在线教程：Learn Enough Command Line to Be Dangerous⊖。在线搜索下某一命令，会找到很多不同的教程与案例！

表 2-2 中列出了其他的可能用到的一些命令。

2.3.2　通配符

有关文件处理的最后一个注意事项：因经常需要处理多个文件，命令 shell 提供了处理相似名字文件的简化方式。尤其涉及文件时可使用星号 * 作为通配符。在桌面游戏 Scrabble 中，该符号表示"荒凉的"或"空白的"牌。当确定要处理的文件时，该符号可被任何字符（或字符集）替代。

⊖　https://www.learnenough.com/command-line-tutorial。

表 2-2　更高级的命令行命令

命　　令	功　　能
head	输出输入（参数指定）的头几行
grep	根据模式搜索输入列表并输出匹配结果（全局搜索正则表达式并打印）
cut	从输入中选择一部分并将其作为输出打印
uniq	将唯一输入行复制到输出（使用参数 –c 统计行数）
sed	在输入中"查找和替换"内容（流编辑器）
sort	对输入行进行排序（升序或降序）
wc	输出单词计数信息
curl	从 URL 中下载内容或网页
say	语音播放参数（仅 Mac）

- *.txt 代表所有具有 .txt 扩展名的文件。cat *.txt 将输出文件夹中所有的 .txt 文件内容。
- hello* 代表所有文件名以 hello 开头的文件。
- hello*.txt 代表所有文件名以 hello 开头并以 .txt 结尾的文件，不管其中还包含多少个字符（甚至无字符）。
- *.* 代表所有具有扩展名的文件（通常指所有文件）。

下面的例子，是删除所有扩展名为 .txt 的文件：

```
# Remove all files with the extension `.txt` (careful!)
rm *.txt
```

2.4　错误处理

命令行命令的语法是相当古板的。如果意思表达不明确，此时计算机无法解释其含义，忘记一个空格可能会得到完全不同结果。

看一下另外一个命令：echo 可输出一些文本。例如输出"Hello World"（传统上，这是一个新语言或环境下编写的第一个计算机程序）：

```
# Echo (print) "Hello world" to the terminal
echo "Hello world"
```

如果忘记了右引号（"），会发生什么？即使一直输入回车键，此时 shell 仅每次显示一个 > !

到底发生了什么？因为没有添加右引号，shell 认为还会继续输入要显示的信息！当按下回车键，shell 添加一个换行符而不是结束命令，并且 > 代表请继续。如果最后添加了右引号，会显示多行信息。

　　技巧：如果卡在命令中，请按下 ctrl+c（控制键与 c 键一起）。该键总是意味着"取消"，并将"停止"当前在 shell 中运行的任何程序或命令，以便可以重试。记住：可以用 ctrl+c 来"逃离"。

这本书讨论了处理计算机程序错误的各种方法。许多程序提供了错误消息来解释错误的具体含义，尽管这些消息的密度可能会使人容易忽视它们。如果你输入一个无法识别的命令，shell 将向你通知您错误，如图 2-5 所示。在这个例子中，一个简单的打字错误（输入了

lx 而不是 ls）是无效的语法，会产生一条相当有用的错误消息（找不到命令，计算机找不到你要使用的 lx 命令）。

Documents
work-laptop1:Documents mikefree$ lx
-bash: lx: command not found
work-laptop1:Documents mikefree$

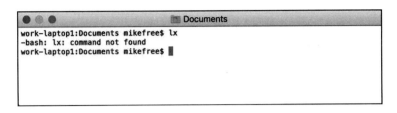

图 2-5　由于在命令名中的打字错误引起的命令行错误

然而，忘记参数会产生不同结果。某些情况下，命令有缺省行为（如果输入不带参数的 cd 会发生什么结果）。如果执行命令需要一些必需的参数，shell 会提供命令用法的简要总结。如图 2-6 所示。

注意：无论何时命令行（或其他代码解释器）提供了反馈信息，在继续重试之前都要花点时间阅读下这些信息并思考问题在哪。

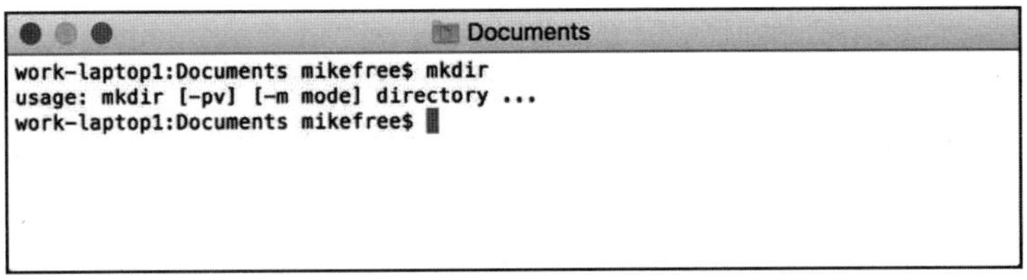

Documents
work-laptop1:Documents mikefree$ mkdir
usage: mkdir [-pv] [-m mode] directory ...
work-laptop1:Documents mikefree$

图 2-6　因无参数执行命令输出关于命令用法的信息

2.5　重定向输出

到目前为止讨论的所有命令，要么是改变文件系统，要么是输出到终端。但也可指定输出到某个具体位置（例如保存成文件供以后使用）。这通常需使用重定向。重定向命令通常是单个标点符号，因为这些命令要尽可能保证输入速度（但很难阅读）。

- > 是指获取命令的输出结果并将其保存到文件中，例如 echo "Hello World" > hello.txt 将输出文本“ Hello World”保存成 hello.txt 文件。注意这将替换文件已有内容，如文件不存在将新建文件。这是保存命令的输出的好方法！
- >> 是指获取命令的输出并附加到文件末尾，这能有效防止覆盖文件已有内容。
- |（管道符）是指获取命令的输出并将其发送到下一个命令。例如 cat hello.txt | less 将获取 hello.txt 文件的内容并将其发送给 less 程序（先前的 man 命令使用过的程序，其提供了基于箭头“滚动”的界面）。这主要用于将多个命令“链接”到一起的时候，也就是说，获取一个命令的结果并将其发送到下一个命令，而后将结果继续发送到下一个命令。如第 11 章所述，R 会用到这种类型的排序。

你可能不经常使用这种语法，但熟悉这些符号和概念是很有用的。实际上，可以使用它们快速执行一些复杂的数据任务。例如确定一组文件中的某个单词的出现频率。例如本书文本是由一些文件构成的，所有文件的扩展名是 .Rmd（更多内容见第 18 章）。要统计这

些 .Rmd 文件中"data"的出现频率，可以先用 grep 命令搜索这个单词（使用通配符指定扩展名为 .Rmd 的所有文件），而后将搜索结果重定向到 wc 命令来统计单词的个数：

```
# Search .Rmd files for "data", then perform a word count on the results
grep -io data *.Rmd | wc -w
```

此命令在命令行上显示了感兴趣的内容：单词"data"在书中共出现了 1897 次！虽然这个例子有点复杂，需要理解所用的每个命令的不同参数，不过演示了命令行的强大威力。

2.6 网络命令

命令行的常见用途之一是访问并控制远程计算机——是指可连接到网络上的计算机。这包含用于共享主机数据或报告的 Web 服务器、处理数据远快于你自己的机器的云集群（例如 Microsoft Azure）。因为这些计算机都位于其他地方，无法使用鼠标、键盘和显示器来控制它们。使用命令行控制这些计算机是最高效的方法，如同在本地一样。

最常用的访问远程计算机的工具是 ssh（secure shell）命令。ssh 是一个确保在网络上安全传输信息的命令工具和协议。这种情况下，被传输的信息将是远程计算机上运行的命令和执行结果。最基础的操作是通过指定远程主机的 URL，使用 ssh 命令连接到远程主机上。例如，下面的例子使用 ssh 连接到 ovid.washington.edu：

```
# Use the secure shell (ssh) utility to connect to a remote computer
ssh ovid.washington.edu
```

然而，基于安全的原因，多数远程计算机不允许任何人都可接入。相反，你需要提供该计算机的用户名。用法是在主机 URL 前面添加 @ 符号以及用户名：

```
# Use the secure shell (ssh) to connect to a remote computer as mikefree
ssh mikefree@ovid.washington.edu
```

当使用了上述命令，远程服务器会提示你输入相应的密码。记住，当输入密码时，命令行不会显示任何内容（甚至 *），但确实在输入！

技巧：如果需反复连接一台远程服务器，持续重复输入密码是很烦人的。此时，可以创建和使用一个 ssh 密钥[⊖]，该密钥将在服务器上"保存"验证信息，而不必每次输入一个密码。请联系远程计算机的管理员以获取详细说明。

一旦连接到远程服务器，会显示远程服务器的命令提示符，见图 2-7。

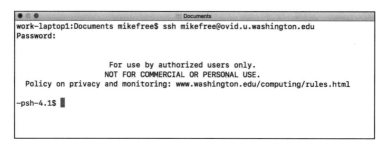

图 2-7 在 Mac Terminal 上使用 ssh 命令连接远程服务器

⊖ https://help.github.com/articles/generating-a- new-ssh-key-and-adding-it-to-the-ssh-agent/。

此时，可使用类似 pwd 和 ls 的命令查看你在远程计算机上的位置，使用 cd 切换到另一个文件夹以及其他命令行命令。而这一切都如同在远程计算机上打开一个终端！

一旦在远程计算机上结束工作，可通过 exit 命令断开连接。关闭命令 shell 通常也将关闭连接，不过使用 exit 会更明确地停止远程计算机上正在运行的任何进程。

使用 ssh 程序连接和控制远程计算机，如同你正站在它面前。但如果要在远程计算机与本地计算机或远程计算机与远程计算机之间移动文件，需要使用 scp（secure copy）命令。该命令和前面介绍的 cp 命令一样，但是基于安全 SSH 协议复制文件。

要将本地文件复制到远程计算机上的某个位置，需要指定用户名和主机的 URL，类似通过 ssh 进行连接时使用的 URL。此外，还需要指定远程计算机上的目标路径（要将文件复制到哪个文件夹）。通过在主机 URL 后面紧跟冒号（:）来指定远程计算机上的路径。例如为了使用 ovid.washington.edu 计算机上的 ~/projects 文件夹（用户是 mikefree），需要使用：

    mikefree@ovid.washington.edu:~/projects

复制本地文件到远程计算机的文件夹中，用户 mikefree 需要使用下面的命令：

```
# Securely copy the local file data.csv into the projects folder on the
# remote machine
scp data.csv mikefree@ovid.washington.edu:~/projects

# Or more generically:
scp MY_LOCAL_FILE username@hostname:path/to/destination
```

需要注意的是，文件路径是相对于当前连接的计算机的，这就是为什么需要指定主机 URL。例如，通过 ssh 连接了远程服务器并将文件复制回本地计算机，需要指定本地计算机的远程路径！由于大多数个人计算机没有容易识别的主机名，所以通常通过断开 ssh 连接并将远程计算机作为 scp 的第一个参数进行文件复制，这是将文件复制到本地计算机的方法：

```
# Run from local machine (not connected through SSH)
# Copies the remote file to the current folder (indicated with the dot .)
scp username@hostname:path/to/destination/file .
```

深入学习：另有一些计算机间复制文件的工具。例如 rsync 命令只复制更改的文件或者文件夹，避免了频繁传输大量数据。

总的来说，使用基本的终端命令能够在大量计算机上进行浏览和交互，并为本地计算机提供快速和强大的界面。有关命令行的实践，见随附的练习集⊖。

⊖ 命令行练习：https://github.com/programming-for-data-science/chapter-02-exercises。

第二部分
项目管理

该部分讲述管理数据科学项目的必要技能。主要是两个核心技能：跟踪代码版本（第3章）和使用 Markdown 语言为代码生成文档。

第 3 章

使用 git 和 GitHub 进行版本控制

在编写处理数据代码时，最重要的一项工作是跟踪代码改动。维护清晰和完整的工作历史记录有助于保持透明地合作。即使是独立工作，代码跟踪也能够轻松地恢复项目某一老版本，并轻易地识别错误。

版本控制系统的替代方案可以是将代码 email 给他人或者保留相同文件的多个版本，不过这些方案缺乏任何结构化的备份工作方式，并且耗时、易出错。这就是应该使用像 git 这样的版本控制系统的原因。

本章介绍 git 命令行程序和 GitHub 云储存服务这两个很棒的工具，用于跟踪代码改动（git）和推进合作（GitHub），它们是版本控制任务系列的行业标准。数据科学家的一个重要技能是管理代码改动和与他人共享代码，这是本章和第 20 章的重点。

> **技巧**：因为本章主要内容是使用新的界面和命令来跟踪文件更改，这部分可能抽象难理解，故此我们建议跟随本章介绍进行实际操作。最好的学习方式是实践!

3.1　什么是 git

git[一]是版本控制系统的一员。开源软件大师 Eric Raymond 是这样定义版本控制的：

版本控制系统（VCS）是一个用来管理程序代码集合的工具，具有三条重要特征：可逆性、并发性和注释[二]。

版本控制系统的工作方式与 Dropbox 或者 Google Docs 类似：允许多人同时、共同处理同一文件，并查看或"回滚"到以前版本。但类似 git 的系统有别于 Dropbox：

- 必须显式创建（提交）文件的每个新版本或"检查点"。在每次将文件保存到磁盘时，git 不保存整个项目的新版本。相反，在项目变动（可能涉及编辑了多个文件）后，可以获取工作内容快照以及所改动的说明。
- 对于文本文件（几乎所有编程文件都是），git 逐行跟踪变化。这意味着它可以轻松地自动将多人的改动组合起来，并提供有关代码行改动的非常精确的信息。

和 Dropbox 和 Google Docs 一样，git 可以显示一个文件的所有早期版本和快速回滚到早前的某一版本。这通常对编程很有益，尤其是如果正做着大规模改动，突然发现这些改动

⊖　Git 主页：http://git-scm.com/。

⊖　Raymond, E. S.（2009）。理解版本控制系统：http://www.catb.org/esr/writings/version-control/version-control.html。

是个糟糕的主意（以我们经验来说）。

但是 git 真正有用的地方是团队开发。几乎所有专业的开发工作都是以团队进行的，这会涉及多人同时处理同一组文件。git 帮助团队协调处理这些变动并提供过程记录，从而使得任何人都可查看某一文件如何改动的。

有许多不同的具有这些特征的版本控制系统，但 git 是实际上的标准，尤其是与云服务 GitHub 结合使用的时候。

3.1.1　git 的核心概念

为了理解 git 机理，需要了解它的核心概念与术语：

- **仓库（repo）**：文件历史的数据库，包含文件的所有检查点与一些额外的元数据。此数据库保存在项目目录下名为 .git 的隐藏子目录中。以很酷并很专业的口吻来说，该项目文件夹叫作"仓库"（即使从技术上来讲，仓库就是项目文件夹中的数据库）。
- **提交**：被添加到仓库（以数据库保存）的某一时间点的工作快照或检查点。每个提交也维护了一些额外信息，这些信息包括提交者的姓名、提交信息描述和时间戳。这些额外的跟踪信息用来查看某一文件更改的时间、原因和更改者。提交一组更改将创建该工作当时的快照，从而将来可随时回到该快照。
- **远程**：指向非本机上仓库副本的链接。该链接指向了 Web 上副本存储的位置。通常，它是所有本地副本指向的项目中心（"主"）版本。本章通常处理远程仓库 GitHub 上的副本。可提交（上载）到远程仓库与从远程仓库下拉（下载）以前提交的文件，以保持所有内容与远程仓库同步。
- **合并**：git 支持多个不同版本的工作，所有版本并行存在着（在所谓的分支中），这些版本可以由一个人或多个合作者创建。git 允许保存在不同版本中的代码提交（检查点）轻松地合并（组合）到一起，而无须手工复制和粘贴各种代码片段。从而轻松地分割与重组来自不同开发者的工作。

3.1.2　什么是 GitHub

git 是为了支持完全去中心化的开发而创建的，在这种开发中，开发者直接从彼此的机器中提取提交（一系列改动）。但实际中，多数专业团队在服务器上建立一个中心仓库，所有开发者可向其提交和从中提取。仓库包含了源代码的权威版本，所有人的开发都是从中心仓库下载后开始进行的。

团队可设立他们自己的服务器来托管这些中心仓库，但很多团队是使用他人维护的服务器。开源世界中最流行的是 GitHub[○]，截至 2017 年，已经有超过 2400 万的开发者使用该网站[○]。除了托管中心仓库，GitHub 也提供其他团队开发的功能，例如问题跟踪、wiki 页面和通知。GitHub 公共仓库是免费的，但私有的需要付费。

简而言之，GitHub 是一个云托管项目副本的网站，支持多人协作（使用 git）。git 用来做版本控制；GitHub 是一个可以用来保存代码仓库的地方。

○　GitHub：https://github.com。
○　2017 Octoverse 报告：https://octoverse.github.com。

深入学习：尽管 GitHub 是托管"git"仓库的最流行的服务，但它不是唯一的站点。BitBucket[⊖]具有类似的功能，尽管它采用不同的价格体系（可无限的免费私有仓库，但人员数量受限）。对于软件项目，GitLab[⊜]提供了更多的操作和发布服务。

警告：类似 GitHub 网站的界面和功能在不断发展变化。可能会增加新的功能，并且为了更好地支持常用用法会对当前结构重新调整。

3.2　配置和项目设置

本节主要介绍使用 git 进行版本控制所需的所有命令。主要使用命令行形式，该方式是学习（如果没有使用）该程序的最高效的方式，也是多数专业开发人员使用该软件的方式。就是说，也可通过 Atom 或 RStudio 的代码编辑器或 IDE 直接使用 git，当然还可直接使用 GitHub Desktop[⊜]或 Sourcetree®之类的图形软件。

安装后第一次使用 git，需要配置®用户信息，以便你能够向仓库提交更改。使用带 config 参数的 git 命令进行配置（如 git config 命令）：

```
# Configure `git` on your machine (only needs to be done once)

# Set your name to appear alongside your commits
# This *does not* need to be your GitHub username
git config --global user.name "YOUR FULLNAME"


# Set your email address
# This *does* need to be the email associated with your GitHub account
git config --global user.email "YOUR_EMAIL_ADDRESS"
```

配置完用户信息后，每次往 GitHub 提交代码仍旧需要输入密码。为 GitHub 设置一个 SSH 密钥可节省一些时间。从而允许 GitHub 识别并授权来自你的机器的访问。如果没有设置密钥，在每次往 GitHub 提交改动时就需要输入一次 GitHub 密码（也许一天很多次）。GitHub 在线帮助®给出了设置 SSH 密钥的具体过程。确保在可控、信任的计算机上设置 SSH 密钥。

3.2.1　生成一个仓库

在使用 git 之前，需要生成一个仓库。仓库相当于一个目录中文件更改的"数据库"。

总是在已有目录上创建一个仓库。例如在计算机的 Desktop 下创建一个新文件夹 learning_git，在该目录中执行 git 的 init 动作即可将该目录转化成一个仓库：

⊖　https://bitbucket.org。
⊜　https://gitlab.com。
⊜　GitHub Desktop：https://desktop.github.com。
㉓　Sourcetree：https://www.sourcetreeapp.com。
㊄　GitHub：设置 Git：https://help.github.com/articles/set-up-git/。
㊅　GitHub：对 GitHub 进行授权：https://help.github.com/articles/generating-a-new-ssh-key-and-adding-it-to-the-ssh-agent/。

```
# Create a new folder in your current location called `learning_git`
mkdir learning_git

# Change your current directory to the new folder you just created
cd learning_git

# Initialize a new repository inside your `learning_git` folder
git init
```

git init 命令在当前目录新建了一个 .git 的隐藏文件夹。因为是隐藏的，查找器查不到该文件夹，但是用 ls -a（带 all 参数的"list"命令）可看到。该文件夹是所作改动的"数据库"，git 将保存这个文件夹中所有提交的改动。包含 .git 的文件夹会将一个目录转换成一个仓库，你可将整个目录称为"repo"。然而，无须直接与这个隐藏文件夹打交道，可通过一些简短的终端命令与这个数据库交互。

警告：不要将一个 repo 放到另外一个 repo 当中！因为 git 仓库跟踪一个独立文件夹中的所有内容（包括子文件夹下的内容），这样会导致将一个 repo 转换为另外一个的"sub-repo"。管理 repo 和 sub-repo 的变化很难，应该加以避免。

相反，应该在计算机中创建很多不同的 repo（每个对应一个项目），确保它们在不同的文件夹中。

注意：将 git 仓库放到一个共享文件夹中也不是什么好主意，例如 Dropbox 或者 Google Drive 管理的共享文件夹。那些系统内置文件的跟踪方式将会影响 git 管理更改的方式。

3.2.2 检查状态

创建完 repo 后，下面将会介绍如何检查它的状态：

```
# Check the status of your repository
# (this and other commands will only work inside git project folders)
git status
```

git status 命令将显示 repo 的当前状态。在一个新的 repo 上，执行该命令会列出下面的信息（见图 3-1）：
- 确实在 repo 中（否则会显示一个错误）
- 在主分支中（思考：发展路线）
- 处于初始提交（没提交过任何内容）
- 当前没有需要提交到数据库的文件内容
- 下一步做什么！（即，创建或复制文件和使用"git add"来跟踪）

最后一点很重要，git 的状态信息很啰唆，读起来有点难（毕竟这是命令行）。然而，仔细观察你会发现，这些信息几乎总是说明了下一步要执行的命令。

技巧：如果遇到困难，使用 git status 查看下一步骤！

在整个使用 git 过程中，git status 是最有用的命令。在学习 git 基础知识时，在执行命令前后，查看一次项目更改状态是相当有用的。学习它、使用它、热爱它。

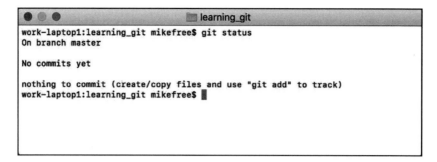

图 3-1 使用 git status 命令检查新的（空）仓库的状态

3.3 跟踪项目变更

在新的仓库中运行 git status 命令将通知你创建一个新文件，在此建议你现在就做，以实践使用版本控制的步骤。例如，打开你最喜欢的文本编辑器（例如 Atom），创建一个新的纯文本文件，其中包含你最喜欢的书籍列表。在 learning_git 文件夹中，将文件保存成 favorite_books.txt。只要文件被保存进 repo（项目文件目录），git 就能够检测和管理文件的更改。

注意：编辑完一个文件后，始终将其保存到计算机硬盘上（例如使用 File→Save）。git 只能跟踪保存过的改动！

3.3.1 添加文件

改动数据仓库（例如新建和保存了 favorite_books.txt）后，再次运行 git status。见图 3-2，git 此时列出了更改过和"未提交"的文件，以及提示如何将这些改动保存到 repo 的数据库中。

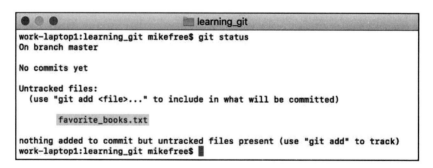

图 3-2 改动后的仓库状态，未被提交的以灰底显示

第一步是将这些改动添加到临时区域。临时区域就像在线商店中的购物车：在更改记录提交到数据库之前（例如，在点击"购买"前），将改动放在临时存储区中。

git add 命令将文件添加到临时区域（以要添加的文件或文件名的名字或路径替换下例中的 FILENAME）。

```
# Add changes to a file with the name FILENAME to the staging area
# Replace FILENAME with the name of your file (e.g., favorite_books.txt)
git add FILENAME
```

这会将处于当前保存状态的单个文件添加到临时区域。例如，git add favorite-books.txt
会将 favorite_books.txt 文件添加到临时区域。如果以后改动该文件，需要再次运行 git add
命令添加文件的更新版本。

```
# Add all saved contents of the directory to the staging area
git add .
```

只要没对尚未准备提交的文件进行了修改，该命令就是将文件添加到临时区域的最常见
方法。一旦向临时区域添加了文件，也就更改了 repo，因此就可再次执行 git status 命令来
查看关于下一步操作的提示。如图 3-3 所示，git 将通知哪些文件处于临时区域，以及取消
这些文件的命令（如同从"购物车"中删除）。

3.3.2　提交

如果对临时区域的内容感到满意（即准备购买），就到提交这些更改的时间了，将文件
的快照保存到仓库数据库中。git commit 命令执行了该功能：

```
# Create a commit (checkpoint) of the changes in the staging area
# Replace "Your message here" with a more informative message
git commit -m "Your message here"
```

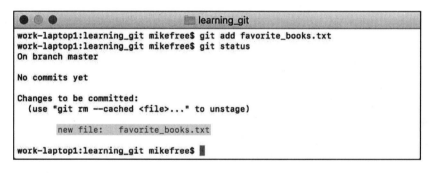

图 3-3　添加更改后仓库的状态（以灰底显示被添加的文件）

例子中的"Your Message here"应替换成描述提交的更改的简短信息。例如，可输入
git commit -m "Create favorite_books.txt file"。

警告：如果忘记了 –m 参数，git 将调用一个命令行文本编辑器，以便继续输入描述
信息（而后保存、退出和提交）。如果未做相关配置，默认会调用 vim 编辑器。此时需
要输入 :q（冒号接着 q），而后回车来退出 vim 编辑器，这样可再试一次了，一定不要忘
了 –m 参数！即使不会 vim 也不要慌[○]。

3.3.2.1　提交消息规范

提交的消息应该是关于正在提交的更改的实际有用的信息[○]。"资料"不是一个好的提交
信息，"修补了严重安全错误"就很好。

[○] https://stackoverflow.blog/2017/05/23/stack-overflow-helping-one-million-developers-exit-vim/。

[○] 需避免的：https://xkcd.com/1296/。

提交信息时应该使用祈使语气（"添加特性"而不是"已经添加的特性"）。应完成下述句子：

If applied ,this commit will {your message}

另外，建议消息不要超过 50 个字符（如同邮件的主题行），至少第一行不要超过，这样有助于查找以前的提交。如果要写多内容，空一行再写（如果写更多内容，推荐使用 vim 或者其他命令行文本编辑器）。

不同公司或者项目组会有不同的详细提交信息的格式。更好的提交消息设计可见 Chris Beams 的博客[一]。

当提交时，需要注意它们是项目历史的公开部分，你的教授、老板、同事或者互联网上其他人都可能阅读。[二]

在提交更改后，确保核对 git status 的执行结果，它此时应该显示全部提交完毕了。

3.3.3　审核本地 git 流程

使用 git 的标准"开发循环"是编辑文件、添加文件、提交更改的循环，见图 3-4。

通常，代码要做大量改动（编辑大量文件、运行和测试代码等），不过一旦有了好的"断点"，一定要添加和提交更改，以确保工作不丢并能够随时回到这个"断点"位置。"断点"可以是实现了一个功能、卡壳了需要喝咖啡了或是计划进行彻底更改。

　　注意：每次提交意味着一组改动，通常波及多个文件。不要一个文件的一次改动就提交一次；相反，每次提交应该是整个项目的快照。

　　技巧：如果无意中添加了不想添加的文件，可通过 git reset 命令（没有参数）从临时区域中删除所有添加过的文件。

如果无意中提交了不想提交的文件，可使用 git reset --soft HEAD~1 撤销提交。执行了该命令后，就像没有提交过，但更改的文件仍在工作目录中。在重新执行 git commit 命令之前可随意编辑要提交的文件。需要注意的是只能撤销最近的提交，不能（轻松地）撤销已经推送到远程仓库中的提交。

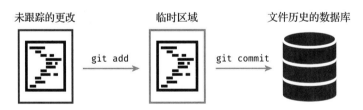

图 3-4　本地 git 过程：添加更改到临时区域，而后通过提交新建了项目的检查点。该提交
　　　　在文件历史数据库中保存了项目的一个版本

3.4　在 GitHub 中存储项目

学会了在本地使用 git 跟踪项目后，就会想使用不同的计算机来访问项目或者与他人共

　　⊖　Chris Beams：如何编写 Git 提交信息的博客帖子：http://chris.beams.io/posts/git-commit/。

　　⊜　不要加入该组：https://twitter.com/gitlost。

享项目。这个时候，就该使用 GitHub 了，GitHub 提供云存储仓库副本的在线服务。本地仓库（自己机器上的仓库，到目前一直使用的那些仓库）可链接到云存储仓库上，从而在它们之间进行同步。git 与 GitHub 的关系如同本地的图像应用程序与图像托管服务，如 Flickr 服务。git 就是用来创建和管理仓库的（如同图像应用程序）；GitHub 只是存储仓库的网站（如同 Flickr）。这样就可使用 git 先上传到 GitHub，而后下载。

存储在 GitHub 上的仓库是远程副本的一个案例：如同链接到本地的其他仓库。每个 repo 可有多个远程副本，可在它们之间进行同步。每个远程副本有一个关联的 URL（仓库的远程副本的因特网地址），但它们有别名，如同浏览器书签。因为它是处理代码的"起源（origin）"，为了讲解方便，将 GitHub 上的远程副本叫作 origin。

为了使用 GitHub，需要新建一个免费的 GitHub 账户，创建过程见第 1 章。

下一步，需要将本地仓库链接到 GitHub 的远程副本。执行此操作有两个常见的过程：

1）如果在本地计算机上已经存在 git 跟踪过的项目，通过单击 GitHub 主页（需要登录）上的绿色" New Repository"按钮新建一个 repo。这会在当前 GitHub 账户下新创建一个空的 repo。按照 GitHub 提供的指令，链接本地的 repo 到 GitHub 上新建的 repo。

2）如果 GitHub 存在一个要在本地编辑的项目，可先克隆（下载）GitHub 上的 repo 副本，而后进行修改和编辑代码。因该过程较为常见，所以这里进行了详细的描述。

GitHub 上的每个 repo 都有唯一位置的 Web 门户。例如本书所附的编程习题的网页是 https://github.com/programming-for-data-science/book-exercises。可单击该页中的文件和文件夹来查看它们的资源和在线内容，但不能通过浏览器进行改动。

> **注意**：编程时应该总是新建仓库的本地副本。尽管 GitHub 的 Web 界面支持，但不应该直接改动和提交到 GitHub。所有开发工作都应本地进行，然后将改动上传合并到远程副本中。这样为测试和开发提供了便利。

3.4.1　分支和克隆

同 Flickr 或其他图像托管站点一样，所有 GitHub 用户在自己的账户下保存 repo。之前提及的 repo 在本书账户 programming-for-data-science 下。因为处于本书账户下，其余用户不能修改，如同 Flickr 上不能修改别人账户的图像一样。所以第一件事是将 repo 复制到自己 GitHub 账户中。这就是分支的过程（就是新建"分支"开发，拆分成自己的版本）。

单击屏幕右上角的" Fork"按钮对一个 repo 进行分支（见图 3-5）。这将复制 repo 到自己的账户中，而后就能够下载和上传更改到副本中，但不是上传到最原始的 repo 中。在自己账户中建立了分支后，需要下载整个项目（文件和历史）到本地以便进行修改。使用 git clone 命令下载 repo 到自己目录中：

```
# Change to the folder that will contain the downloaded repository folder
cd ~/Desktop

# Download the repository folder into the current directory
git clone REPO_URL
```

该命令在当前文件夹下创建了一个新的 repo（目录），并将 URL 指定的代码副本和所有提交下载到新的文件夹中。

警告：在使用任何 git 命令前，核对当前所处目录是要执行命令的目录。例如，要离开先前描述的 learning_git 目录，因为不能克隆到已是 repo 的文件夹中！

可通过浏览器地址栏得到 git clone 命令的 URL，或者单击绿色的 "Clone or Download" 按钮来获取。单击完按钮后，会弹出一个含有小的剪贴板图标的对话框，该图标会将 URL 复制到剪贴板中，如图 3-6 所示。这便于使用终端来克隆仓库。如果单击了 "Open in Desktop"，将提示使用 GitHub Desktop[⊖]程序进行版本控制管理（本书不讨论该主题）。但不要单击 "Download Zip" 选项，因为它包含没有以前版本历史的代码（代码，而不是仓库本身）。

图 3-5　GitHub 网站上的分支按钮。单击这个按钮会在 GitHub 上新建自己的仓库副本

图 3-6　GitHub 网站上克隆按钮。单击该按钮将打开一个对话框，而后单击剪贴板图标复制
　　　　GitHub 的 URL，该 URL 用来克隆仓库到本地计算机

注意：确保从分支版本（自己账户下）进行克隆！这样 repo 就可通过合适的链接回到初期状态。

请注意：每台计算机只需克隆一次。克隆类似于 GitHub 上的仓库 init 命令。实际上，克隆命令包含了 init 命令（因为不需要 init 一个克隆的 repo）。克隆后，计算机上会存在一个仓库的完整副本，其中包括项目的完整历史记录。

3.4.2　推送和拉取

一旦有一份 repo 代码的副本，就可在本地计算机上更改代码，随后将更改推送到 GitHub 上可以。使用编辑器修改这些文件（例如 README.md），如同已经在本地创建了这些文件。修改完后，就需要将改动的文件添加到临时区域中，并提交到 repo 中（不要忘记使用 –m 参数添加备注）。

提交将保存更改到本地，但没将这些更改推送到 GitHub 上。如果此时刷新 Web 网页（核对是在自己的账户下），此时页面内容没有变化。

　⊖　https://desktop.github.com。

为了使 GitHub 也有一份更改文件（以及与他人共享代码），需要推送（上传）到 GitHub 计算机中。命令如下：

```
# Push commits from your computer up to a remove server (e.g., GitHub)
git push
```

通常，该命令会将当前代码推送到原始远程副本中（准确地说，是推送到副本中的主分支）。当克隆了 repo，就附带了一个原始"书签"，指向 GitHub 上原始 repo 的位置。下面的命令可查看远程位置：

```
# Print out (verbosely) the remote location(s)
git remote -v
```

推送完代码后，刷新 GitHub 网页，就可在网页上看到这些更改。

如果要下载他人做的更改，可使用 pull 命令。该命令将从 GitHub 下载更改并将其融合到本地计算机的代码中：

```
# Pull changes down from a remove server (e.g., GitHub)
git pull
```

　　警告：因为拉取代码过程包含将不同代码版本融合到一起，一定要当心融合冲突！第 20 章将详细讨论融合冲突。

　　深入学习：命令 git pull 和 git push 具有与原始远程位置的主分支进行交互的默认行为。git push 等同于更明确的命令：git push origin master。第 20 章将继续讲解，在更复杂的和大型团队开发中如何调整这些参数。

图 3-7 是关于 git 和 GitHub 一起使用的整合过程。

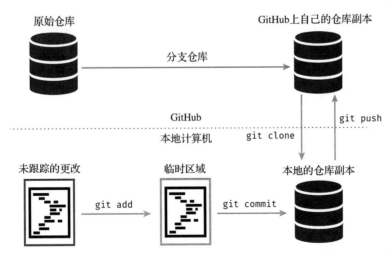

图 3-7　远程 git 过程：分支一个仓库以在 GitHub 上创建副本，而后克隆到本地计算机。紧
　　　　接着添加和提交更改，并将更改推送到 GitHub 进行共享

　　技巧：如果需与他人合作（或多台计算机工作），每次开始工作前一定要拉取最新版本。这保证你一直使用最新改动的版本，避免推送代码时冲突。

3.5 访问项目历史

进行每个提交（检查点）的好处是，可以在将来的任何时候轻松地查看项目或恢复到该检查点。本节详细介绍了查看较早时间点的文件并恢复到这些检查点的方法。

3.5.1 提交历史

在仓库的目录中使用 git log 命令可查看提交历史：

```
# Print out a repository's commit history
git log
```

这将按顺序列出提交的所有历史：有提交者、提交内容和提交时间（标识 HEAD 是指最近的提交）。使用 --oneline 参数将打印输出一个紧凑格式的列表，不过信息内容有点少（见图 3-8）。注意，每次提交列出了 SHA-1 哈希值（随机查找的数字和字符序列），可使用该 hash 值来标识提交。

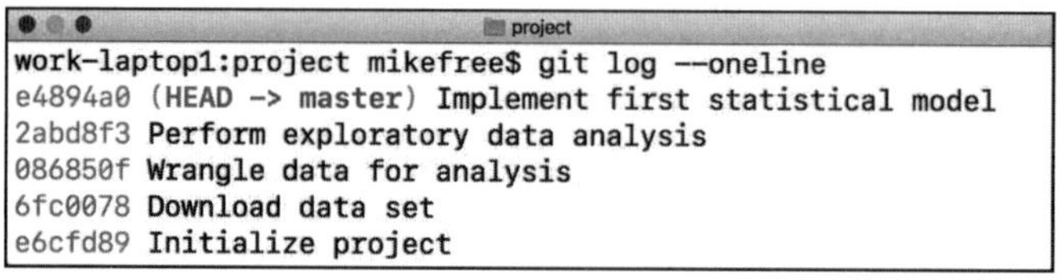

```
work-laptop1:project mikefree$ git log --oneline
e4894a0 (HEAD -> master) Implement first statistical model
2abd8f3 Perform exploratory data analysis
086850f Wrangle data for analysis
6fc0078 Download data set
e6cfd89 Initialize project
```

图 3-8　在终端中使用 git log --oneline 命令显示项目提交历史。每个提交使用 6 位哈希值
（例如 e4894a0）标识，使用 HEAD 表示最近的提交

3.5.2 恢复早期版本

版本控制系统的一个主要优点是可逆性，即具有"撤销"一个错误的能力（毕竟编程时有很多错误！）。git 提供两个基本方法，它们是回滚和修改以前的错误：

1）可替换为一个以前提交的版本文件（或者整个项目目录）。

2）可使用 git "反转"以前提交的更改。有效地使用反方向更改，从而撤销更改。

注意，这两种方法都要求确实提交过要回滚的代码的工作版本。git 的回滚只对已提交过的更改有效。如没提交过，那就没办法了。

技巧：早提交，经常提交。

不管要用两种形式的撤销中的哪一种，都需要提前确定要回滚的文件版本。此时需要使用前面讲到的 git log --oneline 命令，并记下每个提交的 SHA-1 哈希值。每个哈希值的头 6 个字符是提交的唯一标识，并充当了每个提交的"名字"角色。

使用 git checkout 命令，可回滚到文件的旧版本（"恢复"到以前提交的版本）：

```
# Print a list of commit hashes
git log --oneline

# Checkout (load) the version of the file from the given commit
git checkout COMMIT_HASH FILENAME
```

将 COMMIT_HASH 和 FILENAME 分别替换成提交 ID 的哈希值和要回滚的文件。这将当前版本的单个文件替换成以 COMMIT_HASH 保存的版本。参数 -- 表示最近的提交（即 HEAD），下面的代码表示放弃当前更改：

```
# Checkout the file from the HEAD (the most recent commit)
git checkout -- FILENAME
```

这将更改工作目录中的文件，使其保持先前提交过的样子。

　　警告：使用不带文件名的 git checkout 命令可查看某一提交的所有项目文件（例如 git checkout COMMIT_HASH）。然而，该用法不能实际提交这些文件的任何更改。因此，该命令应该只用于浏览某一个时间点的文件。如果这样做了（或者要检出时忘记文件名），使用下面的命令可恢复到代码的最新版本：

```
# Checkout the most recent version of the master branch
git checkout master
```

如果碰巧有一个错误的提交，但后续又提交了其他有价值的更改，可使用 git revert 命令保留那些有价值的更改：

```
# Apply the opposite changes made by the given commit
git revert COMMIT_HASH --no-edit
```

该命令将确定指定的提交命令对文件作过什么更改，而后使用相反的改动，从而有效地"回滚"提交。注意这次没有回滚到指定的提交编号（这就是 git checkout 的用途！），但只反转指定的提交。

git revert 命令没有新建一个提交（--no-edit 选项表示不包含自定义的提交消息）。这从文档视角来看很好：从不"破坏历史"，也不会丢失那些改变后又被恢复的记录。历史很重要，但不要搞乱它！

　　警告：git reset 命令可能破坏提交历史。使用它时一定要小心。推荐除了最近提交永不要 reset，就是说该命令只用于临时区域（git reset）或者撤销最近提交（git reset --soft HEAD~1）。

3.6　忽略项目中的文件

　　有时，希望 git 始终忽略项目中特定的目录或文件。例如，如果正在使用 Mac 并使用查找器组织文件，操作系统会在当前文件夹下创建 .DS_Store（前面的点号使其"隐藏"）的隐藏文件，该文件用来跟踪图标位置、哪个文件夹"展开"了等等。该文件不断变化着，并包含了项目无关的信息。如果将其添加到仓库中并且在多台机器上工作（或者是团队的一员），这就会导致大量的融合冲突（更不用说搞乱 Windows 用户文件夹）。

　　可在 git 项目目录下新建一个 .gitignore（注意前面的点）的专用隐藏文件，用来忽略文件。该文本文件包含了文件或者文件夹列表，git 将忽略它们，如同它们不存在文件夹中一样。该文件使用了非常简单的格式：每行包含了要忽略的目录或文件的路径，多个文件放在多行。例如：

```
# This is an example .gitignore file
# The leading "#" marks a comment describing the code
```

```
# Ignore Mac system files;
.DS_Store

# Don't check in passwords stored in this file
secret/my_password.txt

# Don't include large files or libraries
movies/my_four_hour_epic.mov

# Ignore everything in a particular folder; note the slash
raw-data/
```

最简单的创建 .gitignore 文件的方法是直接使用最喜欢的文本编辑器（例如 Atom）新建。从菜单中选择 File→New，并保存 .gitignore 文件在 repo 目录中（repo 的根目录，而不是子目录）。

如果是 Mac 用户，强烈建议全部忽略 .DS_Store 文件。这是一个无须共享或者跟踪的文件。为了能一直忽略该文件，新建一个"全局"的 .gitignore 文件（例如在 ~ 主目录），git 通过 core.excludesfile 配置选项将 .gitignore 中所列的文件忽略掉。

```
# Append `.DS_Store` to your `.gitignore` file in your home directory
echo ".DS_Store" >> ~/.gitignore

# Always ignore files listed in that central file
git config --global core.excludesfile ~/.gitignore
```

需要注意的是，在与他人合作时，仍旧要在 repo 中的本地 .gitignore 文件中列出 .DS_Store。

此外，GitHub 为不同语言⊖提供了许多建议的 .gitignore 文件，包括 R 语言⊖。在为项目创建本地 .gitignore 文件时，可参考这些文件。

哟，你成功了！本章有很多内容，但实际上，只需理解和使用下面 6 个命令：

- git status：检查 repo 状态。
- git add：添加文件到临时区域。
- git commit -m "Message"：提交更改。
- git clone：复制一个 repo 到本地计算机上。
- git push：上传提交到 GitHub 中。
- git pull：从 GitHub 上下载提交。

尽管使用版本管理系统有些难，但长远来看，它们确实会节约不少时间。鉴于它的实用性和普及性，git 是一个特别复杂和难以理解的系统。因此，如果需要进一步学习，网上有大量的教程和解释。可从下面的内容开始：

- Atlassian 的 Git 教程⊜是关于主要 git 命令的优秀介绍。
- GitHub 的速查表⊕以及补充材料⊕,⊗为执行特定操作提供了清晰记录的"操作指南"。

⊖ .gitignore 模板：https://github.com/github/gitignore。

⊖ R 语言的 .gitignore 模板：https://github.com/github/gitignore/blob/master/R.gitignore。

⊜ https://www.atlassian.com/git/tutorials/what-is-version-control。

⊕ https://education.github.com/git-cheat-sheet-education.pdf。

⊕ https://help.github.com/articles/git-and-github-learning-resources/。

⊗ https://try.github.io。

- Jenny Bryan 的免费在线书《Happy Git and GitHub for the useR》[一]为 R 用户使用版本控制系统提供了深入讲解。
- DataCamp 的在线课程 Introduction to Git for Data Science[二]也涉及了 git 基础知识。
- The Pro Git Book[三]是关于所有 git 命令的完整（也许不一定清楚）细节的官方参考书。

随书所附的练习题[四]中有关于 git 和 GitHub 的内容。

[一] http://happygitwithr.com。

[二] https://www.datacamp.com/courses/introduction-to-git-for-data-science/。

[三] https://git-scm.com/book/en/v2。

[四] 版本控制练习：https://github.com/programming-for-data-science/chapter-03-exercises。

第 4 章

使用 Markdown 制作文档

数据科学家经常遇到为纯文本添加格式（例如，黑体或斜体）的琐碎事情，但要求不使用 Microsoft Word 软件。为此本章引入 Markdown，它是通过对文本添加特殊字符的方式来描述文本格式与结构的简单编程语法。熟悉这种描述文本渲染的简单语法之后，有助于代码的文档编制，在问题论坛（例如 StackOverflow⊖）或聊天程序（例如 Slack⊜）上提交格式良好的帖子，以及将代码托管到 GitHub 上时生成清晰的描述代码目的文档（叫作"README"文件）。本章将讲述 Markdown 的基本语法，以及如何使用它生成可读的代码文档。

4.1 编写 Markdown

Markdown⊜是用来描述文本文档的格式和结构的简单语法。Markdown 语法只对文本文件做少量改动，就可添加相应格式（例如文本的黑体或者斜体）以及相应文档结构（例如标题或者要点）。掌握了编写 Markdown 的基础知识后，能够轻松、快速地创建格式良好的文档。

> **趣事**：Markdown 属于标记（markup，与 Markdown 别搞混了）语言的一类，标记语言是用来描述文档格式的一种编程语言。例如 HTML（超文本标记语言）是用来描述网站内容与格式的。更有趣的是：本书是使用 Markdown 编写的。

4.1.1 文本格式

Markdown 表示文本格式的最基础内容：通过在要标记的文本周围添加特殊符号（标点符号）。例如，通过添加下划线（_），可将文本渲染成斜体。图 4-1 显示了该过程。

表 4-1 列出了几种不同文本格式的方式。

尽管有多种语法形式，但这些是最常见的。

4.1.2 文本块

Markdown 除了在文本中添加黑体和斜体，也能创建格式化内容的块形式（例如标题或

⊖ StackOverflow：https://stackoverflow.com。

⊜ Slack：https://slack.com。

⊜ Markdown：John Gruber 的原始语法描述：https://daringfireball.net/projects/markdown/syntax。

代码块）。通过在文本内容前面添加相应符号实现相应的文本块语法。例如图 4-2，通过左边的 Markdown 语法（在表 4-2 中讲解了对应语法）生成图右边的文档。

4.1.3 超链接

文档中提供超链接是引用网络上资源的重要方式，将要提供超链接的文本周围添加方括号 []，并紧跟着小括号 ()，小括号内添加 URL。示例如下：

```
[text to display](https://some/url/or/path)
```

方括号中内容（"text to display"）将显示成超链接形式。单击该超链接，将转到小括号中的网址上（https://some/url/or/path）。需要注意超链接可放在一段或者列表项中间，也可添加 Markdown 语法将"text to display"显示成黑体或者斜体。

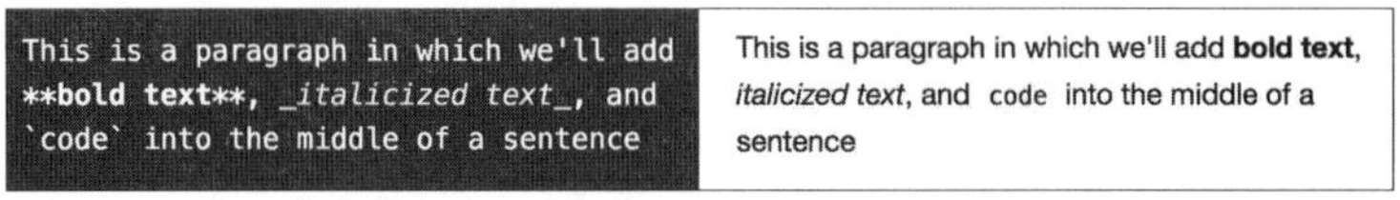

图 4-1　Markdown 文本格式，左边是代码形式，右边是渲染形式

表 4-1　Markdown 文本格式语法

语　法	解　释
text	使用下划线表示*斜体*
text	使用两个星号（*）进行重点强调（**黑体**）
`text`	通过反引号（`）表示代码类型
~~text~~	使用两个波浪线（~）表示删除

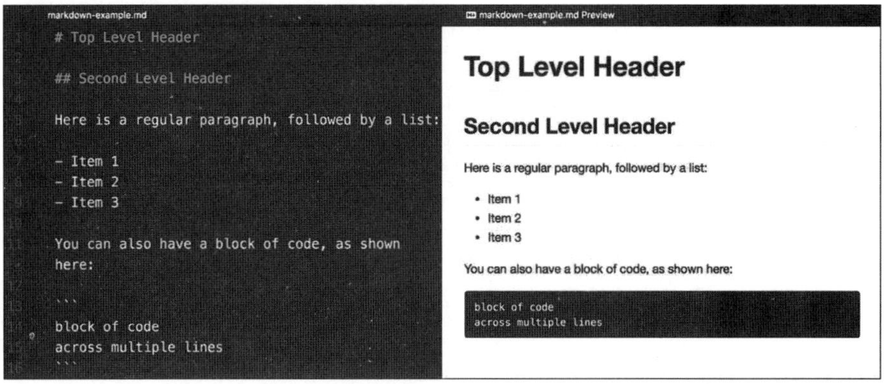

图 4-2　Markdown 块格式。左边是代码，右边是渲染输出

表 4-2　Markdown 块格式语法

语　法	解　释
#	标题（使用 ## 表示二级标题，### 表示三级标题等。）
``	表示代码块，使用三个反引号封装代码
-	项目列表或无序列表（连字符）
>	块引用

URL 通常是指向网站资源的绝对路径，也可以是指向同一机器上的其他文件的相对路径（该文件路径是相对于包含链接的 Markdown 文档）。这对从一个 Markdown 文件链接到另外一个时尤其有用（例如，一个工程项目文档分散在多个页面中）。

4.1.4 图像

Markdown 支持在文档中渲染图像，从而可在文档中包含图形、表和图片。除了在链接前使用感叹号表示将显示成图像，其余的语法与超链接的形式相同。

```
![description of the image](path/to/image)
```

当显示一个图像时，超链接中的"text to display"转换成可替代的图像文字描述，在图像无法显示时会显示这些描述（例如无法加载的情况下）。因为任何人通过屏幕阅读器，都可读取图像中的描述信息，所以这对于文档可读性尤为重要。

作为超链接，图像路径可以是绝对路径（来自网络中的图像）或者同一台机器上的相对路径（相对于 Markdown 文档的文件路径）。在 Markdown 中渲染图像，指定正确路径是常见的问题，如果渲染不出来图像，请检查路径是否正确（见 2.2.3 节）。

4.1.5 表格

不是所有的 Markdown 环境都支持表格语法，但 GitHub 以及其他的一些渲染引擎支持表格显示。表格对于内容组织很有用，尽管它们在标记语言语法中有点麻烦。例如，表 4-2 的语法和格式是通过下面的 Markdown 语法编写的。

```
| 语法            | 解释                                              |
| :------------- | :----------------------------------------------- |
| `#`            | 标题（使用`##`表示二级标题，`###`表示三级标题等。）   |
| ```` ``` ````  | 表示代码块，使用三个反引号封装代码                  |
| `-`            | 项目列表或无序列表（连字符）                        |
| `>`            | 块引用                                            |
```

这是一个管道表格，通过管道符（|）分割列。第一行包含列标题，紧跟一行连接符（-），之后的每行表示表格的具体内容。连字符前面的冒号（:）表示该列内容是左对齐。输出管道符以及每行中的空格符是可选的，但是它们有助于保持代码易读。不需要将管道排列起来。

（请注意，在表中，代码一行的三个反引号被四个反引号环绕以保证渲染成 ` 符号，而不是解释为 Markdown 命令！）

Markdown 的其他内容，包括块引用和语法颜色代码块，可见 GitHub Markdown 备忘单[⊖]。

4.2 渲染 Markdown

要查看标记格式语法的渲染形式，需要使用从 Markdown 转换为格式化文档的软件。幸运的是，一些系统可以自动的转换 Markdown。例如，GitHub 的 Web 门户会自动渲染 Markdown 文件（扩展名为 .md），Slack 和 StackOverflow 会自动格式化信息。

每个 GitHub 仓库的 Web 门户页面自动格式化并显示项目文档中名为 README.md（必须是这个名字）的 Markdown 文件，其保存在项目 repo 的根目录下。README 文件包含项

⊖ Markdown 备忘单：https://github.com/adam-p/markdown-here/wiki/Markdown-Cheatsheet。

目的重要说明和细节，要求必须阅读的内容。多数公开的 GitHub 仓库包含一个 README，其介绍了仓库中代码的环境和用法。例如，本书在线 README.md 文件描述了本书习题集[一]，每个文件夹下也包含一个解释子文件夹代码的 README 文件。

警告：渲染 Markdown 的程序和服务之间的语法会稍微有些不同。例如，Slack 技术上不支持 Markdown 语法（尽管非常像 Markdown）。GitHub 对该语言有特殊限制和扩展。有关详细信息或遇到问题，请参阅文档[二]。

无论如何，在将代码提交给 GitHub 或 StackOverflow 之前，预览一下 Markdown 的渲染效果是有益的。最好办法之一是在支持预览功能的文本编辑器中编写标记代码，例如 Atom。

只需在 Atom 中打开一个 Markdown 文件（.md），而后使用命令面板[三]（或者 ctrl+shift+m 快捷键）即可转换成 Markdown 预览模式，从而实现预览功能。一旦开启预览模式，Atom 会自动刷新以反映 Markdown 代码的变化。

技巧：可使用命令面板中的 Toggle Github Style 进行 Markdown 预览，尽管还有一些语法上的差异，但预览效果与提交到 GitHub 上的（几乎）相同。

其他预览 Markdown 的方式如下：
- 很多编辑器（例如 Visual Studio Code®）包含自动渲染 Markdown 的功能，或者通过相应插件提供该功能。
- 像 MacDown®之类的独立程序也提供该功能，它们通常提供更美观的编辑器窗口。
- 有着各种各样的在线 Markdown 编辑器，可用于实践或者快速测试。Dillinger®是其中较好的一个，但如果要找更特别的，还有很多其他的选择。
- 许多 Google Chrome 插件也提供了渲染 Markdown 文件的功能。例如，Markdown Reader©提供了 Markdown 的简单渲染功能（注意它与 GitHub 的渲染稍有差异）。一旦安装了插件，可将 .md 文件拖放到空白 Chrome 页面中，来查看转换后的文档。双击可查看最初代码。
- 如果要将 Markdown 文件渲染（编译）成 .pdf 文件，可使用 Atom 插件®或者一些其他软件来转换。

本章介绍了 Markdown 语法，它是对代码生成格式化文档的得力工具。你将使用此语法提供代码的信息（例如 git 仓库中的 README.md 文件），或者咨询代码的问题（例如在 StackOverflow），并展示代码分析结果（例如使用 R Markdown，如第 18 章所述）。使用 Markdown 进行练习，参见随书练习集®。

[一] https://github.com/programming-for-data-science/book-exercises/blob/master/README.md。
[二] https://help.github.com/categories/writing-on-github/。
[三] Atom 命令面板：http://flight-manual.atom.io/getting-started/sections/atom-basics/#command-palette。
[四] Visual Studio Code：https://code.visualstudio.com。
[五] MacDown：Markdown 编辑器（仅 Mac）：http://macdown.uranusjr.com。
[六] Dillinger：在线 Markdown 编辑器：http://dillinger.io。
[七] Google Chrome 的 Markdown Reader 插件：https://chrome.google.com/webstore/detail/markdown-reader/gpoigdifkoadgajcincpilkjmejcaanc?hl=en。
[八] 将 Markdown 转成 PDF 的 Atom 插件：https://atom.io/packages/markdown-pdf。
[九] Markdown 练习：https://github.com/programming-for-data-science/chapter-04-exercises。

第三部分

R 的基本技能

该部分介绍了 R 编程语言的基础知识。既介绍了 R 语言的语法，又描述了计算机编程的核心概念，这些概念是开始编写代码以处理数据时所必须掌握的。

第 5 章
R 语言

R 是一种非常强大的用于数据处理的开源软件。它是最流行的数据科学工具之一，因为它能够有效地执行统计分析、实现机器学习算法和创建数据可视化。R 是本书使用的主要编程语言，了解它的基本操作是能够执行更复杂任务的关键。

5.1 用 R 编程

R 是一种统计编程语言，我们可以编写 R 代码来处理数据。它是一种开源编程语言，这意味着它是免费的，并能得到 R 社区的持续改进。R 语言具有许多功能，可以读取、分析和可视化数据集。

> **趣事：** R 之所以被称为 "R"，部分原因是它受到了美国电话电报公司（AT&T）开发的统计语言 "S" 的启发，也因为它是由 Ross Ihaka 和 Robert Gentleman 开发的。

在前面的章节中，我们利用正式语言向计算机发出指令，例如在命令行中编写语法精确的指令。R 中的编程以类似的方式工作：使用 R 专用的语言和语法编写指令，计算机将其解释为如何处理数据的指令。

但是，随着项目复杂性的增加，如果可以在一个地方写下所有指令，然后命令计算机一次执行所有的指令，会变得非常有用。这样的指令列表称为脚本。执行或 "运行" 脚本时，每条指令（代码行）按顺序依次运行，就像我们一个接一个地键入指令一样。编写脚本允许保存、共享和重用自己的工作。通过将指令保存在一个文件（或一组文件）中，可以在弄明白如何使用数据回答问题后，轻松地检查、更改和重新执行指令列表。而且，由于 R 是一种解释语言，而不是像 C 或 Java 这样的编译语言，因此 R 编程环境允许根据需要单独执行脚本中每一行代码。

开始使用 R 处理数据时，可以将编写的多个指令（代码行），保存到扩展名为 .R 的 R 脚本。可以在任何文本编辑器（如 Atom）中编写 R 代码，但通常建议使用 RStudio，这是一个专门用于编写和运行 R 脚本的程序。

5.2 运行 R 代码

用 R 语言编写的代码有几种不同的执行方法，使用 RStudio 是最方便的方法。

5.2.1　使用 RStudio

RStudio 是一个开源的集成开发环境（IDE），它为与 R 解释器交互提供了一个信息丰富的用户界面。一般来说，IDE 提供了一个编写和执行代码的平台，包括查看代码运行后的结果。这与代码编辑器（如 Atom）不同，后者仅用于编写代码。

打开 RStudio 时，会看到一个与图 5-1 类似的界面。RStudio 会话通常包括 4 个部分（"窗格"），但可以根据需要自定义该布局。

1. 脚本（Script）

左上方的窗格是一个简单的文本编辑器，用于在不同的脚本文件中写入 R 代码。虽然它的功能不像专用的文本编辑程序（如 Atom）那么丰富，但它会给代码着色，能自动完成文本，并能轻松地执行代码。注意，如果没有打开的脚本，则该窗格是隐藏的。从菜单中选择"File→New File→R Script"可以创建新的脚本文件。

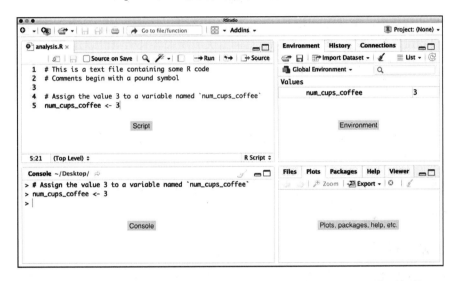

图 5-1　RStudio 的用户界面，显示一个脚本文件。灰底注释是后期添加的

两种运行代码的方式：

1）选择（高亮显示）所需代码并单击"运行"按钮（或在 Mac 上使用键盘快捷键⊖：cmd+enter，或在 Windows 上使用快捷键 ctrl+enter），可以执行脚本的一部分。如果未选择任何行，则会运行当前光标所在的行。这是在 RStudio 中执行代码的最常见方法。

技巧：使用 cmd+a（Mac）或 ctrl+a（Windows）选择整个脚本。

2）可以单击"Source（源）"按钮（位于"脚本"窗格右上角，或使用快捷键 shift+cmd+enter）执行脚本文件中的所有代码行，一次一行，从上到下执行整个脚本。此命令将当前脚本文件视为要运行的代码的"源"。如果选中"Source on Save"选项，则每次保存文件时都会执行整个脚本（可根据脚本及其输出的复杂性，选中或不选中该选项）。将鼠标悬停在任何按钮上，可以查看该按钮的键盘快捷键。

⊖　RStudio 键盘快捷键：https://support.rstudio.com/hc/en-us/articles/200711853-Keyboard-Shortcuts。

趣事："Source（源）"按钮，实际上调用了一个名为 source() 的 R 函数，如第 14 章所述。

2. 控制台（Console）

左下窗格是用于输入 R 命令的控制台。与在命令行上运行的交互式会话相同，可以一次键入并执行一行代码。控制台还将显示从脚本窗格执行代码的输出结果。如果只想执行一次任务，又不想在脚本中保存该任务，则只需在控制台中键该任务，然后按回车键。

技巧：与命令行一样，可以使用向上箭头轻松地访问以前执行过的代码行。

3. 环境（Environment）

右上角的窗格显示当前 R 环境的相关信息，特别是存储在变量内部的信息。在图 5-1 中，名为 num_cups_coffee 的变量中存储的值为 3。脚本中通常会创建几十个变量，环境窗格帮助跟踪存储在变量中的值。这对于"调试"（查找和修复错误）非常有用！

4. 绘图、软件包、帮助等（Plots，packages，help）

右下角的窗格包含多个选项卡，用于访问有关程序的各种信息。创建可视化效果时，此窗格中将渲染绘图。该窗格中还可以查看已加载的包或查找有关文件的信息。最重要的是，可以在此窗格中访问 R 语言的官方文档。该窗格有助于解答 R 中的某些部分是如何工作的疑问！

注意：可以使用窗格间的小空间来根据需要调整每个窗格的大小。还可以使用菜单选项重新组织窗格。

技巧：RStudio 中的菜单 Help→Cheatsheets 为 IDE 和其他包提供了一个内置的"备忘单（Cheatsheet）"的链接。

5.2.2 从命令行运行 R

虽然建议使用 RStudio 运行 R 代码，但在某些情况下，需要在没有 IDE 的情况下执行某些代码。通过在命令 shell 中启动交互式 R 会话，可以在命令行中逐一发出 R 指令（运行代码行）。这种方式可以直接在终端中键入 R 代码，计算机将解释并执行每一行代码（如果直接在终端中键入 R 语法，计算机将无法理解它）。

安装了 R 软件后，可以通过在终端中键入 R（或小写 r），从而在 Mac 上启动交互式 R 会话来运行 R 程序。这会启动会话并提供有关 R 语言的一些信息，如图 5-2 所示。

注意，图中的描述还包括后续操作的说明。最重要的："Type 'q()' to quit R（键入 'q()' 以退出 R）"。

注意：以命令行方式工作时，务必仔细阅读输出！

一旦开始运行交互式 R 会话，就可以在提示符（>）处一次输入一行代码。这是一种试验 R 语言或快速运行某些代码的好方法。例如，可以在命令提示符下试验一些数学运算（例如，输入 1+1 并查看输出）。

也可以通过指定想要执行的 .R 文件在命令行运行整个脚本，如图 5-3 所示。在终端中输入图 5-3 中所示的命令，将执行 analysis.R 文件中的每一行 R 代码，即执行保存在文件中的所有指令。如果数据有所更改，并且希望使用相同的指令重新计算分析结果时，这将非常有用。

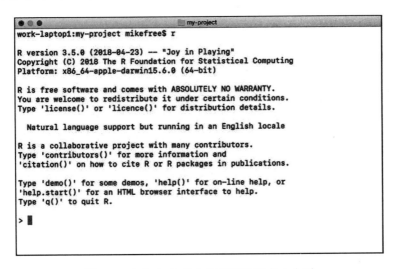

图 5-2　在命令 shell 中运行的交互式 R 会话

在 Windows（和一些其他操作系统）下，可能需要提供这些程序的路径以便计算机知道在哪里可以找到要执行的 R 和 RScript 程序。可以在执行 R.exe 程序时指定它的绝对路径来实现这一点，如图 5-3 所示。

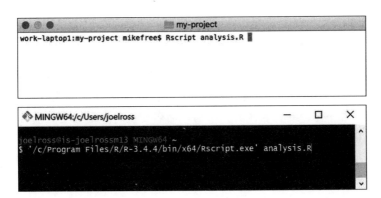

图 5-3　使用 RScript 命令从命令 shell 运行 R 脚本：Mac（上面）和 Windows（下面）

深入学习：如果使用 Windows 系统，并计划经常从命令行运行 R（本书既不要求也不建议这么做），较好的解决方案是将包含这些程序的文件夹添加到计算机的 PATH 变量中。此系统级变量包含计算机在查找要执行的程序时搜索的文件夹列表。当在命令行中键入 git 时，计算机知道在哪里可以找到 git.exe 程序，因为该程序所在的文件夹包含在 PATH 变量中。

在 Windows 中，可以通过"控制面板⊖"编辑计算机的环境变量，将 R. exe 和 RScript. exe 程序添加到计算机的 PATH 中。总之，从命令行中使用 R 可能会很棘手，建议新手使用 RStudio 来运行 R 程序。

⊖　https://helpdeskgeek.com/windows-10/add-windows-path-environment-variable/。

警告： 在 Windows 系统下，R 解释器下载时还安装了一个"RGui"应用程序（例如，"R x64 3.4.4"），它可能是用于打开 .R 脚本的默认程序。确保使用 RStudio IDE 来打开 .R 脚本。

5.3 注释

在讨论如何用 R 编写程序之前，了解添加注释的语法是很重要的。由于计算机代码不清晰且难以理解，开发人员使用注释写下代码的含义和目的。无论是开发人员的合作者还是开发人员自己在将来的某一天（例如，当需要回头修改程序时，开发人员需要记住代码的用途）需要查看程序时，注释尤其重要。

注释应该是清晰、简洁和有帮助的。注释应该提供代码本身不提供或"不清晰"的信息。

在 R 中，井号（#）之后的文本被标记为注释。从 # 到行尾的所有内容都是注释。可以将描述性注释放在它们所描述的代码的正上方，也可以在代码行的末尾加上非常短的注释，如下例所示（注意，所使用的 R 语法将在后续章节中介绍）：

```
# Calculate the number of minutes in a year
minutes_in_a_year <- 365 * 24 * 60 # 525,600 minutes!
```

（可以从前几章的命令行示例中发现此 # 号语法和注释行为，因为在 Bash shell 中使用了相同的语法！）

5.4 变量定义

因为计算机程序需要处理大量信息，所以需要一种存储和引用这些信息的方法。变量可以满足这种需求。变量是信息的标签。在 R 中，可以将变量视为数据的"存储箱"或"名称标签"。将数据放入存储箱后，可以通过箱上的标签引用该数据。

在 R 语言中，变量名可以由字母、数字、点（.）或下划线（_）组成，但必须以字母开头。与多数编程语言一样，变量名区分大小写。命名变量时，最好使变量名具有描述性，能提供变量名所包含数据的信息。例如，x 不是一个好的变量名，而 num_cups_coffee 是一个好的变量名。本书使用了 tidyverse 风格指南建议的格式[○]。因此，变量名全部采用小写字母，并由下划线（_）分隔，这也被称为 snake_case。

注意： 语法和格式之间有一个重要的区别。语言的语法描述了编写代码的规则，以便计算机能够解释它。某些操作是允许的，而其他操作则是不允许的。相反，格式是可选的约定，使代码更容易被人理解。格式指南描述了将在代码中遵循的惯例，以帮助保持变量名等内容的一致性。

在变量中存储信息的过程被称为给变量赋值。使用赋值运算符 <- 将值赋给变量。例如：

```
# Assign the value 3 to a variable named `num_cups_coffee`
num_cups_coffee <- 3
```

注意变量名在赋值运算符的左边，值在赋值运算符的右边。

通过将变量名作为一行代码单独执行或使用 R 内置的 print() 函数（详见第 6 章），可以查看变量中的值。

○ Tidyverse 风格指南：http://style.tidyverse.org。

```
# Print the value assigned to the variable `num_cups_coffee`
print(num_cups_coffee)
# [1] 3
```

Print() 函数的作用是输出变量 num_cups_coffee 中的值：3。该输出中的 [1] 表示存储在变量中的第一个元素是数字 3，相关内容详见第 7 章。

在为变量赋值时，还可以使用数学运算符（例如，+、-、/、*）。例如，可以创建一个变量，该变量是两个数字的和，如下列代码所示：

```
# Use the plus (+) operator to add numbers, assigning the result to a variable
too_much_coffee <- 3 + 4
```

一旦将一个值（例如数字）赋给变量，就可以在更新任何其他值时使用该变量。因此，下列所有语句都是有效的。

```
# Calculate the money spent on coffee using values stored in variables
num_cups_coffee <- 3 # store 3 in `num_cups_coffee`
coffee_price <- 3.5 # store 3.5 in `coffee_price`
money_spent_on_coffee <- num_cups_coffee * coffee_price # total spent on coffee
print(money_spent_on_coffee)
# [1] 10.5

# Alternatively, you can use a mixture of numeric values and variables
# Calculate the money spent on 4 cups of coffee
money_spent_on_four_cups <- coffee_price * 4 # total spent on 4 cups of coffee
print(money_spent_on_four_cups)
# [1] 14
```

在很大程度上，脚本文件就是在记事本中记下要运行的 R 代码。代码行可能（并且经常）执行不正常，特别是当更改或修复以前的语句时。如果更改了前一行代码，则需要重新执行该行代码以使其生效，如果希望使用更新的值，还需要重新执行所有后续行。

例如，如果脚本文件中有下列代码：

```
# Calculate the amount of caffeine consumed using values stored in variables
num_cups_coffee <- 3 # line 1
cups_of_tea <- 2 # line 2
caffeine_level <- num_cups_coffee + cups_of_tea # line 3
print(caffeine_level) # line 4
# [1] 5
```

一行接一行地执行所有代码，为变量赋值并输出 5。如果更改第 1 行代码为 num_cups_coffee <- 4，在重新执行该行（通过选择该行并按 cmd+enter 键）之前，计算机不会做任何修改。重新执行第 1 行也不会打印另一个新值，因为该命令出现在第 4 行！如果重新执行第 4 行（通过选择该行并按 cmd+enter 键），仍然会打印出 5，因为没有告诉 R 重新计算 caffeine_level 的值！需要重新执行所有代码行（例如，选择所有代码行，然后按 cmd+enter 键），才能输出新值 6。尽管与 Excel 等的环境不同（在 Excel 中，当改变其他引用单元格的值时，结果单元格的值会自动更新），这种情况在计算机编程语言中很常见。

5.4.1　基本数据类型

前面示例演示了变量如何存储数值。R 是一种动态类型语言，这意味着创建变量时不需要显式说明将在变量中存储哪种类型的信息。R 足够聪明，如果有代码 num_cups_coffee <-

3，那么 R 能够理解 num_cups_coffee 将存储一个数字值（因此可以用它进行数学运算）。

深入学习：在静态类型语言中，需要声明要创建的变量的类型。例如，在 Java 编程语言（本书中未使用）中，创建变量时必须指定变量的类型：如果希望将整数 10 存储在变量 my_num 中，则必须编写 int my_num = 10（其中 int 表示 my_num 是整型的）。

下面介绍 R 中的一些基本数据类型。

1. 数值型（Numeric）

R 中默认的计算数据类型是数值型，数值型数据由实数集（包括小数）组成。可以对数值数据使用数学运算符（如 +、-、*、/ 等）。也有许多处理数值数据的函数（例如计算和或平均值的函数）。

注意，可以在单个表达式中使用多个运算符，可以用括号来改变执行运算的顺序：

```
# Calculate the number of minutes in a year
minutes_in_a_year <- 365 * 24 * 60

# Enforcing order of operations with parentheses
# Calculate the number of minutes in a leap year
minutes_in_a_leap_year <- (365 + 1) * 24 * 60
```

2. 字符型（Character）

字符型数据用于存储字符串（如字母、特殊字符和数字）。用单引号（'）或双引号（"）引起来的信息为字符型数据。tidyverse 风格指南中建议使用双引号。

```
# Create character variable `famous_writer` with the value "Octavia Butler"
famous_writer <- "Octavia Butler"
```

注意，字符型数据仍然是数据，因此可以像数值数据一样被赋值给变量。虽然有许多用于处理字符串的内置函数，但字符型数据没有专门的运算符。

警告：如果在终端中看到一个加号（+）而不是典型的大于号（>），如图 5-4 所示，这可能是因为引号未闭合。如果遇到这种情况，可以按 Esc 键取消代码行并重新开始。如果忘记闭合一组括号（()）或中括号（[]），也可以这样做。

3. 逻辑型（Logical）

逻辑（布尔）型数据用于存储“真或假”。一个逻辑型数据只有两种可能值：TRUE 或 FALSE。注意不是字符串“TRUE”或“FALSE”，逻辑型数据是一种不同的类型。如果愿意，可以在变量赋值中使用 T 或 F 来代替 TRUE 或 FALSE。

趣事：在数学家和逻辑学家乔治·布尔之后，逻辑值也被称为“布尔值”。

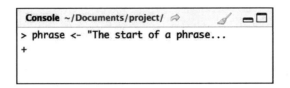

图 5-4　RStudio 控制台中未闭合的语句：按 Esc 键取消该语句并返回至命令提示符

逻辑值通常是将关系运算符（也称为比较运算符）应用于某些其他数据而产生的结果。比较运算符用于比较数据，包括 <（小于）、>（大于）、<=（小于或等于）、>=（大于或等于）、==（等于）和 !=（不相等）。以下是几个例子：

```
# Store values in variables (number of strings on an instrument)
num_guitar_strings <- 6
num_mandolin_strings <- 8

# Compare the number of strings on each instrument
num_guitar_strings > num_mandolin_strings # returns logical value FALSE
num_guitar_strings != num_mandolin_strings # returns logical value TRUE

# Equivalently, you can compare values that are not stored in variables
6 == 8 # returns logical value FALSE

# Use relational operators to compare two strings
"mandolin" > "guitar" # returns TRUE (m comes after g alphabetically)
```

可以使用逻辑运算符（也称为布尔运算符）来编写更复杂的逻辑表达式（例如，当某个值为真且其他值为假时）。逻辑运算符包括 &（和），|（或）和 !（非）。

```
# Store the number of instrument players in a hypothetical band
num_guitar_players <- 3
num_mandolin_players <- 2

# Calculate the number of band members
total_band_members <- num_guitar_players + num_mandolin_players # 5

# Calculate the total number of strings in the band
# Shown on two lines for readability, which is still valid R code
total_strings <- num_guitar_players * num_guitar_strings +
  num_mandolin_strings * num_mandolin_players # 34

# Are there fewer than 30 total strings AND fewer than 6 band members?
total_strings < 30 & total_band_members < 6 # FALSE

# Are there fewer than 30 total strings OR fewer than 6 band members?
total_strings < 30 | total_band_members < 6 # TRUE

# Are there 3 guitar players AND NOT 3 mandolin players?
# Each expression is wrapped in parentheses for increased clarity
(num_guitar_players == 3) & !(num_mandolin_players == 3) # TRUE
```

很容易用逻辑运算符编写复杂甚至是过于复杂的表达式，也很容易在逻辑中迷失方向，这时需要重新思考问题，以查看是否有更简单的表达方式。

4. 整型（Integer）

从技术的角度上讲 Integer（整型）不同于 numeric（数值型），因为 R 解释器存储和操作它们的方式不同。在变量赋值时，在所赋数值后加大写 L，来指定这个数值是整型（长整型）而不是一般的数值型（例如：my_integer <- 10L）。很少需要这么做，但明白这一点，有助于回答为什么有的数据后面有个 L。

5. 复数型（Complex）

复数（虚数）在 R 中有自己的数据存储类型，通过在数字后面加上 i 来创建：complex_variable <- 2i。本书中不使用复数，因为它们对数据科学不重要。

5.5 获取帮助

同任何编程语言一样，在 R 中工作时，不可避免地会遇到问题、令人困惑的情况或者只是一般性的问题。下面是一些获取帮助的方法。

1. 阅读错误消息

如果编写或执行代码的方式有问题，R 通常会在控制台中打印一条错误消息（RStudio 中为红色）。仔细阅读它，思考信息中每个词的含义，尽最大努力去破译信息，或者直接用搜索引擎搜索该信息以获得更多信息。只要肯花时间去理解这些信息，很快就会理解它们。例如，图 5-5 中显示了意外地、错误地输入变量名的结果。在该错误消息中，R 表示找不到对象 cty。这是有道理的，因为代码从未定义变量 cty（该变量名为 city）。

2. 搜索引擎

当想知道该怎么做的时候，毫无疑问搜索引擎往往是最好的资源。尝试搜索类似"如何在 R 中执行任务（how to DO_THING in R）"的关键词。通常情况下，问题的关键词会引导查询者进入一个名为 StackOverflow 的问答论坛（随后讨论），这是一个寻找潜在答案的好地方。

图 5-5   RStudio 由于输入错误而显示错误消息（没有变量 cty）

3. StackOverflow

StackOverflow 是一个令人惊奇的问答论坛，用于询问或回答编程问题。事实上，在那里大多数基本问题已经被提出和回答了。但是，不要犹豫，把自己的问题发到 StackOverflow。一定要仔细研究需要解答的具体问题，并提供错误信息和示例代码。当能清楚地表达问题并发布时，就经常会发现自己的问题已经解决了。

> **技巧**：有一种经典的修复错误的方法叫作橡皮鸭（小黄鸭）调试，是指试图向一个无生命的物体解释自己的代码或问题（和宠物说话也可以）。如果退一步想想如何向别人解释这个问题，通常可以自己解决这个问题！

4. 内置帮助文档

R 的帮助文档实际上很好。函数和行为都以相同的格式描述，并且通常包含有用的示例。键入问号（?）和正在使用的函数名（例如，?sum），可以在 R（或 RStudio）中搜索文档。也可以在两个问号（??）后跟搜索词（例如，??sum）来进行更广泛的搜索。

还可以使用 help() 函数来查找帮助（例如，help(print) 将查找 print() 函数的信息，就像 ?print 一样）。还有 example() 函数，可以调用它来查看正在运行的函数的示例（例如，example(print)）。从第 6 章开始，这将更加适用。

此外，RDocumentation.org[⊖]上有一个可爱的、可搜索的和可读的 R 文档界面。

⊖ RDocumentation.org：https://www.rdocumentation.org。

5. RStudio 社区

RStudio 最近为 R 用户推出了一个在线社区[一]。其目的是建立一个更积极的在线社区，以获得 R 的编程帮助，并使用该软件与开源社区合作。

5.5.1　如何学习 R

本章介绍了 R 编程语言的基础知识，书中的其余部分详细地介绍了 R 的进一步的功能。然而，涵盖特定编程语言的所有特性（尤其是以新手能够理解的方式）是不可能的，更不用说其相关的生态系统，例如数据科学中使用的其他框架。虽然书中涵盖了作为新手使用代码从数据中获取问题答案所需的所有资料，但读者将来肯定会遇到本书未讨论的问题。做数据科学需要不断学习新的技能和技术，有可能是因为针对自己的问题，这些技能和技术更先进、更具体，或者仅仅是本书编写时还没有发明这些技术或技能！

幸运的是，这个过程中你并不孤单！有大量的资源可以用来帮助学习 R 或编程或数据科学中的任何其他主题。本节为读者提供可能使用的资源类型的概述和示例。

1. 书

很多优秀文本资源既有印刷版又可以免费在线获得。书籍可以为一个主题提供全面的概述，通常有大量的例子并提供更多的资源链接。我们通常向初学者推荐书，因为书有助于涵盖编程中所涉及的所有的各种各样的步骤，书中的广泛示例有助于培养良好的编程习惯。免费的在线书籍很容易访问（并且允许复制和粘贴代码示例），但是物理印刷可以提供有用的参考（并且手动输入示例是一种很好的实践方法）。

特别是对于学习 R 来说，《R for Data Science》[二]是最好的免费在线教科书之一，它通过 tidyverse 收集的软件包（本书也使用）来涵盖编程语言。优秀的印刷书籍还包括《R for Everyone》[三] 和《The Art of R Programming》[四]。

2. 教程和视频

互联网上也有大量关于编程的非正式的阐述。这些内容从迷你书（如 aRrgh 固执己见但清晰的介绍：a new comer's (angry) guide to R[五]）到教程系列（如 R Tutor[六]或 Quick-R[七]提供的系列），再到重点文章和指南（如 R-Bloggers[八]上的帖子），再到信息丰富的 StackOverflow 问答。当试图回答一个特定的问题或澄清一个单一的概念时，如果想知道如何做一件事，而不一定要理解整个语言时，这些较小的指南尤其有用。此外，许多人还创建和共享了在线视频教程（如 Pearson's LiveLessons[九]），这些教程通常是为了支持课程或教科书而创建的。视频编码博客在其他编程语言（如 JavaScript）中更为常见。视频演示很好地展示了如何在实践中实际使用编程概念，观众可以查看与程序相关的所有步骤（尽管不能代替自己操作和执行程序）。

[一]　RStudio 社区：https://community.rstudio.com。

[二]　Wickham, H., &Grolemund, G.(2016).R for DataScience.O'ReillyMedia, Inc.http://r4ds.had.co.nz。

[三]　Lander, J.P.(2017).R for Everyone:Advanced Analytics and Graphics(2nd ed.).Boston, MA:Addison-Wesley。

[四]　Matloff, N.(2011).The Art of R Programming:A Tour of Statistical Software Design.San Francisco，CA:NoStarchPress。

[五]　aRrgh：a newcomer's (angry) guide to R：http://arrgh.tim-smith.us。

[六]　R Tutor：http://www.r-tutor.com/，从 http://www.r-tutor.com/r-introduction 开始介绍。

[七]　Quick-R：https://www.statmethods.net/index.html，一定要遵循超链接。

[八]　R-Bloggers：https://www.r-bloggers.com。

[九]　LiveLessons 视频教程：https://www.youtube.com/user/livelessons。

由于此类指南可以由任何人创建和托管，因此其质量和准确性可能会有所不同。理解一个概念时多查阅几个来源的资料，是个好主意。根据自己的经验（该解决方案是否适用于自己的代码？）以及自己的直觉（这是一个合理的解释吗？）进行确认。一般来说，应该从更受欢迎或更具说服力的指南开始，因为它们可能更支持最佳实践。

3. 交互式教程和课程

学习任何技能的最佳方法是实践，并且有多个交互式网站允许在 Web 浏览器中学习和实践编程。这些有助于观察活动主题或尝试不同的选项（尽管在 RStudio 中利用 swirl[一]包进行实验已经足够简单了）。

最受欢迎的一套 R 交互式编程教程由 DataCamp[二]提供，并以在线课程（可以学习使用技能的一系列阐述和练习）的形式介绍不同主题。DataCamp 教程为不同的数据科学主题提供视频和交互式教程。虽然大多数入门课程（例如，Introduction to R[三]）是免费的，但高级课程要求注册并支付服务费。尽管如此，即使是免费的资源，这也是一组用于学习新技能的有效资源。

除了这些非正式的互动课程外，在 R 和数据科学领域还有大型开放式在线课程（MOOC）（如 Coursera® 或 Udacity®）提供更正式的在线课程。例如，华盛顿大学的 Data Science at Scale® 课程对数据科学有深入的介绍（它假定读者有一定的编程经验，所以在读完本书之后，它可能更适合！）。注意，这些在线课程几乎都需要付费，但有时可以从中获得大学学分或证书！

4. 文档

最好从官方文档开始学习编程概念。除了上面提到的基础 R 文档外，许多系统创建者为了鼓励别人使用他们的工具，还会在 R 社区中生成有用的"入门"指南和参考资料，称为" vignettes"。例如 dplyr 包（详见第 11 章）在其主页[七]上有一个正式的入门摘要以及一个完整的参考资料[八]。在 GitHub 上软件包的主页上也可以找到关于软件包的更多详细信息（这里文档可以进行版本控制），查看 GitHub 页面中的软件包或库通常是获取更多信息的有效方法。此外，许多 R 包在 CRAN 的网站上以 .pdf 格式托管其文档。要学习使用包，需要仔细阅读其介绍文档并尝试其示例。

5. 社区资源

由于 R 是一种开源的程序设计语言，这里描述的许多 R 资源都是由程序员社区创建的，并且这个社区可以成为学习编程的最佳资源之一。除了社区上的教程和问题答案之外，面对面交流也是获得帮助的一个很好的途径（尤其是在大城市）。查看自己所在的城市或城镇是否有当地的"useR"社团，社团可能举办活动或培训课程。

○ swirl 交互式教程：http://swirlstats.com。

◎ DataCamp：https://www.datacamp.com/home。

◎ DataCamp：R 介绍：https://www.datacamp.com/courses/free-introduction-to-r。

㉃ Coursera：https://www.coursera.org。

㉄ Udacity：https://www.udacity.com。

㉅ Data Science at Scale：华盛顿大学的在线课程：https://www.coursera.org/specializations/data-science。

㉆ dplyr 主页：https://dplyr.tidyverse.org。

㉇ dplyr 参考资料：https://dplyr.tidyverse.org/reference/index.html。

　　本节只列出了众多 R 学习资源中的一些。搜索"主题教程（TOPIC tutorial）"或"如何在 R 中执行任务（how to DO_SOMETHING in R）"可以找到更多关于类似主题的在线资源。还可以找到其他的资源汇编。例如，RStudio 已经列出了其推荐的教程和资源的列表[○]。

　　最后，无论是关于编程还是从一组数据中学习，学习任何东西的最好方法都是提问。要练习使用 R 编写代码并熟悉 RStudio，可以参阅随书练习[○]。

　　○　RStudio：在线学习资源汇总：https://www.rstudio.com/online-learning/。
　　○　介绍 R 的练习：https://github.com/programming-for-data-science/chapter-05-exercises。

第 6 章

函　　数

刚开始承担数据科学项目时，会发现执行任务时将涉及多个不同的指令（代码行）。此外，我们通常希望能在项目内部和项目之间重复执行这些任务。例如，对数据进行汇总统计时会涉及许多步骤，我们可能希望对数据集中的不同变量重复此分析，或在两个不同的数据集中执行相同类型的分析。如果能将与每个重要的任务相关联的代码行组合成一个步骤，那么规划和编写代码将变得更加容易。

函数表示给一组指令添加了一个标签。不必思考需要编写的单个代码行，只需思考需要执行的任务，为编程提供了一个有用的抽象思考方式。函数将帮助隐藏细节和概括工作，让编程者更好的理解任务本身（例如，compute_summary_stats()），而不需要考虑每个任务中涉及的多行代码。除了能更好地解释代码之外，标记指令组还可以通过在不同的上下文中重用代码来节省时间。

本章将探讨如何使用 R 中的函数来执行高级功能，并创建可灵活分析多个数据集的代码。在介绍了一般意义上的函数后，接着讨论了如何使用内置 R 函数、通过加载 R 包访问其他函数以及自己编写函数。

6.1　什么是函数

从广义上讲，函数是一个被命名的、能在程序中重复执行的指令序列（代码行）。函数提供了一种能将多个指令封装到一个可在各种上下文中调用的"单元"中的方法。所以，不需要重复编写为每个变量绘制图表的所有单条指令，只需定义一次 make_chart() 函数，然后在需要执行这些指令时调用该函数。

除了指令分组外，类似 R 的编程语言中的函数往往遵循函数的数学定义，函数是一组对某些输入进行操作并产生相应输出的指令。函数的输入称为参数，为函数指定参数称为将参数传递到函数中（如传递足球）。最后，函数返回需要的输出。例如，假设一个函数可以确定一组数字中的最大数，那么该函数的输入将是一组数字，而输出将是集合中的最大数。

在整个数据科学过程中，将指令分组为可重复执行的函数很有帮助，其中包括：

- 数据管理。可以对加载和组织数据的指令进行分组，以便将其应用于多个数据集。
- 数据分析。可以存储计算感兴趣指标的步骤，以便对多个变量进行重复分析。
- 数据可视化。可以定义创建具有特定结构和样式的图形的过程，以便生成一致的报表。

6.1.1　R 函数语法

R 函数是按名称调用的（从技术上讲，它们与任何其他变量一样，都是值）。与许多编程语言一样，通过在函数的名称后紧跟括号 () 来调用函数，函数名和括号间没有空格。括号内是用逗号（,）分隔的函数参数。因此，计算机函数看起来就像多变量的数学函数，但名称比 f() 长。下面是使用 R 语言内置（自带）函数的几个示例：

```
# Call the print() function, passing it "Hello world" as an argument
print("Hello world")
# [1] "Hello world"

# Call the sqrt() function, passing it 25 as an argument
sqrt(25) # returns 5 (square root of 25)

# Call the min() function, passing it 1, 6/8, and 4/3 as arguments
# This is an example of a function that takes multiple arguments
min(1, 6 / 8, 4 / 3) # returns 0.75 (6/8 is the smallest value)
```

注意：书中提到函数时总是跟着空括号 ()，以便区分函数名和变量名（例如，add_values() 和 my_value）。这并不意味着函数没有参数，而只是一个函数的简写，用于表示该名称为函数名，而不是变量名。

如果以交互方式调用任意函数，R 将在控制台中显示返回值（输出）。然而，计算机不能"读取"在控制台中显示的内容，这是供人类查看的！如果希望计算机能够使用返回值，则需要为该值指定一个名称，以便计算机可以引用它。也就是说，需要将返回值存储在变量中：

```
# Store the minimum value of a vector in the variable `smallest_number`
smallest_number <- min(1, 6 / 8, 4 / 3)

# You can then use the variable as usual, such as for a comparison
min_is_greater_than_one <- smallest_number > 1 # returns FALSE

# You can also use functions inline with other operations
phi <- .5 + sqrt(5) / 2 # returns 1.618034

# You can pass the result of a function as an argument to another function
# Watch out for where the parentheses close!
print(min(1.5, sqrt(3)))
# [1] 1.5
```

在上面的示例中，内置函数 sqrt() 的结果值立即用作参数。由于该值被立即使用，因此不必为其分配单独的变量名。所以它被称为匿名变量。

6.2　内置 R 函数

R 语言中附带了各种内置函数（也称为基础 R 函数）。前面例子中使用 print() 函数将值输出到控制台，min() 函数查找参数中的最小数字，sqrt() 函数获取数字的平方根。表 6-1 列出了有限的常用函数（还可以从 Quick-R[⊖]中查看更多函数）。

⊖　Quick-R：内置函数：http://www.statmethods.net/management/functions.html。

表 6-1   常用 R 函数

函 数 名	描　　述	示　　例
sum(a, b, ...)	计算所有输入的和	sum(1, 5) # 返回 6
round(x, digits)	对第一个参数进行四舍五入，保留的小数位数由第二个参数给定	Round(3.1415, 3) # 返回 3.142
toupper(str)	返回大写字符	toupper("hi mom") # 返回 "HI MOM"
paste(a, b, ...)	字符连接（组合）成一个值	paste("hi", "mom") # 返回 "hi mom"
nchar(str)	统计字符串中的字符数（包括空格和标点符号）	nchar("hi mom") # 返回 6
c(a, b, ...)	将多个项目连接（组合）成一个向量（详见第 7 章）	c(1, 2) # 返回 1, 2
seq(a, b)	返回从 a 到 b 的数字序列	seq(1, 5) # 返回 1, 2, 3, 4, 5

可以使用 ? 函数名，以查看任何函数的更多信息，如第 5 章所述。

技巧：认识语言中的函数，并了解如何使用它们，是学习任何编程语言所必需的。因此，应该多看看，熟悉这些函数，但不一定需要记住它们！知道它们存在，然后能够查找该函数的名称和参数就足够了。正如所能想到的，搜索引擎在这里也很有用（例如，搜索"如何在 R 中执行任务"）。

这只是 R 中提供的众多函数中的一小部分。更多函数将在整本书中介绍，还可以在 R 参考卡（R Reference Card⊖）备忘单中看到一个不错的选项列表。

6.2.1　命名参数

许多函数都有必需参数（必须提供参数值）和可选参数（除非另有指定，否则使用"默认"值的参数）。可选参数通常使用命名参数指定，在命名参数中，可以指定参数值具有特定的名称。因此，不需要记住可选参数的顺序，而只需按名称引用它们即可。

命名参数是通过在参数名（类似于变量名）后跟等于号（=），再跟要传递给该参数的值而编写的。例如：

```
# Use the `sep` named argument to specify the separator is '+++'
paste("Hi", "Mom", sep = "+++") # returns "Hi+++Mom"
```

命名参数几乎总是可选的，因为它们具有默认值，并且没有固定顺序。实际上，许多函数允许将参数指定为位置参数（因为参数是由它们在参数列表中的位置决定的，所有称之为位置参数）或者命名参数。例如，也可以将 round() 函数的第二个位置参数指定为命名参数：

```
# These function calls are all equivalent, though the 2nd is most clear/common
round(3.1415, 3) # 3.142
round(3.1415, digits = 3) # 3.142
round(digits = 3, 3.1415) # 3.142
```

若要查看函数可用的参数列表，包括必需或可选参数、位置或命名参数，可使用 ? 函数名称，在帮助文档中查找其相关信息。例如，如果要查找 paste() 函数的参数信息。

⊖　R 参考卡：R 函数汇总备忘单：https://cran.r-project.org/doc/contrib/Short- refcard.pdf。

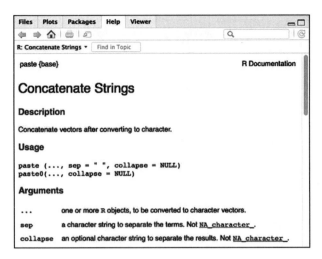

图 6-1 RStudio 中显示的 paste() 函数的参数信息

在 RStudio 中使用 ?paste，将显示图 6-1 中所示的文档。paste(..., sep = " ", collapse = NULL) 所示的用法，表示函数接受任意数量的位置参数（用 ... 表示）以及另外两个命名参数：sep（其默认值为 " "，使相互连接的单词之间默认的有一个空格）和 collapse（粘贴向量时使用，参见第 7 章）。

技巧：在 R 的文档中，需要有限数量的未命名参数的函数通常会将其称为 x。例如 round() 函数的文档信息：round(x,digits=0)，其中的 x 只是表示"运行此函数的数据值"。

趣事：数学运算符（例如 +）实际上是 R 中的双目函数（可接受两个操作数或参数）。熟悉的数学符号只是一个快捷方式。

```
# These two lines of code are the same:
x <- 2 + 3 # add 2 and 3
x <- '+'(2, 3) # add 2 and 3
```

6.3 加载函数

虽然 R 已经附带了大量的内置函数，程序员还可以使用更多的函数包（广义上也称为库），它们是由 R 社区编写和发布的其他 R 函数集。由于许多 R 用户遇到相同的数据管理和分析的挑战，程序员们能够使用这些包，从而从其他用户的工作中受益。这是开源社区的神奇之处：人们解决问题，然后将这些解决方案提供给其他人。流行的 R 包有操作数据的 dplyr、制作漂亮图形的 ggplot2 和实现机器学习算法的 randomForest。

默认情况下，R 软件包不随 R 软件一起提供，而是需要下载（一次）然后加载到解释器的环境中（每次希望使用它们时）。虽然这看起来很麻烦，但是如果必须安装和加载所有可用的软件包才能使用它，那么 R 软件将是巨大而缓慢的。

幸运的是，可以从 R 中安装和加载 R 包。基本 R 软件提供用于安装包的 install.packages() 函数，以及用于加载包的 library() 函数。以下示例说明如何安装和加载 stringr 包（其中包含方便地处理字符串的函数）：

```
# Install the `stringr` package. Only needs to be done once per computer
install.packages("stringr")
```

```
# Load the package (make `stringr` functions available in this `R` session)
library("stringr") # quotes optional here, but best to include them
```

警告：安装包时，可能会收到一条关于包是在以前版本的 R 下创建的警告消息。虽然这可能不会造成问题，但应该注意消息的详细信息并记住它们（尤其是如果开始出现意外错误）。

安装包的错误解决起来有些麻烦，因为它们依赖于特定机器的详细配置信息。仔细阅读任何错误消息，以确定可能存在的问题。

install.packages() 函数下载给定包必需的一组 R 代码（这解释了为什么每台计算机只需要执行一次），而 library() 函数将这些脚本加载到当前 R 会话中（连接到安装了包的"库"）。可以运行 R 函数 .libPaths() 来查看包在计算机上的存储位置。

警告：加载包有时会覆盖环境中已存在的同名函数。这可能会导致 R 终端中出现警告，但不一定意味出现了错误。一定要仔细阅读警告信息，并试图解读其含义。如果警告没有指向可能有问题的内容（例如覆盖不使用的现有函数），则可以忽略它并继续。

使用 library() 函数加载包后，就可以访问该包中的函数。例如 stringr 包提供了一个函数 str_count()，能够返回"子字符串"在单词中出现的次数（该包中包含的函数的完整列表，可参阅 stringr 文档[⊖]）：

```
# How many i's are in Mississippi?
str_count("Mississippi", "i") # 4
```

因为有这么多的包，所以很多包中可能会提供具有相同名称的函数。因此，可能需要区分 stringr 包中的 str_count() 函数与其他包中的 str_count() 函数。为此，可以使用函数的完整包名称（称为函数的命名空间）。编写格式为包名称后跟双冒号（::）再跟函数的名称：

```
# Explicitly call the namespaced `str_count` function. Not very common.
stringr::str_count("Mississippi", "i") # 4

# Equivalently, call the function without namespacing
str_count("Mississippi", "i") # 4
```

数据科学编程的大部分工作涉及查找、理解和使用这些外部包。书中将讨论并介绍一些这样的包，但不是全部，所以需要将学到的东西（并研究进一步的例子）应用到新的情况中。

技巧：有一些包可帮助改进 R 代码的样式。lintr[⊖]包能检测违反 tidyverse 风格指南的代码，styler[⊜]包能将建议的格式应用于代码。加载这些包后，可以运行 lint（"my_filename.r"）和 style_file（"my_filename.r"）（使用适当的文件名），以帮助确保使用了良好的代码样式。

6.4　编写函数

比加载他人函数更令人兴奋的是编写自己的函数。每当有一个任务需要在整个脚本中重

⊖　https://cran.r-project.org/web/packages/stringr/stringr.pdf。
⊖　https://github.com/jimhester/lintr。
⊜　http://styler.r-lib.org。

复执行时，或者只是想组织编程思想，编写一个函数都是一个好的实践方法。这将限制重复输入代码，降低出错的可能性，并使代码更容易阅读和理解，或识别分析中的缺陷。

下面通过示例来帮助理解定义函数的语法：

```
# A function named `make_full_name` that takes two arguments
# and returns the "full name" made from them
make_full_name <- function(first_name, last_name) {
  # Function body: perform tasks in here
  full_name <- paste(first_name, last_name)

  # Functions will *return* the value of the last line
  full_name
}

# Call the `make_full_name()` function with the values "Alice" and "Kim"
my_name <- make_full_name("Alice", "Kim") # returns "Alice Kim" into `my_name`
```

函数在许多方面与变量类似：它们都有一个名称，可以使用赋值运算符 <- 为其赋值。不同之处在于，函数是使用 function 关键字编写的，以表明正在创建函数，而不仅仅是存储一个值。根据 tidyverse 风格指南[⊖]，应使用蛇形命名法（snake_case）并使用动词为函数命名，毕竟它们定义了代码将做的事情。函数的名称应该清楚地表明它的作用（但不要太长）。

注意：虽然 tidyverse 函数是以蛇形命名法编写的，但许多内置的 R 函数都使用一个点（.）来分隔单词，例如 install.packages() 和 is.numeric()（用于确定一个值是否为数字，而不是字符串之类的其他值）。

一个函数包括以下几个部分。

1. 参数

分配给函数的值，使用语法 function(...) 来表明正在创建函数，而不是数字或字符串。括号 () 中的单词是变量名称，这些变量将接收作为参数传入的值。例如，当调用 make_full_name("Alice", "Kim") 时，第一个参数的值（"Alice"）将分配给第一个变量（first_name），第二个参数的值（"Kim"）将分配给第二个变量（last_name）。

重要的是，可以用自己喜欢的任何名称为参数命名，如 name_first, given_name 等，然后在函数体中就可以使用该变量名引用参数。此外，这些参数变量仅在函数内部可用，可以把它们看作是这些值的"绰号"。first_name, last_name, 和 full_name 仅存在于该特定函数中，也就是说，它们在该函数的范围内是可访问的。

2. 函数体

函数体是介于大括号 {} 之间的代码块。最干净的样式是将开头大括号 { 紧跟在参数列表之后，而将结束大括号 } 放在单独一行上。

函数体指定函数要执行的所有指令（代码行）。函数可以包含任意数量的代码行。通常需要超过 1 行，创建函数才有意义，但如果有 20 行以上，看看是否有可能将其拆分为不同的函数。可以在函数中使用参数变量、创建新变量和调用其他函数等等。基本上，任何在函数外部编写的代码也可以在函数内部编写！

⊖ Tidyverse 风格指南：http://style.tidyverse.org/functions.html。

3. 返回值

一个函数将返回（输出）该函数的最后一个语句（行）中得到的任何值。在前面的示例中，将返回 full_name 的最终值。

还可以将希望函数返回的值传递给 return() 函数，使用 return() 函数显式声明要返回的值：

```
# A function to calculate the area of a rectangle
calculate_rect_area <- function(width, height){
    return(width * height) # return a specific result
}
```

但是，好的样式要求只有希望在执行最终语句之前返回值时，才使用 return() 语句（参见 6.5 节）。因此，上例中可以将希望返回的值作为函数的最后一行：

```
# A function to calculate the area of a rectangle
calculate_rect_area <- function(width, height){
    # Store a value in a variable, then return that value
    area <- width * height # calculate area
    area # return this value from the function
}
```

```
# A function to calculate the area of a rectangle
calculate_rect_area <- function(width, height){
    # Equivalently, return a value anonymously (without first storing it)
    width * height # return this value from the function
}
```

可以调用（执行）自己定义的函数，就像调用内置函数一样。执行此操作时，R 将获取调用时传递的参数（例如，"alice" 和 "kim"），并将它们分配给参数变量。然后，依次执行函数体中的每一行代码，当执行到最后一行（或遇到 return() 函数）时，将结束该函数并返回最后一个表达式的值，该表达式的值可以被分配给函数之外的其他变量。

总而言之，编写函数是一种将代码行组合在一起的有效方法，为这些语句创建了一个抽象。然后，只需要考虑一个步骤：调用函数！而不需要同时考虑四五个步骤。这样可以更轻松地理解代码和需要执行的分析。

6.4.1 调试函数

编写函数的核心部分之一是修改函数定义时的错误，这是不可避免的。识别自己编写的函数中的错误比使用一行代码解决问题要复杂得多，因为需要在整个函数中进行搜索，以找到错误的来源！揣摩和识别错误代码行的最佳方法是逐行执行代码。虽然可以在 RStudio 中，使用 cmd+enter 每次单独执行一行代码，但当函数需要参数时，此过程需要进一步的工作。

例如，考虑一个计算人的体重指数（BMI）的函数：

```
# Calculate body mass index (kg/m^2) given the input in pounds (lbs) and
# inches (inches)
calculate_bmi <- function(lbs, inches) {
  height_in_meters <- inches * 0.0254
  weight_in_kg <- lbs * 0.453592
  bmi <- weight_in_kg / height_in_meters ^ 2
  bmi
}

# Calculate the BMI of a person who is 180 pounds and 70 inches tall
calculate_bmi(180, 70)
```

回想一下，当调用一个函数时，R 将用调用时的参数值替换该函数的参数，然后执行每一行代码。例如，调用 calculate_bmi(180, 70) 时，实际上在整个函数中，是用值 180 替换参数变量 lbs，用值 70 替换参数变量 inches。

但是，如果试图依次运行函数中的每条语句，那么变量 lbs 和 inches 将没有值（因为从未真正调用过函数）！因此，调试函数的策略是将样值分配给参数，然后逐行运行函数。例如，可以执行下列操作（在函数内、在脚本的另一部分中或仅在控制台中）：

```
# Set sample values for the `lbs` and `inches` variables
lbs <- 180
inches <- 70
```

分配这些变量后，依次运行函数中的每条语句，检查中间结果以查看代码在哪里出错，然后可以修改该行代码并重新测试函数！完成后，请务必删除临时变量。

注意，虽然这将识别语法错误，但它不能帮助识别逻辑错误。例如，如果在厘米和米之间使用了不正确的转换，或者在将参数传递给函数时的顺序不正确，则此策略将不起作用。例如，calculate_bmi(70, 180) 不会报错，但它将返回与 calculate_bmi(180, 70) 截然不同的 BMI。

注意： 当将参数传递给函数时，顺序很重要！请确保按函数预期的顺序传递参数值。

6.5　使用条件语句

函数是组织和控制代码执行流程的一种方式。例如，哪些代码按怎样的顺序运行。与其他语言一样，在 R 中，可以通过指定基于不同条件集运行的不同指令来控制程序流。条件语句允许在给定的上下文不同时运行不同的代码块，这通常在函数中很有价值。

从抽象的角度来看，条件语句是：

如果某事是真的（IF something is true）

　　执行代码块 1（do some lines of code ）

否则（OTHERWISE）

　　执行代码块 2（do some other lines of code）

在 R 中，使用关键字 if 和 else 以及下列语法编写这些条件语句：

```
# A generic conditional statement
if (condition) {
  # lines of code to run if `condition` is TRUE
} else {
  # lines of code to run if `condition` is FALSE
}
```

注意，else 需要与 if 的闭合大括号（}）位于同一行上。如果不满足条件时不想做任何事情，也可以省略 else 及其后的代码块。

条件是能解析为逻辑值（TRUE 或 FALSE）的任何变量或表达式。因此，以下两个条件语句都是有效的：

```
# Evaluate conditional statements based on the temperature of porridge

# Set an initial temperature value for the porridge
porridge_temp <- 125 # in degrees F
```

```
# If the porridge temperature exceeds a given threshold, enter the code block
if (porridge_temp > 120) { # expression is true
  print("This porridge is too hot!") # will be executed
}

# Alternatively, you can store a condition (as a TRUE/FALSE value)
# in a variable
too_cold <- porridge_temp < 70 # a logical value

# If the condition `too_cold` is TRUE, enter the code block
if (too_cold) { # expression is false
  print("This porridge is too cold!") # will not be executed
}
```

可以进一步使用 else if 语句扩展条件集，例如，else 之后紧跟 if：

```
# Function to determine if you should eat porridge
test_food_temp <- function(temp) {
  if (temp > 120) {
    status <- "This porridge is too hot!"
  } else if (temp < 70) {
    status <- "This porridge is too cold!"
  } else {
    status <- "This porridge is just right!"
  }
  status # return the status
}

# Use the function on different temperatures
test_food_temp(150) # "This porridge is too hot!"
test_food_temp(60)  # "This porridge is too cold!"
test_food_temp(119) # "This porridge is just right!"
```

注意，一组条件语句会导致代码分支，也就是说，将只执行一个代码块。因此，如果希望让一块代码从函数返回特定值，而另一块代码可能会继续运行，或返回其他内容。此时，需要使用 return() 函数：

```
# Function to add a title to someone's name
add_title <- function(full_name, title) {
  # If the name begins with the title, just return the name
  if (startsWith(full_name, title)) {
    return(full_name) # no need to prepend the title
  }

  name_with_title <- paste(title, full_name) # prepend the title
  name_with_title # last argument gets returned
}
```

注意，上例中没有显式地使用 else 子句，而只是在不满足 if 条件时让函数"继续运行"。虽然这两种方法都能有效地实现相同的预期结果，但更好的代码设计是为了尽可能避免 else 语句，并将 if 条件视为只处理"特殊情况"。

总体而言，条件和函数是组织程序中代码流的方法：显式地告诉 R 解释器应该按照什么顺序执行代码行。当程序变得越来越大，或者当需要合并来自多个脚本文件的代码时，这些结构变得特别有用。有关使用和编写函数的实践，参见随书练习集。

㊀ 函数练习：https://github.com/programming-for-data-science/chapter-06-exercises。

向　　量

当从实践 R 基础知识转向与数据交互时，需要了解如何存储数据并仔细考虑组织、分析和可视化数据的适当结构。本章介绍了在 R 中使用向量的基本概念。向量是 R 中的基本数据类型，因此理解这些概念是有效进行编程的关键。本章讨论 R 如何在向量中存储信息，以向量化形式执行操作的方式，以及如何从向量中提取数据。

7.1　什么是向量

向量是存储在单个变量中的一维数据的集合。例如，可以创建一个包含字符串"Sarah""Amit"和"Zhang"的向量 people，或者创建一个存储从 1 到 70 的数字向量 one_to_seventy。向量中的每个值都称为该向量的一个元素，因此，向量 people 将有三个元素："Sarah""Amit"和"Zhang"。

　　注意：向量中的所有元素都需要具有相同的类型（例如，数字、字符、逻辑）。不能有同时包含数字元素和字符串元素的向量。

7.1.1　创建向量

创建向量最简单、最常见的方法是使用内置的 c() 函数，该函数用于将值组合成向量。c() 函数接受任意数量的相同类型的参数（通常用逗号分隔），并返回包含这些元素的向量：

```r
# Use the `c()` function to create a vector of character values
people <- c("Sarah", "Amit", "Zhang")
print(people)
# [1] "Sarah" "Amit" "Zhang"
# Use the `c()` function to create a vector of numeric values
numbers <- c(1, 2, 3, 4, 5)
print(numbers)
# [1] 1 2 3 4 5
```

当在 R 中打印一个变量时，解释器会在打印变量值之前输出 [1]。这是 R 告诉你，它是从向量中的第一个元素打印的（本章后面将详细介绍元素索引）。当 R 打印向量时，元素间将用空格（实际上是制表符）而不是逗号分隔。

可以使用 length() 函数确定一个向量中有多少个元素：

```
# Create and measure the length of a vector of character elements
people <- c("Sarah", "Amit", "Zhang")
people_length <- length(people)
print(people_length)
# [1] 3

# Create and measure the length of a vector of numeric elements
numbers <- c(1, 2, 3, 4, 5)
print(length(numbers))
# [1] 5
```

其他函数也可以帮助创建向量。例如，第 6 章中提到的 seq() 函数可以接受两个参数，并在它们之间生成整数的向量。可选的第三个参数指定相邻数字的间隔。

```
# Use the `seq()` function to create a vector of numbers 1 through 70
# (inclusive)
one_to_seventy <- seq(1, 70)
print(one_to_seventy)
# [1] 1 2 3 4 5 .....

# Make vector of numbers 1 through 10, counting by 2
odds <- seq(1, 10, 2)
print(odds)
# [1] 1 3 5 7 9
```

简而言之，可以使用冒号操作符（a:b）生成一个序列，该操作符返回从 a 到 b 的向量，元素值以 1 递增：

```
# Use the colon operator (:) as a shortcut for the `seq()` function
one_to_seventy <- 1:70
```

打印向量 one_to_seventy（如图 7-1 所示）时，除了在所有打印结果中看到前导的 [1] 外，每行的开头都有中括号括着的数字。这些括号内的数字表示该行上打印的起始元素的索引。因此，[1] 表示打印行从索引为 1 的元素开始显示，而 [28] 表示打印行从索引为 28 的元素开始显示，依此类推。这些信息旨在提高输出的可读性，在查看一行打印的元素时，可以知道其在向量中的位置。

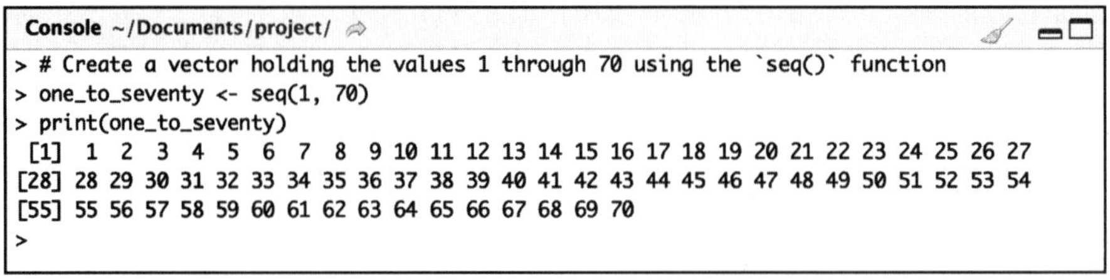

图 7-1 使用 seq() 函数创建向量，并在 RStudio 终端打印结果

7.2 向量化操作

在向量上执行操作（如数学运算 +、- 等）时，将按元素进行操作。这意味着来自第一个向量操作数的每个元素都被第二个向量操作数中对应位置的元素修改，并在结果向量的相应位置生成结果值。换句话说，如果要将两个向量相加，则结果中第一个元素的值将是每个

向量中第一个元素的和，结果中的第二个元素将是每个向量中第二个元素的和，依此类推。

图 7-2 演示了下列代码的向量化操作中的元素级操作。

```
# Create two vectors to combine
v1 <- c(3, 1, 4, 1, 5)
v2 <- c(1, 6, 1, 8, 0)

# Create arithmetic combinations of the vectors
v1 + v2 # returns 4 7 5 9 5
v1 - v2 # returns 2 -5 3 -7 5
v1 * v2 # returns 3 6 4 8 0
v1 / v2 # returns 3 0.167 4 0.125 Inf

# Add a vector to itself (why not?)
v3 <- v2 + v2 # returns 2 12 2 16 0

# Perform more advanced arithmetic!
v4 <- (v1 + v2) / (v1 + v1) # returns 0.67 3.5 0.625 4.5 0.5
```

向量支持任何可应用于其元素类型（即数字或字符）的运算符。虽然不能使用数学运算符（即，+）来组合字符串向量，但可以使用类似于 paste() 的函数来连接两个向量的元素，如 7.2.3 节所述。

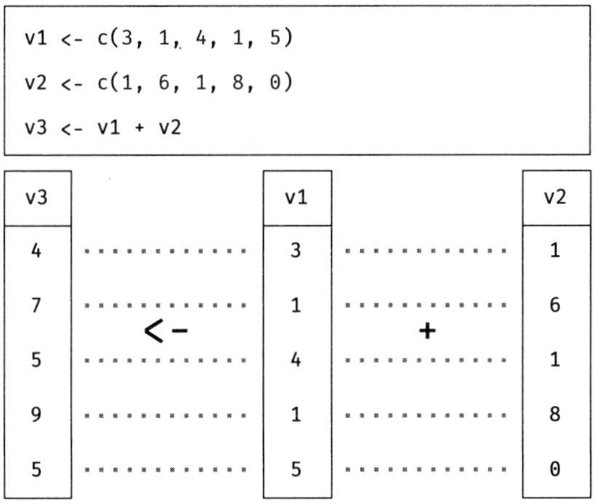

图 7-2　向量运算是按元素操作的：结果向量（v3）中的第一个元素是第一个向量（v1）中第一个元素和第二个向量（v2）中第一个元素的和

7.2.1　循环

循环是指在两个向量操作数中元素数目不相等时 R 所做的操作。如果 R 对两个长度不等的向量执行向量操作，它将重复使用较短向量中的元素。例如：

```
# Create vectors to combine
v1 <- c(1, 3, 5, 1, 5)
v2 <- c(1, 2)

# Add vectors
v3 <- v1 + v2 # returns 2 5 6 3 6
```

在本例中，R 首先计算每个向量中的第一个元素（1+1=2）。然后计算第二个元素（3+2=5）。

当计算第三个元素时，只有 v1 中存在第三个元素，v2 中没有第三个元素，所以它返回到 v2 的开头以选择一个值（5+1=6），如图 7-3 所示。

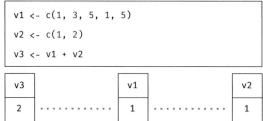

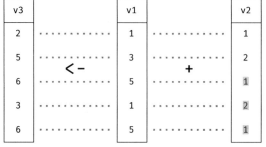

图 7-3 向量加法中的循环。如果一个向量 v2 比另一个向量 v1 短，则将循环使用 v2 中的元素值以匹配 v1 中的元素。被循环利用的值用灰底标识

注意：无论长向量是第一个还是第二个操作数，都会发生循环。在这两种情况下，如果较长向量的长度不是较短向量的整倍数，R 将提供一条警告消息（循环中会有"剩余"元素）。这个警告并不一定意味着出错，但是应该注意这条消息，例如向量的长度应该是相同的，若出现这条消息则代表程序在某个地方出错了。

7.2.2 多数为向量

如果一个向量与一个常规数值（一个标量）相加，会怎样？

```
# Add a single value to a vector of values
v1 <- 1:5 # create vector of numbers 1 to 5
result <- v1 + 4 # add scalar to vector
print(result)
# [1] 5 6 7 8 9
```

不出所料，上例中向量中的每个元素都与标量 4 相加。

出现这种行为的原因是 R 将所有字符、数字和布尔值存储为向量。即使看起来创建的是单个值（标量），实际上也是在创建具有单个元素（长度为 1）的向量。当创建存储数字 7 的变量（例如，使用 x <- 7）时，R 将创建一个长度为 1 的向量，7 为该向量的唯一元素。

```
# Confirm that basic types are stored in vectors
is.vector(18) # TRUE
is.vector("hello") # TRUE
is.vector(TRUE) # TRUE
```

这就是为什么 R 在所有结果前面输出 [1]：这意味着，显示的是一个向量（恰好只有一个元素），并从第一个元素开始显示。

```
# Create a vector of length 1 in a variable `x`
x <- 7 # equivalent to `x <- c(7)`

# Print out `x`: R displays the vector index (1) in the console
```

```
print(x)
# [1] 7
```

这解释了为什么不能使用 length() 函数来获取字符串的长度，因为它只返回包含该字符串的向量的长度（即 1）。但可以使用 nchar() 函数来获取字符串中的字符数。

因此，当向量与一个标量（如 4）相加时，相当于向量与一个只有一个元素（4）的向量相加。所以同样适用循环规则，单元素 4 被循环利用，并与第一个操作数的每个元素相加。

7.2.3　向量化函数

由于所有基本数据类型都被存储为向量，所以到目前为止，几乎本书中遇到的每个函数都可以应用于向量，而不仅仅是应用于单个值。与非向量方法相比，这些向量化函数更高效、更常用。实际上，函数对向量的工作方式和对单个值的工作方式是一样的，因为单个值只是向量的一个实例！

这意味着几乎可以在向量上使用任何函数，它将以相同的向量化、元素级的方式运行：函数将产生一个新的向量，其中已按顺序将函数转换应用于每个单独的元素。

例如，考虑第 6 章中描述的 round() 函数。此函数将给定参数舍入为最接近的整数（如果指定小数位数，则舍入为最接近的有指定小数位的实数）。

```
# Round the number 1.67 to 1 decimal place
round(1.67, 1) # returns 1.7
```

上例中的 1.67 实际上是长度为 1 的向量。如果将包含多个值的向量作为参数，则该函数将对向量中的每个元素执行相同的舍入操作。

```
# Create a vector of numbers
nums <- c(3.98, 8, 10.8, 3.27, 5.21)

# Perform the vectorized operation
rounded_nums <- round(nums, 1)

# Print the results (each element is rounded)
print(rounded_nums)
# [1]  4.0  8.0  10.8  3.3  5.2
```

像这样的向量化操作也可以应用于字符数据。例如，返回字符串中字符数的 nchar() 函数，也可以等效地应用于长度为 1 的向量或其中包含许多元素的向量：

```
# Create a character variable `introduction`, then count the number
# of characters
introduction <- "Hello"
nchar(introduction) # returns 5

# Create a vector of `introductions`, then count the characters in
# each element
introductions <- c("Hi", "Hello", "Howdy")
nchar(introductions) # returns 2  5  5
```

注意： 当函数的操作数是向量时，实际上是将函数应用于向量的每一个元素！

甚至可以使用每个参数都是向量的向量化函数。例如，下例中使用 paste() 函数将两个不同向量中的元素组合在一起。正如加号运算符（＋）执行的是元素级操作一样，其他向量化函数（如 paste()）执行的也是元素级的操作：

```
# Create a vector of two colors
colors <- c("Green", "Blue")

# Create a vector of two locations
locations <- c("sky", "grass")

# Use the vectorized paste() operation to paste together the vectors above
band <- paste(colors, locations, sep = "") # returns "Greensky" "Bluegrass"
```

可以注意到，发生的是相同的元素级组合：paste() 函数应用于第一个元素，然后应用于第二个元素，依此类推。

与需要通过集合中的元素进行显式迭代的语言相比，这种向量化的过程非常强大，是使 R 成为处理大型数据集的有效语言的重要因素[⊖]。要编写真正有效的 R 代码，需要将函数应用于数据向量，结果返回的也是数据向量。

> **深入学习**：与其他编程语言一样，R 也支持循环形式的显式迭代。例如，如果要对向量中的每个元素执行操作，可以使用 for 循环执行此操作。但是，由于操作在 R 中是向量化的，所以不需要显式地迭代向量。虽然能够用 R 编写循环，但是在 R 中，循环几乎完全没有必要，所以本书中不介绍循环。

7.3 向量索引

向量是存储数据集合的基本结构。然而，通常只希望使用向量中的一部分数据。本节将讨论几种可以在向量中获取元素子集的方法。

最简单的方法是通过索引（index）引用一个向量中的单个元素，索引是元素在向量中的位置数。例如，在向量

```
vowels <- c("a", "e", "i", "o", "u")
```

中，"a"（第一个元素）的索引为 1，"e"（第二个元素）的索引为 2，依此类推。

> **注意**：在 R 中，向量元素的索引从 1 开始。这与大多数其他编程语言不同，它们的索引是从 0 开始的，集合中的第一个元素的索引为 0。

可以使用括号表示法从向量中检索值。通过在向量名后跟方括号（[]）的办法来引用向量指定索引处的元素，方括号内是感兴趣的索引：

```
# Create the people vector
people <- c("Sarah", "Amit", "Zhang")

# Access the element at index 1
first_person <- people[1]
print(first_person)
# [1] "Sarah"
```

⊖ R 中的向量化：Why? 是 Noam Ross 的一篇详细讨论向量化底层机制的博客文章，见 http://www.noamross.net/blog/2014/4/16/vectorization-in-r--why.html。

```
# Access the element at index 2
second_person <- people[2]
print(second_person)
# [1] "Amit"

# You can also use variables inside the brackets
last_index <- length(people) # last index is the length of the vector!
last_person <- people[last_index] # returns "Zhang"
```

警告：不要被打印输出中的 [1] 迷惑。它不是指输出结果在向量 people 中的索引，而是指其在结果向量（例如，second_person）中的索引！

如果在方括号中指定了一个超出范围的索引（例如，大于向量中的元素数），则将返回特殊值 NA，该值表示不可用。注意，不是字符串"na"，而是一个特定的逻辑值 NA。

```
# Create a vector of vowels
vowels <- c("a", "e", "i", "o", "u")

# Attempt to access the 10th element
vowels[10] # returns NA
```

如果在方括号中指定负索引，R 将返回除指定的索引（去掉负号）之外的所有元素：

```
vowels <- c("a", "e", "i", "o", "u")

# Return all elements EXCEPT that at index 2
all_but_e <- vowels[-2]
print(all_but_e)
# [1] "a" "i" "o" "u"
```

7.3.1 多索引

前面我们介绍过，在 R 中，所有数字都存储在向量中。这意味着，当在方括号内放置单个数字来指定索引时，实际上是将包含单个元素的向量放入方括号中。事实上，真正要做的是：为希望从向量中提取的元素指定一个索引向量。因此，可以在括号内放置任意长度的向量，R 将从向量中提取这些索引对应的所有元素，即生成向量元素的子集：

```
# Create a `colors` vector
colors <- c("red", "green", "blue", "yellow", "purple")

# Vector of indices (to extract from the `colors` vector)
indices <- c(1, 3, 4)

# Retrieve the colors at those indices
extracted <- colors[indices]
print(extracted)
# [1] "red" "blue" "yellow"

# Specify the index vector anonymously
others <- colors[c(2, 5)]
print(others)
# [1] "green" "purple"
```

通常使用冒号运算符快速指定要提取的索引范围：

```
# Create a `colors` vector
colors <- c("red", "green", "blue", "yellow", "purple")

# Retrieve values in positions 2 through 5
print(colors[2:5])
# [1] "green" "blue" "yellow" "purple"
```

表示向量中索引从 2 到 5 的元素。

7.4　向量过滤

前面的例子使用索引（数值）向量从向量中提取元素子集，也可以在方括号中放置一个逻辑（布尔）值向量（例如 TRUE 或 FALSE），以指定要提取的元素：TURE 意味着要返回相应位置的元素，FALSE 则表示不返回该元素：

```
# Create a vector of shoe sizes
shoe_sizes <- c(5.5, 11, 7, 8, 4)

# Vector of booleans (to filter the `shoe_sizes` vector)
filter <- c(TRUE, FALSE, FALSE, FALSE, TRUE)

# Extract every element in an index that is TRUE
print(shoe_sizes[filter])
# [1]  5.5  4
```

R 将遍历布尔向量，并在与每个 TRUE 对应的位置提取元素。在上面的例子中，由于 filter 在索引 1 和 5 处为 TRUE，因此 shoe_sizes[filter] 返回一个包含索引为 1 和 5 的元素的向量。

这看起来有点奇怪，但实际上非常强大，因为这允许从满足特定条件的向量中选择元素，这个过程称为过滤。执行此过滤操作的方法是，首先创建与满足该条件的索引相对应的布尔向量，然后将该布尔向量放在方括号内以返回感兴趣的值：

```
# Create a vector of shoe sizes
shoe_sizes <- c(5.5, 11, 7, 8, 4)

# Create a boolean vector that indicates if a shoe size is less than 6.5
shoe_is_small <- shoe_sizes < 6.5 # returns T F F F T

# Use the `shoe_is_small` vector to select small shoes
small_shoes <- shoe_sizes[shoe_is_small] # returns 5.5 4
```

上例中的神奇之处在于，关系运算 < 是向量化的，再次使用了循环，这意味着较短的向量（6.5）被循环应用于向量 shoe_sizes 中的每个元素，从而产生需要的布尔向量！

甚至可以将第二行和第三行代码合并为一条语句。下面的代码可以提取向量 shoe_sizes 中小于 6.5 的元素。

```
# Create a vector of shoe sizes
shoe_sizes <- c(5.5, 11, 7, 8, 4)

# Select shoe sizes that are smaller than 6.5
shoe_sizes[shoe_sizes < 6.5] # returns 5.5 4
```

这是一个有效的语句，因为首先计算方括号内的表达式（shoe_sizes < 6.5），生成一个布尔向量（元素为 TRUE 或 FALSE 的向量），然后用于筛选向量 shoe_sizes。图 7-4 显示了

过滤过程。这种过滤对于数据集解答现实问题至关重要。

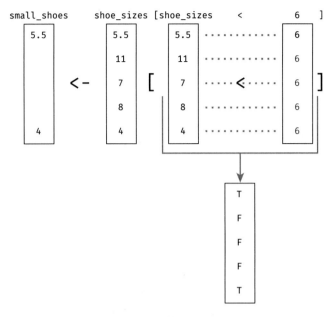

图 7-4 使用关系运算符的向量过滤演示。数值 6 被循环利用，以匹配向量 shoe_sizes 的长
度。生成的布尔值用于过滤向量

7.5 向量修改

应用于向量的大多数操作都将创建一个包含修改值的新向量。这是 R 中最常见的过程。
但是，也可以通过各种方式修改现有向量的元素值。

可以在运算符的左侧指定索引，从而为指定元素分配新值：

```
# Create a vector `prices`
prices <- c(25, 28, 30)

# Change the first price to 20
prices[1] <- 20
print(prices)
# [1] 20 28 30
```

若要在向量中创建新元素，则需要指定存储新值的索引：

```
# Create a vector `prices`
prices <- c(25, 28, 30)

# Add a fourth price
prices[4] <- 32

# Add a new price (35) to the end of the vector
new_index <- length(prices) + 1 # the "end" is 1 after the last element
prices[new_index] <- 35
```

当然，也可以在左侧选择多个元素并为其分配新值。赋值运算符也是向量化的！

```
# Create a vector of school supplies
school_supplies <- c("Backpack", "Laptop", "Pen")
```

```
# Replace  "Laptop" with "Tablet", and "Pen" with "Pencil"
school_supplies[c(2, 3)] <- c("Tablet", "Pencil")
```

如果尝试修改索引大于向量长度的元素，R 将用 NA 填充向量：

```
# Create a vector `prices`
prices <- c(25, 28, 30)

# Set the sixth element in the vector to have the value 60
prices[6] <- 60
print(prices)
# [1] 25 28 30 NA NA 60
```

由于跟踪索引是很困难的，并且索引容易因数据的改变而变化，从而导致代码脆弱，因此在向量末尾添加信息的更好方法是：将现有向量与新元素组合起来创建一个新的向量：

```
# Use the combine (`c()`) function to create a vector
people <- c("Sarah", "Amit", "Zhang")

# Use the `c()` function to combine the `people` vector and the name "Josh"
more_people <- c(people, "Josh")
print(more_people)
# [1] "Sarah" "Amit" "Zhang" "Josh"
```

最后，向量修改可以与向量过滤相结合，以便替换特定子集的值。例如，可以将向量中所有大于 10 的元素值替换为数字 10（以"限制"值）。由于赋值运算符是向量化的，因此可以利用向量循环为过滤后的每个元素分配一个值：

```
# Create a vector of values
v1 <- c(1, 5, 55, 1, 3, 11, 4, 27)

# Replace all values greater than 10 with 10
v1[v1 > 10] <- 10 # returns 1 5 10 1 3 10 4 10
```

在上例中，向量 v1 中大于 10（v1[v1>10]）的所有元素都被替换为 10，数字 10 被循环使用。这种技术在打包和清理数据时特别有效，因为它允许识别和操作无效值或其他异常值。

总而言之，向量为数据分析提供了一种强大的数据组织和分组方法，向量的应用贯穿 R 编程的始终。在 R 中练习使用向量，可参见随书练习集[⊖]。

第 8 章

列　　表

本章介绍另一种 R 数据类型：列表。列表与向量有些相似，但可以存储更多类型的数据，通常包括有关数据的更多详细信息（需要一些成本）。列表是 R 版的地图，它是一种在计算机程序中常见且极其有用的组织数据的方法。此外，列表用于创建数据框，数据框是 R 中用于处理实数集的主要数据存储类型。本章介绍如何创建和访问列表中的元素以及如何将函数应用于列表。

8.1　什么是列表

列表很像向量，因为它是一维的数据集合。但是，与向量不同，列表中可以存储不同类型的元素。例如，列表可以包含数字数据和字符串数据。列表还可以包含更复杂的数据类型，包括向量甚至其他列表！

列表中的元素还可以用名称进行标记，可以使用这些名称轻松地引用它们。例如，可以谈论列表的“first_name 元素”，而不是谈论列表的“1 号元素”。可以使用列表的这个功能来创建映射类型。在计算机编程中，映射（map）是一种将一个值与另一个值相关联的方法。映射最常见的真实案例是字典或百科全书。字典将每个单词与其定义相关联，可以通过使用这个单词本身来查找其的定义，而不需要在书中查找第 3891 条定义。事实上，同样的数据结构在 Python 编程语言中被称为字典！

> **警告**：R 语言中列表的定义与其他一些语言的不同。当开始探索其他语言时，不要假定相同的术语意味着相同的功能。

因此，列表对于组织数据非常有用。使用列表可以将数据组合在一起，如一个人的姓名（字符）、职务（字符）、工资（数字）以及该人是否为工会成员（逻辑），而无须记住此人的姓名或头衔是否是第一个元素！

> **注意**：如果要标记集合中的元素，请使用列表。虽然也可以用名称标记向量元素，但这种做法并不常见，而且需要更复杂的语法来访问这些元素。

8.2　创建列表

将想要组成列表的任意数量的参数（用逗号分隔）传给 list() 函数，就可以创建列表，类似于用 c() 函数创建向量。

但是，可以（也应该）为列表中的每个元素指定名称，方法是将标记的名称（类似于变量名），后跟一个等号 (=)，再跟要放入列表中并与该名称相关联的值。这与为函数指定命名参数的方式类似（参见 6.2.1 节）。例如：

```r
# Create a `person` variable storing information about someone
# Code is shown on multiple lines for readability (which is valid R code!)
person <- list(
  first_name = "Ada",
  job = "Programmer",
  salary = 78000,
  in_union = TRUE
)
```

这将创建一个含有四个元素的列表："ada" 对应名称为 first_name；"Programmer" 对应名称为 job；78000 对应名称为 salary；TRUE 对应名称为 in_union。

注意：列表元素可以是向量，事实上，前面例子中的每个标量都是一个长度为 1 的向量。

创建列表时也可以不标记元素：

```r
# Create a list without tagged elements. NOT the suggested usage.
person_alt <- list("Ada", "Programmer", 78000, TRUE)
```

但是，标记使访问特定元素变得更容易、更不易出错。此外，标记还可以帮助其他程序员阅读和理解代码，因为标记让他们知道列表中的每个元素所表示的内容，类似于信息性变量名。因此，建议始终标记创建的列表。

技巧：可以使用 names() 函数获取列表中各项的名称，这对理解来自其他数据源的变量结构非常有用。

由于列表可以存储不同类型的元素，因此列表中的元素可以也是列表。例如，考虑将列表 favorites 添加到上例的列表 person 中：

```r
# Create a `person` list that has a list of favorite items
person <- list(
  first_name = "Ada",
  job = "Programmer",
  salary = 78000,
  in_union = TRUE,
  favorites = list(
    music = "jazz",
    food = "pizza"
  )
)
```

这种列表的列表的数据结构是表示数据的一种常见方法，通常用于表示 JSON 数据。有关使用 JSON 数据的详细信息，参见第 14 章。

8.3　访问列表元素

将信息存储在列表中后，将来可能需要检索或引用该信息。考虑输出 person 列表，如

图 8-1 所示。注意，输出包括每个标记名称，前缀为美元符号（$），然后在下面一行中打印元素本身。

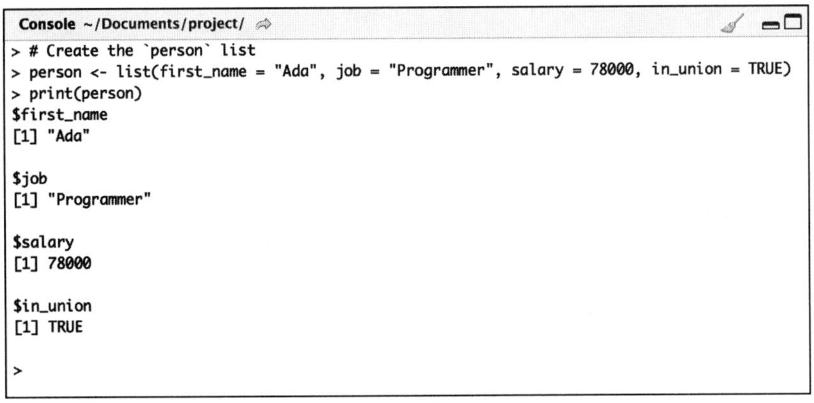

```
Console ~/Documents/project/
> # Create the `person` list
> person <- list(first_name = "Ada", job = "Programmer", salary = 78000, in_union = TRUE)
> print(person)
$first_name
[1] "Ada"

$job
[1] "Programmer"

$salary
[1] 78000

$in_union
[1] TRUE

>
```

图 8-1　在 RStudio 中创建和打印列表元素

由于通常情况下列表元素有标记名称，所以可以通过它们的标记名称而不是像向量一样使用索引号来访问它们。可以通过使用 $ 表示法（在列表名称后跟 $，再跟元素名称）来指定访问的元素。

```
# Create the `person` list
person <- list(
  first_name = "Ada",
  job = "Programmer",
  salary = 78000,
  in_union = TRUE
)

# Reference specific tags in the `person` list
person$first_name # [1] "Ada"
person$salary     # [1] 78000
```

几乎可以把 $ 当作英语中的所有格符号（表示……的）。因此，person$salary 就意味着 person 列表的 salary 元素值。

无论列表元素是否有标记名称，都可以通过其数字索引（即，如果它是列表中的第一项、第二项等）来访问它。可以使用 [[]] 表示法来执行此操作。先是列表名称，后跟含有感兴趣索引的双方括号（[[]]），来引用列表中特定索引处的元素：

```
# This is a list (not a vector!), even though elements have the same type
animals <- list("Aardvark", "Baboon", "Camel")

animals[[1]] # [1] "Aardvark"
animals[[3]] # [1] "Camel"
animals[[4]] # Error: subscript out of bounds!
```

如果将元素名称的字符串放在方括号内，也可以使用 [[]] 表示法通过元素名称来访问元素。当元素名称存储在变量中时，这种操作方法特别有用：

```
# Create the `person` list with an additional `last_name` attribute
person <- list(
  first_name = "Ada",
```

```
  last_name = "Gomez",
  job = "Programmer",
  salary = 78000,
  in_union = TRUE
)

# Retrieve values stored in list elements using strings
person[["first_name"]] # [1] "Ada"
person[["salary"]]     # [1] 78000

# Retrieve values stored in list elements
# using strings that are stored in variables
name_to_use <- "last_name" # choose name (i.e., based on formality)
person[[name_to_use]]      # [1] "Gomez"
name_to_use <- "first_name" # change name to use
person[[name_to_use]]      # [1] "Ada"

# You can use also indices for tagged elements
# (but they're difficult to keep track of)
person[[1]] # [1] "Ada"
person[[5]] # [1] TRUE
```

注意：列表可以包含复杂的元素（包括其他列表）。使用 $ 或 [[]] 表示法访问这些元素将返回被"嵌套"的列表，然后可以访问其元素：

```
# Create a list that stores a vector and a list. `job_post` has
# a *list* of qualifications and a *vector* of responsibilities.
job_post <- list(
  qualifications = list(
    experience = "5 years",
    bachelors_degree = TRUE
  ),
  responsibilities = c("Team Management", "Data Analysis", "Visualization")
)

# Extract the `qualifications` elements (a list) and store it in a variable
job_qualifications <- job_post$qualifications

# Because `job_qualifications` is a list, you can access its elements
job_qualifications$experience # "5 years"
```

上例中，job_qualifications 是一个引用列表的变量，因此可以通过 $ 表示法访问其元素。当然，与任何运算符或函数一样，也可以在匿名值（例如，尚未分配给变量的元素值）上使用 $ 表示法。也就是说，因为 job_post$qualifications 是一个列表，所以可以使用 [[]] 或 $ 表示法来引用该列表中的元素，而无须先将其分配给变量：

```
# Access the `qualifications` list's `experience` element
job_post$qualifications$experience # "5 years"

# Access the `responsibilities` vector's first element
# Remember, `job_post$responsibilities` is a vector!
job_post$responsibilities[1] # "Team Management"
```

上例中，$ 表示法允许直接访问具有复杂结构的列表中的元素类似于：job-post 的 qualification 的 experience 值。

8.4 修改列表

与向量一样，可以添加和修改列表元素。可以为现有列表元素分配新值来修改列表元素，也可以通过为新标记（或索引）赋值来添加新元素。此外，还可以通过将 NULL 分配给现有列表元素来删除列表元素。下例演示了所有这些操作：

```
# Create the `person` list
person <- list(
  first_name = "Ada",
  job = "Programmer",
  salary = 78000,
  in_union = TRUE
)

# There is currently no `age` element (it's NULL)
person$age # NULL

# Assign a value to the (new) `age` tag
person$age <- 40
person$age # [1] 40

# Reassign a value to list's `job` element
person$job <- "Senior Programmer" # a promotion!
print(person$job)
# [1] "Senior Programmer"

# Reassign a value to the `salary` element (using the current value!)
person$salary <- person$salary * 1.15 # a 15% raise!
print(person$salary)
# [1] 89700

# Remove the `first_name` tag to make the person anonymous
person$first_name <- NULL
```

NULL 是表示"未定义"的特殊值，需要注意的是 NULL，而不是字符串" NULL"。NULL 与 NA 有些类似，不同的是，NA 用于表示缺少的值（如向量中的空元素），也就是"洞"，而 NULL 用于表示未定义的值，但不一定会在数据中保留一个"洞"。当创建或加载可能部分缺失的数据时，通常会产生 NA 值，NULL 则可用于删除值。更多有关这些值之间的差异的信息，可参阅 R-Bloggers 的帖子[⊖]。

8.4.1 单双括号

注意：向量使用单括号（[]）表示法按索引访问元素，但列表使用双括号（[[]]）表示法按索引访问元素！

与向量一起使用的 [] 语法实际上并不是按索引选择值，相反，它是由括号内的值对任何向量进行过滤（可能只是索引号检索的单个元素）。在 R 中，[] 始终意味着过滤集合。因此，如果将 [] 放在列表之后，实际获取的是具有这些索引的元素的筛选子列表，就像向量的 [] 是从该向量返回元素的子集一样：

⊖ R：NA vs. NULL 发表于 R-Bloggers：https://www.r-bloggers.com/r-na-vs-null/。

```
# Create the `person` list
person <- list(
  first_name = "Ada",
  job = "Programmer",
  salary = 78000,
  in_union = TRUE
)

# SINGLE brackets return a list
person["first_name"]
            # $first_name
            # [1] "Ada"

# Test if it returns a list
is.list(person["first_name"]) # TRUE

# DOUBLE brackets return a vector
person[["first_name"]] # [1] "Ada"

# Confirm that it *does not* return a list
is.list(person[["first_name"]]) # FALSE

# Use a vector of column names to create a filtered sub-list
person[c("first_name", "job", "salary")]
            # $first_name
            # [1] "Ada"
            #
            # $job
            # [1] "Programmer"
            #
            # $salary
            # [1] 78000
```

注意，可以使用元素名称向量（以及元素索引向量）对列表进行过滤。

简而言之，对列表来说，单括号 [] 返回的是一个列表，而双括号 [[]] 返回的是一个列表的元素。因为几乎总是想要引用值本身而不是列表，因此在访问列表时，几乎总是希望使用双括号或者更好的 $ 表示法。

8.5 lapply() 函数

由于大多数函数都是向量化的（例如，paste()，round()），因此可以将向量作为参数传递给它们，函数将有效工作并应用于向量中的每一项。但是，如果要将函数应用于列表中的每个项目，则需要付出更多的努力。

特别是，需要使用一个名为 lapply()（应用于列表）的函数。此函数有两个参数：一个是要操作的列表，另一个是要"应用"于该列表中每一项的函数。例如：

```
# Create an untagged list (not a vector!)
people <- list("Sarah", "Amit", "Zhang")

# Apply the `toupper()` function to each element in `people`
people_upper <- lapply(people, toupper)
            # [[1]]
            # [1] "SARAH"
            #
            # [[2]]
            # [1] "AMIT"
```

```
            #
            # [[3]]
            # [1] "ZHANG"

# Apply the `paste()` function to each element in `people`,
# with an addition argument `"dances!"` to each call
dance_party <- lapply(people, paste, "dances!")
            # [[1]]
            # [1] "Sarah dances!"
            #
            # [[2]]
            # [1] "Amit dances!"
            #
            # [[3]]
            # [1] "Zhang dances!"
```

警告：要确保将实际函数而不是函数名称的字符串（即 paste，而不是 "paste"）传递给 lapply() 函数。如果写成函数调用方式，也不会真正调用该函数，例如，是 paste 而不是 paste()，记住：只写函数名。之后，可以包括调用函数时希望用到的任何其他参数，例如，要舍入到多少位数，或者要粘贴到字符串末尾的值。

lapply() 函数不修改原列表而是返回一个新列表。

通常将 lapply() 与自定义函数一起使用，其中自定义函数定义了对列表中的单个元素要执行的操作：

```
# A function that prepends "Hello" to any item
greet <- function(item) {
  paste("Hello", item) # this last expression will be returned
}

# Create an untagged list (not a vector!)
people <- list("Sarah", "Amit", "Zhang")

# Greet each person by applying the `greet()` function
# to each element in the `people` list
greetings <- lapply(people, greet)
            # [[1]]
            # [1] "Hello Sarah"
            #
            # [[2]]
            # [1] "Hello Amit"

            # [[3]]
            # [1] "Hello Zhang"
```

此外，lapply() 是 " *apply()" 函数系列的成员。这一组函数的每个成员都以一个不同的字母开头，并应用于不同的数据结构，但除此之外，所有的工作方式基本相同。例如，lapply() 用于列表，而 sapply() 适用于向量。可以在向量上同时使用 lapply() 和 sapply()，函数的返回值是不同的。可以想象，lapply() 将返回一个列表，而 sapply() 将返回一个向量：

```
# A vector of people
people <- c("Sarah", "Amit", "Zhang")

# Create a vector of uppercase versions of each name, using `sapply`
sapply(people, toupper) # returns the vector "SARAH" "AMIT" "ZHANG"
```

sapply() 函数只对自定义函数有用。大多数内置的 R 函数都是向量化的，因此直接用于向量就能正常工作，例如，toupper(people)。

R 中，列表和向量都是数据的组织方式。实际上，R 程序中会使用这两种数据结构，并且可以将列表和向量组合起来创建一个数据框，详见第 10 章。在 R 中练习使用列表，可参见随书练习集[一]。

第四部分

数 据 清 理

　　接下来的数据清理章节将介绍理解、加载、操作、重塑和探索数据结构所需的必要技能。也许数据科学中最耗时的部分是准备和探索数据集,学习如何以编程的方式执行这些任务可以使过程更容易、更透明。因此,掌握这些技能对成为一个高效的数据科学家至关重要。

第 9 章
理 解 数 据

前几章详细介绍了处理数据的基本编程原理，以及如何使用计算机处理数据。若要使用计算机分析数据，需要访问并解释该数据集，以便对其提出有意义的问题。这有助于将原始数据转换为可操作的信息。

本章为开启数据科学之旅的读者提供了有关如何解释数据集的高级概述，详细介绍了可能会遇到的数据源、数据可能采用的格式以及确定对这些数据提出哪些问题的策略。在能够用计算机进行编程以有效地分析数据之前，必须对数据集中的值表示什么有一个清楚的了解。

9.1 数据生成过程

在开始使用数据之前，了解数据的来源非常重要。将事件捕获为数据的过程多种多样，每个过程都有自己的局限性和假设。数据收集的主要模式分为以下几类：

1. 传感器

传感器收集的数据量在过去十年中急剧增加。自动检测和记录信息的传感器（如测量空气质量的污染传感器）现在正在进入个人数据管理领域（如 FitBits 或其他计步器）。假设这些设备已正确校准，它们就会为数据收集提供可靠和一致的途径。

2. 调查

可以从调查中收集外部难以测量的数据，如人们的意见或个人经历。由于调查取决于个人对其行为的自我报告，因此数据质量可能会有所不同（因调查而异，因人而异）。与调查的领域相关，人们可能记不清（如，人们不记得上周吃了什么），或者倾向于以特别的方式做出反应（如，人们可能会过度报告健康的行为）。应该认识到调查问答中的偏差，并且有可能的话，应在自己的分析中加以调整。

3. 记录

在许多领域，组织机构使用自动和手动过程来记录自己的活动。例如，医院可能记录其实施的每一次手术的长度和结果（管理机构可能要求医院报告这些结果）。这类数据的可靠性将取决于产生这些数据的系统的质量。科学实验也依赖于对结果的认真记录。

4. 二次数据分析

可以根据现有的知识制品或测量结果对数据进行编辑，例如统计历史文本中单词出现的次数（计算机可以帮助实现这一点！）。

　　所有这些收集数据的方法都可能会导致隐患和偏差。例如，传感器可能不准确，人们在回答调查时可能会以特定的方式呈现自己，记录时可能只关注特定的任务，现有的数据可能已经排除了其他视角信息。在使用任何数据集时，必须考虑数据的来源（例如，数据的记录者、记录方式和原因），以便对其进行有效的和有意义的分析。

9.2　查找数据

　　计算机记录和保存数据的能力导致了可用数据量的激增，从个人生物测量数据（走了多少步？）到社交网络结构（谁是我的朋友？），到从不安全的网站和机构泄露的私人信息（社保号码是多少？）。在专业环境中，你可能会处理由你的组织收集或管理的专有数据。数据可能是任何方面的，从公平贸易咖啡的采购订单到医学研究的结果，数据的范围和组织的类型一样广泛（因为每个人现在都记录数据，并认为需要数据分析）。

　　幸运的是，还有很多免费的、非专有的数据集可以使用。组织机构通常会向公众提供大量数据，以支持重复实验、提高透明度或者只是看看其他人会如何处理这些数据。这些以各种格式提供的数据集非常适合帮助构建数据科学的技能和学习文件夹。例如，数据可以通过可下载的 CVS 电子表格（参见第 10 章）、关系数据库（参见第 13 章）或通过 Web 服务 API 来获取（参见第 14 章）。

　　开放数据集的常见来源包括以下几种。

1. 政府出版物

　　政府组织和其他行政机构在日常活动中会产生大量的数据，这些数据集通常是可获取的，因为这些组织和机构需保持透明和对公众负责。目前可以找到许多国家或地区的公开数据，例如美国的⊖、加拿大的⊖、印度的⊜等等。地方政府也会提供数据：例如，西雅图市⊕以易于获取的格式提供大量数据。

2. 新闻和报刊

　　新闻业仍然是收集和分析数据的最重要的来源之一。新闻工作者在制作数据方面做了大量的工作，包括搜索现有的数据、询问和调查人群或者以其他方式揭示和联系以前隐藏或忽视的信息。新闻媒体通常会为消费发布经过分析的、总结性的信息，但也公开数据源以便别人确认和扩展他们的工作。例如，《纽约时报》⑤通过网络服务提供了大部分历史数据，而数据政治博客 FiveThirtyEight®（538）则在 GitHub 上提供所有与其文章相关的数据。

3. 科学研究

　　另一个很好的数据来源是正在进行的科学研究，包括学术上的和工业环境中的科学研究。理论上科学研究有良好的基础和结构，能在适当的范围内，提供有意义的数据。因为科学需要得到他人的传播和验证才能使用，所以研究通常被公开以供他人研究和评判。一些科学期刊，如顶级的《自然》杂志，要求作者提供其数据以便他人访问和调查（《自然》推荐的科学数据仓库⊕）。

⊖　美国政府的公开数据：https://www.data.gov。
⊖　加拿大政府的公开数据：https://open.canada.ca/en/open-data。
⊜　印度政府的公开数据平台：https://data.gov.in。
⊕　西雅图的开放数据门户：https://data.seattle.gov。
⑤　纽约时报的开发者网络：https://developer.nytimes.com。
⑥　FiveThirtyEight：Our Data：https://data.fivethirtyeight.com。
⑦　《自然》：推荐的数据仓库：https://www.nature.com/sdata/policies/repositories。

4. 社交网络和媒体组织

大量的数据是在线产生的，这些数据在人们使用脸书（Facebook）、推特（Twitter）或谷歌（Google）等社交媒体应用程序时被自动记录。为了更好地将这些服务集成到人们的日常生活中，社交媒体公司将其大部分数据以编程方式提供给其他开发人员访问和使用。例如，可以访问推特[○]的实时数据，这些数据被用于各种有趣的分析。也可以编程访问 Google 的大部分服务[○]，包括搜索和 YouTube。

5. 在线社区

随着数据科学的迅速普及，数据科学从业人员的社区也在迅速发展。这个社区及其在线空间是另一个有趣且多样化的数据集和分析的重要来源。例如，Kaggle[○]承载了许多数据集以及分析它们的"挑战"。为西雅图数据仓库提供动力的 Socrata[○]，还收集各种数据集，多数来源于专业或政府贡献者。类似的，UCI 机器学习库[○]保留了机器学习中使用的数据集集合，这些数据集主要来自学术资源。还有许多其他的在线数据源列表，包括一个专门的 /r/Datasets 数据集[○]。

简而言之，不管是只想探索并得到启发还是有具体的问题要解答，都有大量现实的数据集可供操作和处理。

9.3 数据类型

一旦获取了数据集，在以编程的方式研究它之前，必须先了解其结构和内容。理解所遇到的数据的类型，需要能够识别所给定的数据块的测量尺度以及数据的存储结构。

9.3.1 测量尺度

数据可以是各种类型的值（在 R 中，用"数据类型"的概念表示）。更广泛地说，数据值也可以根据其测量尺度进行讨论[○]，这是一种根据如何测量数据值并与其他值进行比较从而对数据值进行分类的方法。

统计字段通常将值分为四种类别，如表 9-1 所示。

表 9-1　测量尺度

尺　　度	例　　子	运　算　符
名目 无序的，用于分类	水果：苹果，香蕉，橘子等	==, != 相同或不相同
有序 有序的，可排序	酒店等级：5 星，4 星等	==, !=, <, > 相同或不相同，小或大
比例 有序的，固定"零"点	长度：1 米，1.5 米，2 米等	==, !=, <, >, +, -, *, / 两倍大
间隔 有序的，不设"零"点	日期：05/15/2012，04/17/2015 等	==, !=, <, >, +, - 大 3 个单位

○　推特开发平台：https://developer.twitter.com/en/docs。
○　Google API 浏览器：https://developers.google.com/apis-explorer/。
○　Kaggle：数据科学与机器学习之家：https://www.kaggle.com。
○　Socrata：数据服务平台：https://opendata.socrata.com。
○　UCI 机器学习库：https://archive.ics.uci.edu/ml/index.php。
○　/r/DataSets：https://www.reddit.com/r/datasets/。
○　Stevens, S. S. (1946). 论计量尺度理论. Science, 103(2684), 677–680. https://doi.org/10.1126/science.103.2684.677。

1. 名目数据

名目数据（通常等同于分类数据）是没有隐含顺序的数据。例如，尽管可以表明一个特定的水果要么是苹果，要么是橘子，但不能说"苹果比橘子多"。名目数据通常用于表示观察结果属于特定类别或组。尽管可以讨论名目数据的计数或分布，但通常不会对名目数据执行数学分析，例如，不能求水果的"平均值"。名目数据可以用字符串（如水果的名称）表示，也可以用数字（例如，"水果类型 #1""水果类型 #2"）表示。虽然数据集中的值是一个数字，但不意味着可以对它进行数学运算！注意，布尔值（TRUE 或 FALSE）是一种名目数据。

2. 有序数据

有序数据确定了名目类别的顺序。有序数据可用于分类，但也能确定某些组大于或小于其他组。例如，将酒店或餐馆分类为 5 星、4 星级酒店等等。这些类别有顺序，但值之间的距离可能会有所不同。可以找到有序变量的最小值、最大值甚至中间值，但不能计算统计平均值（因为有序值没有定义一个值比另一个值大多少）。注意，通过强制排序可以将名目变量视为有序变量，但实际上这会更改数据的测量尺度。例如，颜色通常是名目数据，不能说"红色大于蓝色"，这与传统的基于彩虹颜色的排序不同。当说"红在蓝之前（在彩虹中）"时，实际上是在用表示彩虹中位置的顺序值来替换名目颜色值！有序数据也被认为是分类的。

3. 比例数据

比例数据（通常相当于连续数据）是现实世界数据中最常见的测量尺度：基于人口数量、货币价值或活动量的数据通常使用比例测量。可以计算比例数据的平均值，以及计算不同比例数据间的差值（间隔数据也提供了这一功能）。正如所预料的，在使用比例数据时，还可以比较两个值的比率（如，x 是 y 的两倍）。

4. 间隔数据

间隔数据与比例数据相似，只是没有固定的零点。例如，日期不能按比例讨论（即，你不会说星期三是星期一的两倍）。因此，可以计算两个值之间的间隔（如，星期三和星期一间隔 2 天），但不能计算两个值之间的比例。间隔数据也被认为是连续的。

在确定如何分析数据集时，识别和了解特定数据要素的测量尺度非常重要。特别是，需要知道哪些类型的统计分析对这些数据有效，以及如何解释这些数据所测量的内容。

9.3.2　数据结构

实际中需要将前面几章中描述的数字、字符串、向量和列表组织为更复杂的格式。在数据集变得越来越大的情况下，数据被组织成更健壮的结构，以便更好地表示这些数字和字符串所代表的内容。要处理真实世界的数据，需要能够理解这些结构以及相关术语。

实际上，大多数数据集的结构都是信息表，单个数据值排列成行和列（参见图 9-1）。这些表类似于在电子表格中记录数据的方式（使用 Microsoft Excel 等程序）。在表中，每一行都表示一个记录或观测结果：一个被测量的单个事物的实例（例如，一个人、一个体育比赛）。每一列代表一个特征：被测量事物的特定属性或方面（例如，人的身高或体重、体育比赛中的分数）。每个数据值都可以称为表中的单元格。

从这个角度来看，表是被测量的"事物"的集合，每一个表都有描述事物特征的特定值。而且，由于所有的观测结果都有相同的特征，所以可以对它们进行比较分析。此外，通过将数据组织到一个表中，可以给每个数据值（单元格）自动赋予两个相关的含义：它来自哪个观测结果以及它代表哪个特征。这种结构允许从数字中识别语义：图 9-1 中的数字 64 不仅仅是一个值，它还是“Ada 的身高”。

图 9-1 中的表表示一个小（甚至微型）的数据集，因为它只包含五个观测结果（行）。数据集的大小通常是根据其观测数量来衡量的：一个小数据集可能只包含几十个观测结果，而一个大的数据集可能包含数千条或数十万条记录。事实上，“大数据”是一个术语，在一定程度上，指的是数据集如此之大，可能有数十亿甚至数万亿行！如果没有特殊处理，它们就无法加载到计算机的内存中。然而，即使是观测量相对较少的数据集，如果每个观测都记录大量的特征（要素），也可能包含大量的单元格，这些表通常可以“转置”为拥有更多的行和较少的列的表，参见第 12 章。总的来说，观测和特征（行和列）的数量被称为数据集的维度，不要与表的“二维”数据结构相混淆，因为每个数据值都有两个含义：观测结果和特征。

Feature

Record or observation

	name	height	weight
1	Ada	64	135
2	Bob	74	156
3	Chris	69	139
4	Diya	69	144
5	Emma	71	152

图 9-1 人的身高和体重数据表。行代表观测结果，列代表特征值

尽管数据通常是以这种方式构造的，但不意味着需要将数据表示为单个表。更复杂的数据集可能会将数据分别保存到多个表中（如数据库中，参见第 13 章）。在其他复杂的数据结构中，表中的单个单元格都可以包含一个向量，甚至它自己的数据表。这可能会导致表不再是二维的，而是三维或更多维的。实际上，Web 服务中许多可用的数据集都被构造为“嵌套表”，详见第 14 章。

9.4 解释数据

拿到数据集（无论是在线找到的数据集还是自己所在组织提供的数据集）后，首先要了解数据的含义。这需要了解正在使用的数据域以及正在使用的特定的数据模式。

9.4.1 获取领域知识

理解数据集的第一步是研究和理解数据的问题域。问题域是一组与问题相关的主题，即该数据的来龙去脉。使用数据需要域知识：只有对该问题域有基本的理解，才能对该数据进行任何明智的分析。首先需要建立一个数据值含义的心理模型。这包括理解任何特征值的意义和用途（避免对无联系的数字进行数学运算）、特征值的预期范围（用于检测异常值和其他错误）以及数据集中一些可能不明确的细微之处（例如可能隐藏重要因果关系的偏差或聚合）。

举一个具体的例子，如果想分析图 9-1 中所示的表，首先需要了解一个人的“身高”和“体重”是什么意思，数字的隐含单位（米、厘米，或其他单位？），一个预期的范围（Asa 的身高为 64 是不是意味着她很矮？）以及其他可能影响数据的外部因素（例如年龄）。

注意：不需要成为问题领域的专家（尽管这不是坏事）；只需要获得足够的领域知识，就可以在问题领域内工作！

虽然大多数读者应该很熟悉本文中讨论的身高和其他数据集，但实际中很可能会遇到来自个人专业领域之外的问题域数据。或者，更麻烦的是，数据集可能来自一个你认为你理解但实际上却存在认知缺陷的问题域。

例如，考虑图 9-2 所示的数据集，这是从西雅图市的数据仓库中获取的屏幕截图。该数据集提供了有关土地使用许可证的信息，这是很多人不熟悉的不太透明的官方数据。问题是：如何获得可靠的领域知识来理解和分析该数据集？

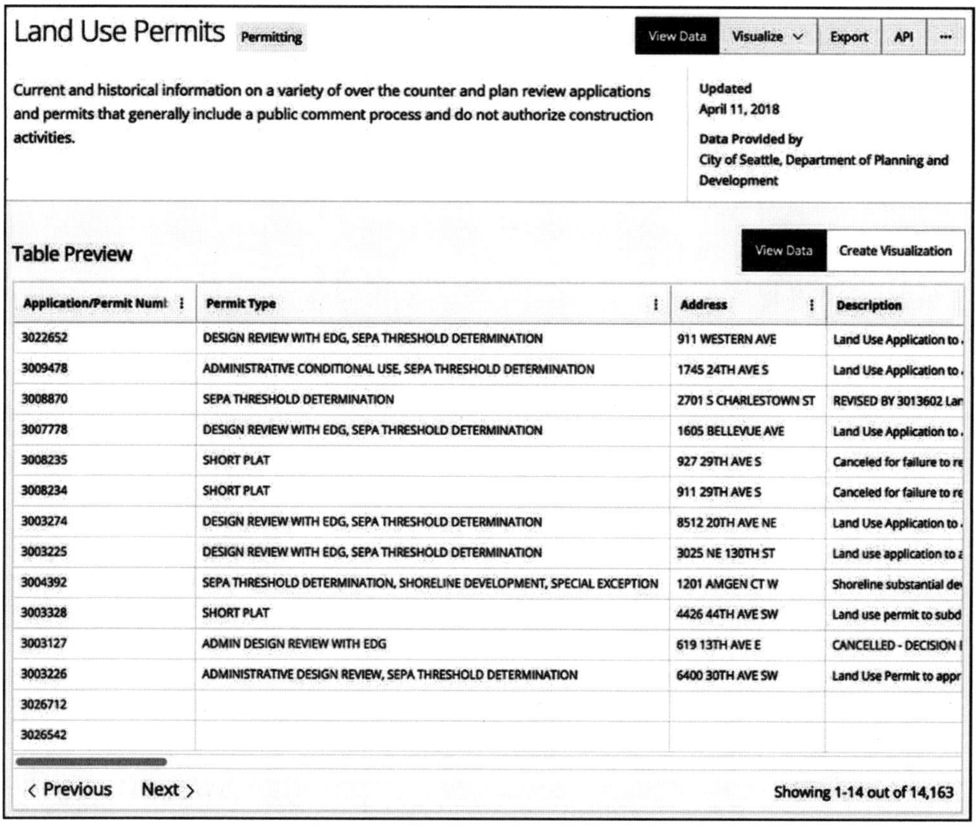
Land Use Permits　Permitting　View Data　Visualize　Export　API　···

Current and historical information on a variety of over the counter and plan review applications and permits that generally include a public comment process and do not authorize construction activities.

Updated
April 11, 2018
Data Provided by
City of Seattle, Department of Planning and Development

Table Preview　View Data　Create Visualization

Application/Permit Num	Permit Type	Address	Description
3022652	DESIGN REVIEW WITH EDG, SEPA THRESHOLD DETERMINATION	911 WESTERN AVE	Land Use Application to
3009478	ADMINISTRATIVE CONDITIONAL USE, SEPA THRESHOLD DETERMINATION	1745 24TH AVE S	Land Use Application to
3008870	SEPA THRESHOLD DETERMINATION	2701 S CHARLESTOWN ST	REVISED BY 3013602 Lar
3007778	DESIGN REVIEW WITH EDG, SEPA THRESHOLD DETERMINATION	1605 BELLEVUE AVE	Land Use Application to
3008235	SHORT PLAT	927 29TH AVE S	Canceled for failure to re
3008234	SHORT PLAT	911 29TH AVE S	Canceled for failure to re
3003274	DESIGN REVIEW WITH EDG, SEPA THRESHOLD DETERMINATION	8512 20TH AVE NE	Land Use Application to
3003225	DESIGN REVIEW WITH EDG, SEPA THRESHOLD DETERMINATION	3025 NE 130TH ST	Land use application to a
3004392	SEPA THRESHOLD DETERMINATION, SHORELINE DEVELOPMENT, SPECIAL EXCEPTION	1201 AMGEN CT W	Shoreline substantial dev
3003328	SHORT PLAT	4426 44TH AVE SW	Land use permit to subd
3003127	ADMIN DESIGN REVIEW WITH EDG	619 13TH AVE E	CANCELLED - DECISION I
3003226	ADMINISTRATIVE DESIGN REVIEW, SEPA THRESHOLD DETERMINATION	6400 30TH AVE SW	Land Use Permit to appr
3026712			
3026542			

‹ Previous　Next ›　Showing 1-14 out of 14,163

图 9-2　西雅图市的土地使用许可证数据预览[⊖]。内容经过编辑以便在文中显示

收集领域知识几乎总是需要额外的研究，很少能仅仅通过查看数字电子表格来理解一个领域。为了获得一般领域的知识，建议从查阅一般知识的参考资料开始：维基百科提供了对基本描述的便捷访问。一定要阅读相关的文章或资源来提高自己的理解：在线筛选大量信息需要互相参照不同的资源，并将这些信息映射到数据集。

也就是说，了解问题的最佳方法是找到一位能提供帮助并解释该领域的领域专家。如果想知道土地使用许可证，可以试着找一个使用过许可证的人来帮忙。第二个最好的解决方案

⊖ 西雅图：土地使用许可证（访问需要一个免费账户）：https://data.seattle.gov/Permitting/Land-Use-Permits/Uyyd-8gak。

是询问图书管理员，图书管理员受过专门培训，可以帮助人们发现和获取基本的领域知识。图书馆还可以支持访问更专业的信息源。

9.4.2   了解数据模式

一旦对数据集的来龙去脉有了大致的了解，就可以开始解释数据集本身。需要专注于了解数据模式（例如，行和列所表示的内容）以及这些值的特定背景。建议使用以下问题来指导自己的研究：

"哪些元数据可用于数据集？"

许多公开的数据集都有总结性的解释、访问和使用说明，甚至包括对个别功能的描述。此元数据（有关数据集的数据）是开始了解表中每个单元格所表示的值的最佳方式，因为该信息直接来自数据源。

例如，西雅图的土地使用许可证页面有一个简短的摘要，提供了一些类别和标签，列出了数据集的维度（截至本文撰写时的 14,200 行），并对每一列进行了快速描述。

要搜索的一个特别重要的元数据是：

"谁创建了数据集？它从哪里来？"

了解谁生成了数据集以及它们是如何生成的有助于知道在哪里可以找到有关数据的更多信息以及谁是领域专家。此外，了解数据背后的来源和方法有助于发现隐藏的偏差或其他在数据本身中不明显的微妙之处。例如，"土地使用许可证"页面中指出数据是由"西雅图市规划和发展部（现为建筑和检查部）"提供的。搜索该组织，就可以找到其网站⊖。这个网站将是获取有关数据集中的特定数据的更多信息的好地方。

一旦理解了这些元数据，就可以开始研究数据集本身了：

"数据集有哪些特征值？"

无论是否存在元数据，都需要了解表的列才能使用它。浏览每一列并核实自己是否了解：
1）每一列试图捕获"现实世界"哪方面的信息？
2）对于连续数据：值的单位是什么？
3）对于分类数据：代表了哪些不同的类别，代表什么意思？
4）值的可能范围是什么？

如果元数据为数据表提供了关键信息，这将成为一项简单的任务。否则，可能需要研究数据源以确定如何理解这些特征值，从而引发更多的领域研究。

　　技巧：*当阅读数据集或任何实际内容时，应该记下自己不熟悉的术语和短语，以便日后查找。这将阻止我们猜测（不准确地）一个术语的含义，并有助于区分已经澄清和尚未澄清的术语。*

例如，土地使用许可证数据集的元数据中提供了各列的明确描述，但查看样本数据后发现，有些值可能需要额外的研究。例如，不同的许可证类型（Permit Types）和决策类型（Decision Types）是什么？通过返回到数据源（建设部主页），可以导航到"许可证"页面，然后导航到"颁发的许可证 Permits We Issue (A-Z)"，以查看可能的许可证类型的完整列表。

　　⊖　西雅图市规划和发展部（访问需要一个免费账户）：http://www.seattle.gov/dpd/。

例如，这将帮助我们发现"PLAT"指的是"创建或修改单个地产地块"，也就是说调整地块边界。

需要查看一些样本观测值，以便了解这些特征值。打开电子表格或表格，查看前几行，了解它们具有什么类型的值以及这些值所隐含的数据含义。

最后，在整个过程中，应该不断地考虑：

"不知道或不理解的术语有哪些？"

根据问题域的不同，数据集可能包含大量的行话，这既是为了解释数据，也是数据本身的组成部分。确保自己了解所使用的所有技术术语将有助于全面讨论和分析数据。

警告：不熟悉的首字母缩写词，一定要查一下！

例如，查看"Table Preview"时，会注意到许多"Permit Type"特征值使用了术语"SEPA"。搜索这个首字母缩写词将引导打开一个描述《国家环境政策法》（要求在使用土地时考虑环境影响）以及关于"门槛确定"过程细节的页面。

总的来说，解释一个数据集将需要不编程的研究和工作。虽然这样的工作并没有让我们在处理数据方面取得进展，但拥有一个有效的数据心理模型对于执行数据分析既有用又必要。

9.5 用数据回答问题

也许数据分析最具挑战性的方面是将感兴趣的问题有效地应用到数据集中，以构建所需的信息。事实上，一名数据科学家通常有责任将各种领域的问题转换为数据集中具体的观察记录和特征值。例如：

"美国最严重的疾病是什么？"

需要了解衡量疾病负担的问题域，并获得一个能很好地解决这个问题的数据集，才能回答这个问题。例如，卫生计量和评价研究所进行的全球疾病负担[⊖]的研究提供了一个适当的数据集，其中详细说明了美国和世界各地的疾病负担。

一旦获得了这个数据集，就需要想办法回答问题。考虑每一个关键词，确定一组疾病，然后量化"最严重"的含义。例如，这个问题可以更具体地表述为下列解释中的任何一种：

1）在美国，哪种疾病导致的死亡人数最多？
2）在美国，哪种疾病导致的过早死亡最多？
3）在美国，哪种疾病的致残率最高？

根据不同的"最严重"的定义，会进行非常不同的计算和分析，可能会得出不同的答案。因此，需要能够确定问题的确切含义，这项任务需要理解问题域中的细微差别。

图 9-3 显示了试图回答这个问题的可视化效果。这个图包含了一个名为 *GBD Compare*[⊖]的在线工具的树图的屏幕截图。树图（Treemap）就像一个用矩形构建的饼图：每个矩形的面积与基础数据块成比例绘制。Treemap 的另一个优点是，它可以通过在彼此内部嵌套不同级别的矩形来显示信息的层次结构。例如，在图 9-3 中，每种传染病（以红色显示）的疾病负担嵌套在每个图表的同一部分中。

⊖ IHME：全球疾病负担：http://www.healthdata.org/node/835。
⊖ GBD Compare：可视化全球疾病负担：https://vizhub.healthdata.org/gbd-compare/。

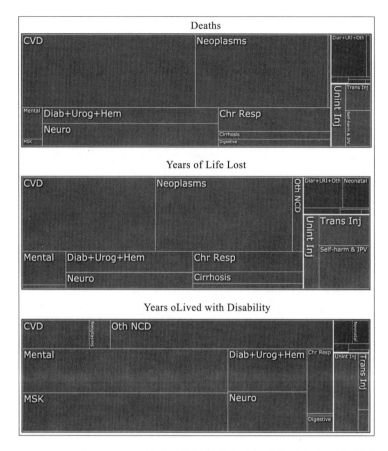

图 9-3   GBD Compare 的 Treemaps 显示了美国每种疾病导致的死亡比例（顶部）、生命损失
年限（中间）和残疾生活年限（底部）

所选择的"最严重的疾病"的理念不同，最有影响力的疾病就不同。如图 9-3 所示，几乎 90% 的死亡是由非传染性疾病造成的，如心血管疾病（CVD）和肿瘤（Neoplasms），显示为蓝色。当考虑每个人的死亡年龄（计算一个名为"生命损失年限"的指标）时，这个值下降到 80%。此外，该指标能帮助识别对年轻人造成不相称影响的死亡原因，如交通事故（Trans Inj）和自残，以绿色显示（参见图 9-3 中的中间图）。最后，如果认为"最严重"的疾病是目前人口中致残率最高的疾病（如图 9-3 中的底部图），那么肌肉骨骼疾病（MSK）和心理健康问题（Mental）的影响就会暴露出来。

因为数据分析是为了确定问题的答案，所以首先要确保自己对感兴趣的问题以及如何衡量它有很强的理解。只有将感兴趣的问题映射到数据中特定的特征值（列）后，才能对该数据执行有效和有意义的分析。

第 10 章

数 据 框

本章介绍了 R 中主要使用的二维数据存储类型——数据框。在许多方面，数据框类似于大家可能比较熟悉的电子表格程序（如 Microsoft Excel）中的行和列的表布局。本章将介绍如何以编程方式对数据框执行可重复的操作，而不是通过用户界面（UI）与之交互。本章介绍了在 R 中从数据框创建、描述和访问数据的方法。

10.1 什么是数据框

在实际应用中，数据框的作用类似于表，其中数据被组织成行和列。例如，重新考虑第 9 章中的名字（name）、体重（weight）和身高（height）的表，如图 10-1 所示。在 R 中，可以使用数据框来表示这类表。

数据框实际上是列表（参见第 8 章），其中每个元素都是长度相同的向量。每个向量表示一列，而不是一行。向量中相应索引处的元素被视为同一行（记录）的一部分。因为每一行中可能有不同类型的数据（如名字（字符串）和身高（数字）），而向量元素必须都具有相同的类型，所以此结构是有意义的。

	name	height	weight
1	Ada	64	135
2	Bob	74	156
3	Chris	69	139
4	Diya	69	144
5	Emma	71	152

图 10-1 在 RStudio 中以数据框的方式查看的数据表（人的体重和身高）

本例中，可以将图 10-1 中显示的数据视为三个向量（名字、身高和体重）的列表。第一个被测量的人的姓名、身高和体重分别由名字、身高和体重向量中的第一个元素表示。

可以像处理列表一样使用数据框，但数据框还具有其他属性，使其特别适合于处理数据表。

10.2 使用数据框

许多数据科学问题可以通过"搪磨"所需的数据子集来回答。本节将介绍如何从数据框创建、描述和访问数据。

10.2.1 创建数据框

通常，我们从某些外部数据源加载数据集（参见 10.3 节），而不是手动写出数据。但是，也可以组合多个向量来构造数据框。可以使用 data.frame() 函数完成此操作，该函数接受向量作为参数，并创建一个每列对应一个向量的表。例如：

```
# Create a data frame by passing vectors to the `data.frame()` function

# A vector of names
name <- c("Ada", "Bob", "Chris", "Diya", "Emma")

# A vector of heights
height <- c(64, 74, 69, 69, 71)

# A vector of weights
weight <- c(135, 156, 139, 144, 152)

# Combine the vectors into a data frame
# Note the names of the variables become the names of the columns!
people <- data.frame(name, height, weight, stringsAsFactors = FALSE)
```

本例中，data.frame() 函数的最后一个参数 stringsAsFactors 设为 FALSE，是因为其中一个向量包含字符串；stringsAsFactors = FALSE 告诉 R 将那个包含字符串的向量视为典型的向量，而不是在构造数据框时称为因子（factor）的另一种数据类型。详见 10.3.2 节。

也可以在创建数据框时使用 key = value 的语法形式指定数据框的列名：

```
# Create a data frame of names, weights, and heights,
# specifying column names to use
people <- data.frame(
  name = c("Ada", "Bob", "Chris", "Diya", "Emma"),
  height = c(64, 74, 69, 69, 71),
  weight = c(135, 156, 139, 144, 152)
)
```

由于数据框元素是列表，因此可以使用与列表相同的美元符号 $ 和双括号符号 [[]] 表示法访问数据框 people 中的值：

```
# Retrieve information from a data frame using list-like syntax

# Create the same data frame as above
people <- data.frame(name, height, weight, stringsAsFactors = FALSE)

# Retrieve the `weight` column (as a list element); returns a vector
people_weights <- people$weight

# Retrieve the `height` column (as a list element); returns a vector
people_heights <- people[["height"]]
```

更多从数据框访问数据的灵活方法，参见 10.2.3 节。

10.2.2 数据帧的结构

虽然可以将数据框作为列表进行交互，但它们还具有许多附加的功能和函数。表 10-1 中提供了一些可以用来查看数据框结构和内容的函数：

表 10-1 查看数据框的函数

函 数	描 述
nrow(my_data_frame)	返回数据框的行数
ncol(my_data_frame)	返回数据框的列数
dim(my_data_frame)	返回数据框的尺寸（行数，列数）
colnames(my_data_frame)	返回数据框的列名称
rownames(my_data_frame)	返回数据框的行名称
head(my_data_frame)	返回数据框的前几行（作为新的数据框）
tail(my_data_frame)	返回数据框的最后几行（作为新的数据框）
View(my_data_frame)	在类似电子表格的查看器中打开数据框（仅在 RStudio 中）

```
# Use functions to describe the shape and structure of a data frame

# Create the same data frame as above
people <- data.frame(name, height, weight, stringsAsFactors = F)

# Describe the structure of the data frame
nrow(people) # [1] 5
ncol(people) # [1] 3
dim(people) # [1] 5 3
colnames(people) # [1] "name" "height" "weight"
rownames(people) # [1] "1" "2" "3" "4" "5"

# Create a vector of new column names
new_col_names <- c("first_name", "how_tall", "how_heavy")

# Assign that vector to be the vector of column names
colnames(people) <- new_col_names
```

表中描述的许多函数也可用于修改数据框的结构。例如，可以使用 colnames() 函数为数据框分配一组新的列名。

10.2.3 访问数据框

如前所述，由于数据框是列表，因此可以使用美元表示法（my_df$column_name）或双括号表示法（my_df[["column_name"]]）来访问整个列。但是，R 还允许使用单括号表示法的变体来筛选和访问表中的单个数据元素（单元格）。在此语法中，用逗号（,）分隔放在单个方括号内的两个参数，第一个参数指定要提取的行，而第二个参数指定要提取的列。

表 10-2 中总结了使用单括号表示法访问数据框的语法。注意用于检索行的语法：my_df[row,]，虽然仍然包括逗号（,），但由于列参数空缺，所以将获得所有列！

表 10-2 使用单括号表示法访问数据框

语 法	描 述	示 例
my_df[row_name, col_name]	由行名和列名指定的元素	people["Ada", "height"]（行名为 ada 且列名为 height 的元素）
my_df[row_num, col_num]	由行和列的索引值指定的元素	people[2, 3]（第 2 行第 3 列元素）
my_df[row, col]	由行和列的名称或索引混合指定的元素	people[2, "height"]（第二行列名为 height 的元素）

（续）

语　法	描　述	示　例
my_df[row,]	由行名或索引指定的所有（列）元素	people[2,] （第二行的所有列元素）
my_df[, col]	由列名或索引指定的所有（行）元素	people[, "height"] （height 列中的所有行，等价于列表符号）

```
# Assign a set of row names for the vector
# (using the values in the `name` column)
rownames(people) <- people$name

# Extract the row with the name "Ada" (and all columns)
people["Ada", ] # note the comma, indicating all columns

# Extract the second column as a vector
people[, "height"] # note the comma, indicating all rows

# Extract the second column as a data frame (filtering)
people["height"] # without a comma, it returns a data frame
```

当然，因为数字和字符串存储在向量中，所以实际上是用名称或索引指定要提取的向量。这允许一次获取多个行或列：

```
# Get the `height` and `weight` columns
people[, c("height", "weight")] # note the comma, indicating all rows

# Get the second through fourth rows
people[2:4, ] # note the comma, indicating all columns
```

此外，可以使用布尔值的向量来指定感兴趣的索引（就像操作向量一样）。

```
# Get rows where `people$height` is greater than 70 (and all columns)
people[people$height > 70, ] # rows for which `height` is greater than 70
```

　　注意：使用单括号选择数据时返回的数据类型取决于所选择的列数。提取多个列中的值将生成一个数据框；提取一列中的值将产生一个向量。

　　技巧：通常情况下，按列名（字符串）而不是列号进行筛选更容易、更干净、更不易出错，因为在数据框中更改列顺序的情况并不少见。几乎不应该通过数据在数据框中的位置来访问它，而应使用列名指定列，并使用过滤器指定感兴趣的行。

　　深入学习：虽然数据框是本书建议使用的二维数据结构，但它们并不是 R 中唯一的二维数据结构。例如，矩阵也是一个二维数据结构，其中所有值都具有相同的类型（通常为数字）。

　　若要使用本章描述的所有语法和函数，需首先确认数据对象是数据框（使用 is.data.frame() 函数），如果有必要，可先将对象转换为数据框（例如，使用 as.data.frame() 函数）。

10.3　使用 CSV 数据

　　10.2 节演示了如何通过"硬编码"数据值来构建自己的数据框。但是，从其他地方加载数据（如计算机上的独立文件或 internet 上的数据资源）的情况更为常见。R 还能从各种来源中获取数据。本节重点介绍读取逗号分隔值（CSV）格式的表格数据，通常存储在扩展名为 .csv 的文件中。在这种格式中，文件的每一行代表一个数据记录（行），而该记录的每个特征值（列）用逗号分隔：

```
name, weight, height
Ada, 64, 135
Bob, 74, 156
Chris, 69, 139
Diya, 69, 144
Emma, 71, 152
```

大多数电子表格程序，如 Microsoft Excel，Numbers（苹果公司开发的电子表单应用程序）和 Google Sheets，只是用于格式化和与以这种格式保存的数据交互的界面。这些程序可以轻松地导入和导出 .csv 文件。但需要注意的是，.csv 文件无法保存这些程序中使用的格式和计算公式，.csv 文件只存储数据！

可以使用 readc.csv() 函数，将 .csv 文件中的数据加载到 R 中：

```
# Read data from the file `my_file.csv` into a data frame `my_df`
my_df <- read.csv("my_file.csv", stringsAsFactors = FALSE)
```

同样，使用 stringsAsFactors 参数确保字符串数据存储为向量而不是因子（详见 10.3.2 节）。这个函数将返回一个数据框，就像自己创建的数据框一样。

> **注意：** 如果数据框中缺少元素（这在现实数据中非常常见），R 将用逻辑值 NA 填充该单元格，代表"不可用"。在分析中，有多种方法⊖可以处理这种问题；可以使用括号表示法筛选这些值以替换它们，将其排除在分析之外，或使用更复杂的技术找到其缺失的原因。

相反，可以使用 write.csv() 函数将数据写入 .csv 文件，使用该函数时需指定要写入的数据框、要写入数据的文件名以及其他可选参数：

```
# Write the data in `my_df` to the file `my_new_file.csv`
# The `row.names` argument indicates if the row names should be
# written to the file (usually not)
write.csv(my_df, "my_new_file.csv", row.names = FALSE)
```

此外，还可以探索许多与 R 软件一起提供的数据集。可以使用 data() 函数查看这些数据集列表，并可以直接使用它们，例如，尝试 View(mtcars)。而且，许多软件包都包含非常适合演示其功能的数据集。可在网站⊖上查看随 R 软件包一起提供的 1000 多个数据集的详细（尽管不完整）列表。

10.3.1 工作目录

使用 .csv 文件时最麻烦的是 read.csv() 函数以文件的路径为参数。为了支持协作或为了既能在自己的计算机上又能在图书馆的计算机上进行编码，所以我们希望脚本能在任何计算机上工作，因此需要确保使用文件的相对路径。问题是：相对于什么？

⊖ 参见 http://www.statmethods.net/input/missingdata.html。
⊖ R 软件包数据集：https://vincentarelbundock.github.io/Rdatasets/datasets.html。

与命令行一样，在 RStudio 中运行的 R 解释器也有一个当前工作目录，其中所有的文件路径都是相对的。问题是，工作目录不一定是当前脚本文件的目录！因为我们可能同时在 RStudio 中打开了许多文件，并且 R 解释器只能有一个工作目录。

正如可以在命令行上查看当前工作目录（使用 pwd）一样，也可以使用 R 函数在 R 中查看当前工作目录：

```
# Get the absolute path to the current working directory
getwd() # returns a path like /Users/YOUR_NAME/Documents/projects
```

无论脚本和数据文件在哪里，通常希望将工作目录更改为项目的目录（通常是项目仓库的根目录）。可以使用 setwd() 函数更改当前工作目录。但是，该函数也采用绝对路径，因此不能解决跨计算机工作的问题。尽管可以在控制台中使用绝对路径，但不应在脚本中包含绝对路径。

更好的解决方案是使用 RStudio 自己来更改工作目录。这是合理的，因为工作目录是 RStudio 可访问的当前运行环境的属性。最简单的方法是使用 Session（会话）→Set Working Directory（设置工作目录）菜单选项（参见图 10-2）：可以将工作目录设置为源文件位置（包含当前正在编辑的 .R 脚本的文件夹，这通常是编程者想要的），或者可以使用 " Choose Directory（选择目录）" 浏览特定目录。

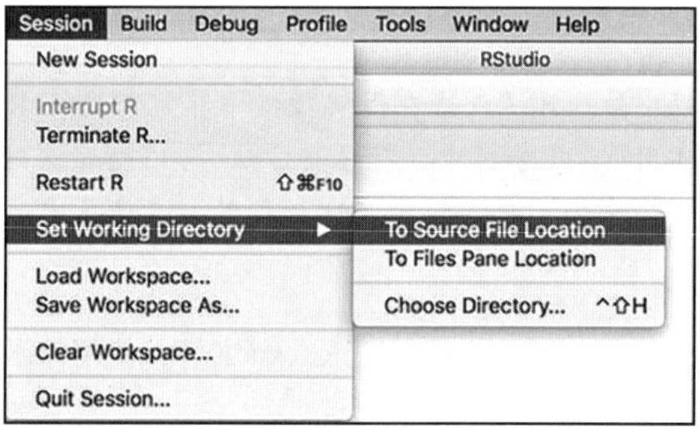

图 10-2　使用 Session→Set Working Directory 通过 RStudio 更改工作目录

举个具体的例子，考虑在 analysis.R 脚本中加载 my-data.csv 文件，文件夹结构如图 10-3 所示。在 analysis.R 脚本中，希望能够使用相对路径访问数据（my-data.csv）。也就是说，不需要指定绝对路径（/Users/YOUR_NAME/Documents/projects/analysis-project/data/my-data.csv）来查找其路径。而是在 analysis.R 中提供程序如何根据工作位置查找数据文件的指令。在将会话路径设置为工作目录后，就可以使用相对路径来查找它：

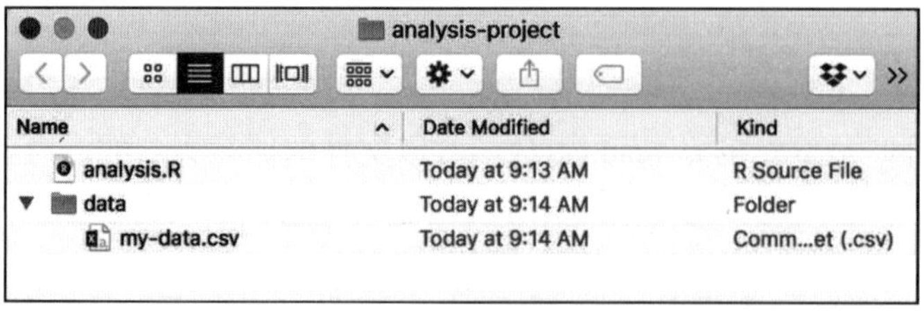

图 10-3　示例项目的文件夹结构。在 RStudio 中设置工作目录后，可以在 analysis.R 脚本中使用相对路径（data/my-data.csv）访问 my-data.csv 文件

```
# Load the data using a relative path
# (this works only after setting the working directory,
# most easily with the RStudio UI)
my_data <- read.csv("data/my-data.csv", stringsAsFactors = FALSE)
```

10.3.2 因子变量

注意： 在加载或创建数据帧时，应该始终包含 stringsAsFactors = FALSE 参数。本节解释了为什么需要这样做。

因子是一种数据结构，用于优化由一组有限类别（即，它们是类别变量）组成的变量。例如，假设有一个衬衫尺寸的向量，它的值只能是小（small）、中（medium）或大（large）。如果使用的是大型数据集（数千件衬衫！），则这些表示衬衫尺寸的字符串（每个单词有 5 个以上的字母，每个字母占 1 个或更多字节）将占用大量内存。

而因子将每个字符串转存为一个数字（称为级别），例如，1 代表小，2 代表中，3 代表大（尽管数字的顺序可能会有所不同）。R 将记住整数与其标签（字符串）之间的关系。由于每个数字只需占用 2-4 字节（而不是每个字母占用 1 个字节），因此因子允许 R 在内存中保存更多信息。

要查看因子变量与向量的相似性（但实际上不同），可以使用 as.factor() 创建因子变量：

```
# Demonstrate the creation of a factor variable

# Start with a character vector of shirt sizes
shirt_sizes <- c("small", "medium", "small", "large", "medium", "large")

# Create a factor representation of the vector
shirt_sizes_factor <- as.factor(shirt_sizes)

# View the factor and its levels
print(shirt_sizes_factor)
# [1] small  medium small  large  medium large
# Levels: large medium small

# The length of the factor is still the length of the vector,
# not the number of levels
length(shirt_sizes_factor) # 6
```

当打印 shirt_sizes_factor 变量时，R 仍能智能地打印出你可能感兴趣的标签。它还标示级别，这是元素唯一可以采用的可能值。

需要强调的是：因子不是向量。这意味着在向量上使用的大多数操作和函数对因子都将不起作用：

```
# Attempt to apply vector methods to factors variables: it doesn't work!

# Create a factor of numbers (factors need not be strings)
num_factors <- as.factor(c(10, 10, 20, 20, 30, 30, 40, 40))

# Print the factor to see its levels
print(num_factors)
# [1] 10 10 20 20 30 30 40 40
# Levels: 10 20 30 40
```

```
# Multiply the numbers by 2
num_factors * 2 # Warning Message: '*' not meaningful for factors
# Returns vector of NA instead

# Changing entry to a level is fine
num_factors[1] <- 40

# Change entry to a value that ISN'T a level fails
num_factors[1] <- 50 # Warning Message: invalid factor level, NA generated
# num_factors[1] is now NA
```

如果创建一个以字符串向量作为列的数据框（如调用 read.csv() 函数时），字符串向量将自动被视为一个因子，除非明确地告诉它不是：

```
# Attempt to replace a factor with a (new) string: it doesn't work!

# Create a vector of shirt sizes
shirt_size <- c("small", "medium", "small", "large", "medium", "large")

# Create a vector of costs (in dollars)
cost <- c(15.5, 17, 17, 14, 12, 23)

# Data frame of inventory (by default, stringsAsFactors is set to TRUE)
shirts_factor <- data.frame(shirt_size, cost)

# Confirm that the `shirt_size` column is a factor
is.factor(shirts_factor$shirt_size) # TRUE

# Therefore, you are unable to add a new size like "extra-large"
shirts_factor[1, 1] <- "extra-large"
# Warning: invalid factor level, NA generated
```

如果在创建数据框时将 stringsAsFactors 选项设置为 FALSE，就可以避免生成上例中的 NA：

```
# Avoid the creation of factor variables using `stringsAsFactors = FALSE`

# Set `stringsAsFactors` to `FALSE` so that new shirt sizes can be introduced
shirts <- data.frame(shirt_size, cost, stringsAsFactors = FALSE)

# The `shirt_size` column is NOT a factor
is.factor(shirts$shirt_size) # FALSE

# It is possible to add a new size like "extra-large"
shirts[1, 1] <- "extra-large" # no problem!
```

这并不是说因子除了节省内存外毫无用处！它们有专门的函数能轻松地对数据进行分组和处理：

```
# Demonstrate the value of factors for "splitting" data into groups
# (while valuable, this is more clearly accomplished through other methods)

# Create vectors of sizes and costs
shirt_size <- c("small", "medium", "small", "large", "medium", "large")
cost <- c(15.5, 17, 17, 14, 12, 23)

# Data frame of inventory (with factors)
shirts_factor <- data.frame(shirt_size, cost)

# Produce a list of data frames, one for each factor level
```

```
#   first argument is the data frame to split
#   second argument the data frame to is the factor to split by
shirt_size_frames <- split(shirts_factor, shirts_factor$shirt_size)

# Apply a function (mean) to each factor level
#   first argument is the vector to apply the function to
#   second argument is the factor to split by
#   third argument is the name of the function
tapply(shirts_factor$cost, shirts_factor$shirt_size, mean)
        # large medium  small
        # 18.50  14.50  16.25
```

虽然这是因子的方便应用，但也可以在没有因子的情况下轻松地执行相同类型的汇总（参见第 11 章）。

一般来说，本书相关的技能更关心的是将数据作为向量使用。因此，在创建数据框或加载含有字符串的 .csv 文件时，应始终使用 stringsAsFactors = FALSE。

本章介绍了 R 中处理二维数据的主要数据结构：数据框。接下来，几乎所有的分析和可视化工作都将基于数据框。有关数据框的实践练习，参见随书练习集[⊖]。

⊖　数据框练习：https://github.com/programming-for-data-science/chapter-10-exercises。

第 11 章

使用 dplyr 操作数据

dplyr[1]（"dee-ply-er"）包是 R（或者更广泛地说，是数据科学）中进行数据清理的卓越工具。它为程序员提供了执行数据管理和分析任务的直观词汇表。学习和使用此包将使数据准备及管理的过程更快、更容易理解。本章介绍了包背后的理念，并概述了如何使用包的清晰、高效的语法来处理数据框。

11.1 操作数据语法

因为 dplyr 包提供了一组动词（函数）来描述和执行常见的数据准备任务，所以包的创建者 Hadley Wickham 恰如其分地将其称为数据操作语法。编程的核心挑战之一是将数据集相关的问题映射为特定的编程操作。数据操作语法的出现使这个过程更加轻松，因为它允许使用相同的词汇表来提问和编写程序。具体来说，dplyr 语法允许我们轻松地讨论和执行以下任务：

- **选择（Select）**：从数据集中选择感兴趣的特征值（列）。
- **过滤（Filter）**：过滤掉不相关的数据，只保留感兴趣的观察结果（行）。
- **修改（Mutate）**：通过添加更多特征（列）来改变数据集。
- **排序（Arrange）**：按特定顺序排列观察结果（行）。
- **汇总（Summarize）**：根据集合汇总数据，如平均值、中值或最大值。
- **连接（Join）**：将多个数据集连接到一个数据框中。

在描述询问数据的算法或过程时，可以使用这些词，然后使用 dplyr 编写代码，这些代码将严格遵循"直观语言"描述，因为它使用共享相同语言的函数和过程。实际上，关于数据集的许多现实问题可归结为将数据集的特定行 / 列筛选为"感兴趣的元素"，然后执行基本的比较或计算（例如，平均值、计数、最大值）。虽然也可以使用基础 R 函数（如前面的章节中所述）执行此类计算，但 dplyr 包使编写和阅读此类代码更加容易。

11.2 核心 dplyr 函数

dplyr 包提供了与前面提到的动词相对应的函数。使用这些函数能够快速有效地编写代码来询问数据集问题。

⊖ dplyr：http://dplyr.tidyverse.org。

由于 dplyr 是一个外部包，因此使用前需要先安装（每台计算机只需一次），如果要在脚本中使用 dplyr 包的函数需要先加载它（每个用到其函数的脚本都需要加载）：

```
install.packages("dplyr") # once per machine
library("dplyr")          # in each relevant script
```

　　趣事：dplyr 是 R 包 tidyverse[⊖]集合的重要一员，集合还包括 tidyr（参见第 12 章）和 ggplot2（参见第 16 章）。虽然这些包是单独讨论的，但是可以通过安装和加载 "tidyverse" 包来同时安装和使用它们。

加载包之后，就可以调用包的任何函数，就像它们是内置函数一样。

本章将 dplyr 包的函数应用于美国总统选举的历史数据中，以便演示其作为询问真实数据集问题的工具的实用性。presidentialElections 数据集包含在 pscl 包中，因此需要安装并加载该包才能访问数据：

```
# Install the `pscl` package to use the `presidentialElections` data frame
install.packages("pscl") # once per machine
library("pscl")          # in each relevant script

# You should now be able to interact with the data set
View(presidentialElections)
```

该数据集包含从 1932 年到 2016 年期间，每一次美国总统选举中每个州为支持民主党候选人投票的百分比。每一行包括州、年份、民主党选票的百分比（demVote），以及每一个州是否是美国内战期间前邦联（south）的成员。更多信息可参阅 pscl 包参考手册[⊖]或使用 ?presidentialElections 查看 RStudio 中的文件。

11.2.1　选择

select() 函数允许从数据框中选择和提取感兴趣的列，如图 11-1 所示。

```
# Select `year` and `demVotes` (percentage of vote won by the Democrat)
# from the `presidentialElections` data frame
votes <- select(presidentialElections, year, demVote)
```

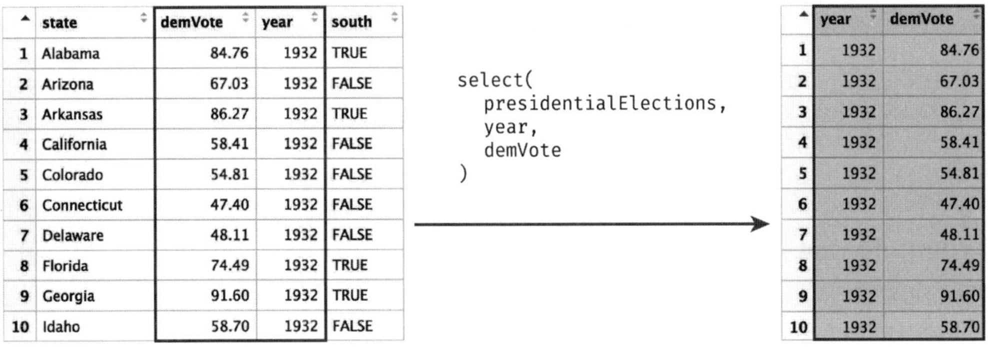

图 11-1　使用 select() 函数从 presidentialElections 数据框中选择列：year 和 demVote

---

[⊖]　https://www.tidyverse.org。

[⊖]　pscl 参考手册：https://cran.r-project.org/web/packages/pscl/pscl.pdf。

select() 函数将要从中选择列的数据框作为参数，后跟要选择的列的名称（不带引号）！使用 select() 函数等价于使用基础 R 语法简单地提取列，如下所示：

```
# Extract columns by name (i.e., "base R" syntax)
votes <- presidentialElections[, c ("year", "demVote")]
```

虽然这个基础 R 语法能实现相同的目的，但是 dplyr 方法的语法更直观、更容易读写。

注意：在 dplyr 函数的参数列表（在括号内）中，指定数据框的列时没有引号，也就是说，将列名称作为变量名，而不是字符串。这被称为非标准评估（NSE）[⊖]。虽然此功能使 dplyr 代码更易于编写和读取，但在使用存储在变量中的列名时，有时会产生挑战。

如果在这种情况下遇到错误，可以并且应该改为使用基础 R 语法（例如，美元符号和括号符号）。

如图 11-2 所示，选举数据可用于探索各州投票模式的趋势。有关州投票模式随时间变化的互动探索，可参见《纽约时报》的一篇文章[⊖]。

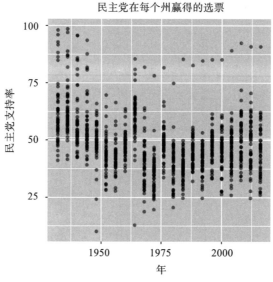

图 11-2　使用 ggplot2 包创建的美国总统选举中民主党候选人的支持率图

注意，select() 函数的参数也可以是列名向量，可以在不调用 c() 的情况下，精确地编写需要在括号内指定的内容。所以既可以使用：运算符选择列的范围，也可以使用 - 运算符排除列：

```
# Select columns `state` through `year` (i.e., `state`, `demVote`, and `year`)
select(presidentialElections, state:year)

# Select all columns except for `south`
select(presidentialElections, -south)
```

⊖ http://dplyr.tidyverse.org/articles/programming.html。

⊖ 几十年来，各州是如何变化的：https://archive.nytimes.com/www.nytimes.com/interactive/2012/10/15/us/politics/swing-history.html。

警告：与使用括号表示法不同，使用 select() 函数选择单个列也将返回数据框，而不是向量。如果要从数据框中提取特定的列或值，可以使用 dplyr 包中的 pull() 函数，或者使用基础 R 语法。通常，使用 dplyr 操作数据框，然后使用基础 R 引用该数据中的特定值。

11.2.2　过滤

filter() 函数允许从数据框中选择和提取感兴趣的行（与 select() 不同，select() 提取列），如图 11-3 所示。

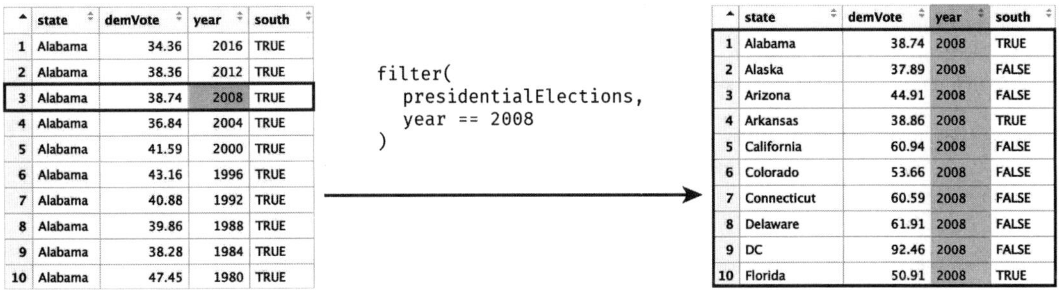

图 11-3　使用 filter() 函数从 presidentialElections 数据框中筛选年份为 2008 年的行

```
# Select all rows from the 2008 election
votes_2008 <- filter(presidentialElections, year == 2008)
```

filter() 函数将要从中选择行的数据框作为参数，后跟用逗号分隔的每个返回行必须满足的条件列表。同样，列名是不带引号的。上例中的 filter() 语句相当于下列基础 R 的语句：

```
# Select all rows from the 2008 election
votes_2008 <- presidentialElections[presidentialElections$year == 2008, ]
```

filter() 函数能提取满足所有条件的行。因此，可以指定筛选行需满足的第一个条件和第二个条件等。例如，筛选科罗拉多州在 2008 年的投票情况：

```
# Extract the row(s) for the state of Colorado in 2008
# Arguments are on separate lines for readability
votes_colorado_2008 <- filter(
  presidentialElections,
  year == 2008,
  state == "Colorado"
)
```

如果使用多个条件，则代码会很长，为了方便阅读，应该像前面例子所示一样将单个语句分成多行来写。在没有封闭参数括号之前，R 会将每一行都作为当前语句的一部分。详见 tidyverse 风格指南⊖。

警告：如果使用的数据框有行名称（presidentialElections 数据框没有行名称），执行 dplyr 函数时会删除行名称。如果想保留这些行名称，可以考虑将其作为特征值存为数据框的列，以便能在清理和分析中包含这些名称。可以使用 mutate 函数（如 11.2.3 节所述）将行名称添加为列：

⊖ tidyverse 风格指南：http://style.tidyverse.org。

```
# Add row names of a dataframe `df` as a new column called `row_names`
df <- mutate(df, row_names = rownames(df))
```

11.2.3 修改

mutate() 函数允许为数据框创建额外的列，如图 11-4 所示。例如在 presidentialElections 数据框中添加投给其他候选人的选票百分比的列：

```
# Add an `other_parties_vote` column that is the percentage of votes
# for other parties
# Also add an `abs_vote_difference` column of the absolute difference
# between percentages
# Note you can use columns as you create them!
presidentialElections <- mutate(
  presidentialElections,
  other_parties_vote = 100 - demVote, # other parties is 100% - Democrat %
  abs_vote_difference = abs(demVote - other_parties_vote)
)
```

	state	demVote	year	south
1	Alabama	84.76	1932	TRUE
2	Arizona	67.03	1932	FALSE
3	Arkansas	86.27	1932	TRUE
4	California	58.41	1932	FALSE
5	Colorado	54.81	1932	FALSE
6	Connecticut	47.40	1932	FALSE
7	Delaware	48.11	1932	FALSE
8	Florida	74.49	1932	TRUE
9	Georgia	91.60	1932	TRUE
10	Idaho	58.70	1932	FALSE

	state	demVote	year	south	other_parties_vote	abs_vote_difference
1	Alabama	84.76	1932	TRUE	15.24	69.52
2	Arizona	67.03	1932	FALSE	32.97	34.06
3	Arkansas	86.27	1932	TRUE	13.73	72.54
4	California	58.41	1932	FALSE	41.59	16.82
5	Colorado	54.81	1932	FALSE	45.19	9.62
6	Connecticut	47.40	1932	FALSE	52.60	5.20
7	Delaware	48.11	1932	FALSE	51.89	3.78
8	Florida	74.49	1932	TRUE	25.51	48.98
9	Georgia	91.60	1932	TRUE	8.40	83.20
10	Idaho	58.70	1932	FALSE	41.30	17.40

```
mutate(
  presidentialElections,
  other_parties_vote = 100 - demVote,
  abs_vote_difference = abs(demVote - other_parties_vote)
)
```

图 11-4 使用 mutate() 函数在 presidentialElections 数据框中创建新列，注意 mutate() 函数实际上不更改数据框，需要将修改结果赋给变量

mutate() 函数将要修改的数据框作为参数，后跟用逗号分隔的 name = vector 形式的待创建列的列表。同样，指定数据框的列名时不带引号。同时为了间距和易读性，通常将每个新列的声明都放在单独的行上。

警告：除了名字之外，mutate() 函数实际上并没有更改数据框，而是返回一个添加了额外列的新数据框。通常希望用新的数据框代替旧的数据框（如前面的例子所示）。

技巧：如果要重命名某列而不是添加新列，可以使用 dplyr 包的 rename() 函数，它实际上是将命名参数传递给 select() 函数以选择要重命名的列。

11.2.4 排序

arrange() 函数允许根据一些特征值（列值）对数据框中的行进行排序，如图 11-5 所示。例如，先按年份对 presidentialElections 数据框进行排序，然后年份相同时，根据民主党候选人的支持率对行进行排序：

```
# Arrange rows in decreasing order by `year`, then by `demVote`
# within each `year`
presidentialElections <- arrange(presidentialElections, -year, demVote)
```

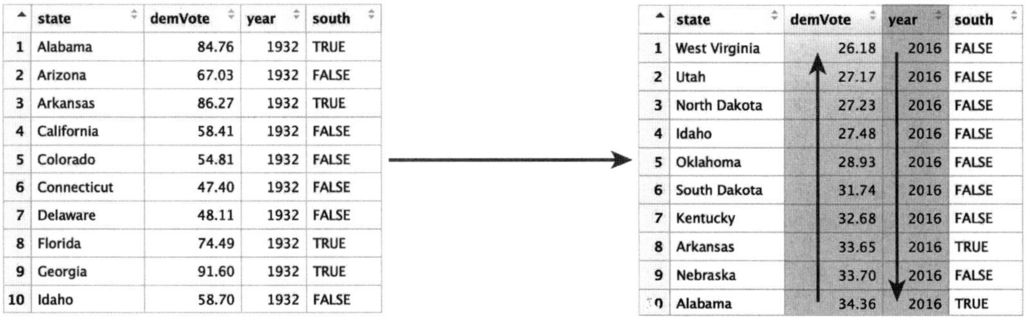

arrange(presidentialElections, -year, demVote)

图 11-5　使用 arrange() 函数对 presidentialElections 数据框进行排序。数据按年份递减排序，年份相同时，按 demVote 列排序

如前面的代码所示，除了要排序的数据框外，还可以将多个参数传递给 arrange() 函数。数据框先按第二个参数提供的列排序，再按第三个参数提供的列排序，依次类推。与 mutate() 函数类似，arrange() 函数实际上并不修改要排序的数据框，而是返回一个新的数据框，可以将其存储在变量中，以供后用。

默认情况下，arrange() 函数按递增的顺序对行进行排序。若要按递减的顺序排序，可在列名前面放置一个减号（-），例如 -year。还可以使用 desc() 函数，如，可以将 desc(year) 作为参数。

11.2.5　汇总

summarize() 函数（在英式拼写中等价于 summarise() 函数）将生成一个包含 summary 列的新数据框，根据列中的多个元素计算一个值。这是一个聚合操作，例如在求和或平均值时，它将整个列缩至单个值，如图 11-6 所示。例如，可以计算民主党候选人的平均支持率。

```
# Compute summary statistics for the `presidentialElections` data frame
average_votes <- summarize(
  presidentialElections,
  mean_dem_vote = mean(demVote),
  mean_other_parties = mean(other_parties_vote)
)
```

summarize() 函数在数据框中根据汇总表中需要计算的值进行聚合，与 mutate() 函数或定义列表类似，这些值使用 name＝value 语法指定。可以在一个语句中使用多个参数来完成多个聚合。函数将返回一个数据框，其中包含一个由多个不同函数的计算结果（列）组成的行，如图 11-6 所示。

summarize() 函数的作用是生成一个包含汇总值的数据框。可以使用基础 R 的语法或 dplyr 包的 pull() 函数来引用这些独立的聚合结果中的任何值。

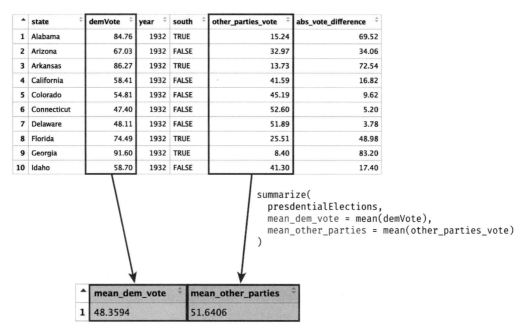

图 11-6　使用 summarize() 函数计算 presidentialElections 数据框的汇总统计

任何以向量为参数，返回值为单个值的函数都可以用在 summarize() 函数中来对列进行聚合。这包括许多内置的 R 函数，如 mean()、max() 和 median()。或者，也可以自己编写汇总函数。例如，在 presidentialElections 数据框中，查找投票支持率与某值差距最大的选举（即 demVote 值距 50% 差距最大的选举）。下例中，构建了一个在向量中查找距 50 最远的元素的函数，然后调用 summarize() 函数，将该函数应用于 presidentialElections 数据框。

```
# A function that returns the value in a vector furthest from 50
furthest_from_50 <- function(vec) {
  # Subtract 50 from each value
  adjusted_values <- vec - 50

  # Return the element with the largest absolute difference from 50
  vec[abs(adjusted_values) == max(abs(adjusted_values))]
}

# Summarize the data frame, generating a column `biggest_landslide`
# that stores the value furthest from 50%
summarize(
  presidentialElections,
  biggest_landslide = furthest_from_50(demVote)
)
```

在处理分组数据时，summarize() 函数的威力才能真正显现。在汇总表中，不同组的汇总结果将汇总为不同的行，参见 11.4 节。

11.3　执行顺序操作

做更复杂的分析时，可以组合这些函数，常见的工作流是将一个函数的调用结果传给另一个函数。执行这种操作序列的一种方法是创建中间变量，以便在分析中使用。例如，在使用 presidentialElections 数据集时，可能需要询问下列问题：

"在 2008 年的美国选举中，哪个州对民主党候选人（奥巴马）的支持率最高？"

回答这个看似简单的问题需要以下几个步骤：

1）过滤数据集只保留 2008 年的观测值。

2）在 2008 年的投票百分比中，筛选出民主党人的最高投票支持率。

3）选出符合上述条件的州名。

操作步骤如下：

```
# Use a sequence of steps to find the state with the highest 2008
# `demVote` percentage

# 1. Filter down to only 2008 votes
votes_2008 <- filter(presidentialElections, year == 2008)

# 2. Filter down to the state with the highest `demVote`
most_dem_votes <- filter(votes_2008, demVote == max(demVote))

# 3. Select name of the state
most_dem_state <- select(most_dem_votes, state)
```

使用这种方法时，工作环境中会充斥着不再需要使用的变量。因为每个步骤的结果都很明确，所以这种方法确实有助于提高可读性，但这些变量会增加我们修改和更改算法的负担，因为不得不在两个地方修改它们。

与将每个步骤保存为不同的命名变量不同，我们也可以使用匿名变量，并在其他函数中嵌套所需的语句。虽然这是可能的，但读写会变得很困难。例如，可将前面的算法进行如下改写：

```
# Use nested functions to find the state with the highest 2008
# `demVote` percentage
most_dem_state <- select(          # 3. Select name of the state
  filter(                          # 2. Filter down to the highest `demVote`
    filter(                        # 1. Filter down to only 2008 votes
      presidentialElections,       # arguments for the Step 1 `filter`
      year == 2008
    ),
    demVote == max(demVote)        # second argument for the Step 2 `filter`
  ),
  state                            # second argument for the Step 3 `select`
)
```

上述代码中函数结果未分配给变量，而是直接用作其他函数的参数，所以使用的是匿名变量。经常会在 print() 函数和过滤时（TRUE 或 FASLE 的向量）使用匿名变量，甚至上例步骤二的 filter() 函数中的 max(demVote) 也是一个匿名变量！

这种嵌套的方法在不创建额外变量的情况下会获得与前一个示例相同的结果。但是，即使只有三个步骤，阅读起来也相当复杂，因为必须"从内到外"考虑它，首先评估中间代码的结果。对于更复杂的操作来说，这显然是难以理解的。

11.3.1　管道操作

幸运的是，dplyr 提供了一种更干净、更有效的方法来执行相同的任务（即使用一个函数的结果作为下一个函数的参数）。管道运算符（写为 %>%）可以从一个函数中获取结果，并将其作为第一个参数传给下一个函数！可以更直接地使用管道运算符来解决前面的问题，如下所示：

```
# Ask the same question of our data using the pipe operator
most_dem_state <- presidentialElections %>% # data frame to start with
  filter(year == 2008) %>% # 1. Filter down to only 2008 votes
  filter(demVote == max(demVote)) %>% # 2. Filter down to the highest `demVote`
  select(state) # 3. Select name of the state
```

上例中，presidentialElections 数据框作为第一个 filter() 函数的第一个参数导入。因为第一个参数已经导入，所以调用 filter() 函数时，只需给定其他参数（如 year==2008）。然后该过滤结果作为第二个 filter() 函数的第一个参数导入，然后第二个 filter() 函数也只需要给定其他参数即可。在调用过程中，其他参数（如过滤条件）正常传递，就好像不需要数据框参数一样。

因为本章中介绍的所有 dplyr 函数都把要操作的数据框作为第一个参数，然后返回操作后的数据框，所以可以使用管道将这些函数链接在一起！

与命令行使用 | 来进行管道操作相比，%>% 运算符很难输入，需要一段时间来适应。但可以使用 RStudio 的键盘快捷键 cmd+shift+m 来简化输入。

技巧：在 RStudio 中通过 Tools→Keyboard Shortcuts Help 菜单或者 alt+shift+k 快捷键可以查看所有 RStudio 的键盘快捷方式。

加载 dplyr 包时将加载管道操作符，也就是说，只有加载了 dplyr 包才能使用管道操作符，但管道操作符可以与任何函数（而不仅仅是 dplyr 函数）一起工作。这种语法虽然有点奇怪，但可以大大简化询问有关数据问题的编写代码方式。

趣事：许多包加载其他包（称为依赖项）。例如，管道操作符实际上是 magrittr[⊖]包的一部分，它作为 dplyr 的依赖项被加载。

注意，与前面的示例一样，最好将管道序列的每个"步骤"放在自己的行上（缩进两个空格）。这样在测试和调试程序时，只需移动行就可以轻松地重新排列步骤以及给特定步骤添加注释。

11.4 按组分析数据框

dplyr 函数很强大，尤其是将它们应用到数据集中的行组时，它们确实是很棒的。例如，前面例子中使用的 summarize() 函数并不特别有用，因为它只是为给定的列提供了一个汇总，使用基础 R 函数也很容易做到。但是，分组操作将自动为行的多个分组计算相同的汇总度量值（例如，平均值、中位数、和），使用户能够对数据集提出更细微的问题。

group_by() 函数允许在数据框中的行组之间创建关联，以便能轻松地执行此类聚合。group_by() 函数的第一个参数是要分组的数据框，第二个参数是用于分组数据的列。表中的每一行都将与该列中具有相同值的其他行分为一组。例如，可以将 presidentialElections 数据集中的所有数据以州进行分组：

```
# Group observations by state
grouped <- group_by(presidentialElections, state)
```

⊖ https://cran.r-project.org/web/packages/magrittr/vignettes/ magrittr.html。

group_by() 函数返回一个 tibble[⊖]，它是 "tidyverse" 系列包[⊖]（包括 dplyr）使用的一个数据框版本。可以将其视为一种 "特殊" 的数据框，它能够跟踪同一变量中的 "子集"（组）。虽然这个分组在视觉上并不明显（即，它不会对行进行排序），但是 tibble 会跟踪每一行的分组以便进行计算，如图 11-7 所示。

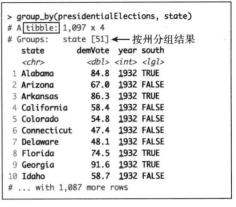

图 11-7　由 group_by() 函数按州进行分组创建的 tibble

group_by() 函数非常有用，因为它不需要显式地将数据分成不同的块或箱，就可以对数据组进行操作。使用 group_by() 对数据框的行进行分组后，可以将其他函数（如 summarize()、filter()）应用于该 tibble，它们将自动应用于每个组（就像它们是单独的数据框一样）。不需要显式地将不同数据集提取到单独的数据框中并对每个数据框运行相同的操作，而可以使用 group_by() 函数通过一个命令来完成所有这些操作：

```
# Compute summary statistics by state: average percentages across the years
state_voting_summary <- presidentialElections %>%
  group_by(state) %>%
  summarize(
    mean_dem_vote = mean(demVote),
    mean_other_parties = mean(other_parties_vote)
  )
```

前面的代码首先按州（state）对行进行分组，然后计算每个组（例如：每个州）的统计信息（mean() 平均值），如图 11-8 所示。组的统计信息将以 tibble 的形式返回，其中每一行都是不同组的统计结果。可以使用美元符号或括号表示法从 tibble 中提取值，或者使用 as.data.frame() 函数将其转换回普通数据框。

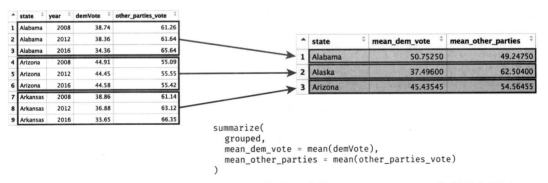

图 11-8　使用 group_by() 和 summarize() 函数按州计算 presidentialElections 数据框中的汇总统计信息

这种分组形式允许快速比较不同的数据子集，它重新定义了数据分析单元。分组允许根据观测组而不是单个观测结果来分析问题。这种抽象形式使询问和回答有关数据的复杂问题变得更容易了。

11.5　连接数据框

在处理实际数据时，通常会发现数据被存储在多个文件或数据框中。这样做的原因有很多，比如减少内存使用。例如，如果你有一个记录有关募捐活动信息（例如，美元金额、日期）的数据框，你可能会将每个捐赠者的信息（例如，电子邮件、电话号码）存储在一个单独的数据文件（数据框）中。具体可参见图 11-9。

Donations

	donor_name	amout	date
1	Maria Franca Fissolo	100	2018-02-15
2	Yang Huiyan	50	2018-02-15
3	Maria Franca Fissolo	75	2018-02-15
4	Alice Walton	25	2018-02-16
5	Susanne Klatten	100	2018-02-17
6	Yang Huiyan	150	2018-02-18

Donors

	donor_name	email
1	Alice Walton	alice.walton@gmail.com
2	Jacqueline Mars	jacqueline.mars@gmail.com
3	Maria Franca Fissolo	maria.franca.fissolo@gmail.com
4	Susanne Klatten	susanne.klatten@gmail.com
5	Laurene Powell Jobs	laurene.powell.jobs@gmail.com
6	Francoise Bettencourt Meyers	francoise.bettencourt.meyers@gmail.com

图 11-9　捐赠（左）和捐赠者（右）的数据框示例。注意，两个数据框中并没有显示所有捐赠者

这种结构有很多好处：

- **数据存储**：可以一次性存储捐献者信息，而不需要每次捐赠者捐赠时都复制其信息。这将减少数据占用的存储空间。
- **数据更新**：如果需要更新捐赠者的相关信息（例如，更改捐赠者的电话号码），只需改一处数据即可。

组织和分离数据是关系数据库设计中的核心问题，将在第 13 章中讨论。

有时，需要访问两个数据集中的信息（例如，需要向捐赠者发送捐赠信息的电子邮件），这需要同时引用两个数据框中的值，即组合数据框。这个过程称为连接（将数据框连接到一起）。连接后，可以识别两个表中的列，并使用这些列相互"匹配"对应的行。这些列值作为确定每个表中的哪些行相互对应的标识符，进而将对应行组合成连接表中的一行。

left_join() 函数是常见的连接函数之一。该函数通过查找两个数据框之间的匹配列，返回一个新的数据框，这个数据框中包含第一个（左）数据框中的所有列再加上第二个（右）数据框中的其他列，实际上是合并表。可以使用 by 参数来指定要"匹配"的列，参数值为列名称向量（字符串形式）。

例如，图 11-9 中的两个数据框都有 donor_name 列，所以可以通过"匹配"此列，将捐赠者和捐赠两个数据框合并在一起，生成图 11-10 所示的连接表。

```
# Combine (join) donations and donors data frames by their shared column
# ("donor_name")
combined_data <- left_join(donations, donors, by = "donor_name")
```

上述代码的执行步骤如下：

1）首先遍历左侧表（函数第一个参数，如：donations）的每一行，查看匹配列的值（如：donor_name）。

2）在右侧表（如：donors）中查找与左侧表的匹配列的值相同的行。

3）如果找到匹配行，在结果表中，将左侧表（donations）中没有，而右侧表（donors）中有的列添加到左侧表的匹配行的原有列后。

4）重复步骤 1～3，直到左侧表中的每一行都从右侧表的匹配行（如果有的话）得到了值。

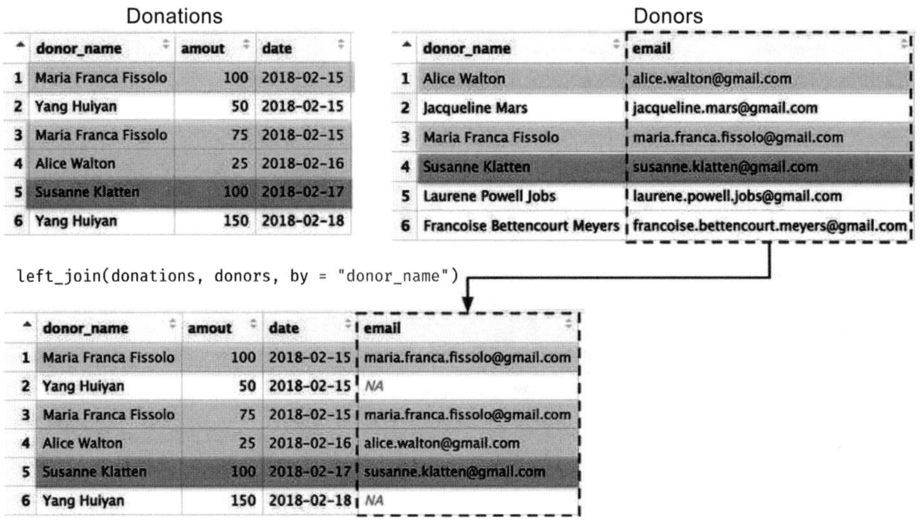

图 11-10　在左连接中，来自右侧表（Donors）的列被添加到左侧表（Donations）的末尾。行根据共同的列（donor_name）进行匹配。注意：左侧表中的观测结果在右侧表中没有匹配行的情况，如：Yang Huiyan

从图 11-10 中可以发现，部分左侧表（donations）中的行在右侧表中没有匹配行（没有匹配的 donor_name 值），这可能是因为有些捐赠的捐赠者没有联系信息，这些行新添加的列值被赋为 NA（不可用）。

注意： 左连接返回第一个表（左侧表）中的所有行，以及两个表中的所有列。

需要两个连接表的匹配列中具有相同的数据，才能匹配行。如果列的名称不匹配，或者只想匹配特定的列，可以使用命名向量来指明每个数据框中的不同列名。如果不使用 by 参数，将使用所有的列名进行匹配连接。

```
# An example join in the (hypothetical) case where the tables have
# different identifiers; e.g., if `donations` had a column `donor_name`,
# while `donors` had a column `name`
combined_data <- left_join(donations, donors, by = c("donor_name" = "name"))
```

警告： 因为连接的定义，所有参数的顺序很重要！例如，在 left_join() 函数中，结果表中只有左侧（第一个）表中的行，右侧（第二个）表中任何不匹配的行都将丢失。

如果调换参数的顺序，那么将保留来自 donors 数据框的所有信息，添加来自 donations 数据框的相关信息，参见图 11-11。

```
# Combine (join) donations and donors data frames (see Figure 11.11)
combined_data <- left_join(donors, donations, by = "donor_name")
```

	donor_name	email
1	Alice Walton	alice.walton@gmail.com
2	Jacqueline Mars	jacqueline.mars@gmail.com
3	Maria Franca Fissolo	maria.franca.fissolo@gmail.com
4	Susanne Klatten	susanne.klatten@gmail.com
5	Laurene Powell Jobs	laurene.powell.jobs@gmail.com
6	Francoise Bettencourt Meyers	francoise.bettencourt.meyers@gmail.com

Donors

Donations

	donor_name	amout	date
1	Maria Franca Fissolo	100	2018-02-15
2	Yang Huiyan	50	2018-02-15
3	Maria Franca Fissolo	75	2018-02-15
4	Alice Walton	25	2018-02-16
5	Susanne Klatten	100	2018-02-17
6	Yang Huiyan	150	2018-02-18

left_join(donors, donations, by = "donor_name")

	donor_name	email	amout	date
1	Alice Walton	alice.walton@gmail.com	25	2018-02-16
2	Jacqueline Mars	jacqueline.mars@gmail.com	NA	NA
3	Maria Franca Fissolo	maria.franca.fissolo@gmail.com	100	2018-02-15
4	Maria Franca Fissolo	maria.franca.fissolo@gmail.com	75	2018-02-15
5	Susanne Klatten	susanne.klatten@gmail.com	100	2018-02-17
6	Laurene Powell Jobs	laurene.powell.jobs@gmail.com	NA	NA
7	Francoise Bettencourt Meyers	francoise.bettencourt.meyers@gmail.com	NA	NA

图 11-11　调换左连接中表的顺序将返回一组不同的行（与图 11-10 相比）。左侧表（Donors）中的所有行都将添加右侧表（Donations）中的其他列

因为右侧表（donations）中一些捐赠者多次出现，所以左侧表（donors）中的行会重复以便与 donations 表中的每一行合并。未在右侧表中成功匹配的行（代表向组织提供了联系方式，但尚未进行捐赠的捐赠者）不能获得额外的信息。

由于参数的顺序很重要，dplyr（和关系数据库系统）提供了几种不同类型的连接，每种连接都会影响结果表中包含哪些行。注意，在所有连接中，两个表中的列都将出现在结果表中，连接类型决定了将包含哪些行。这些连接的示意图参见图 11-12。

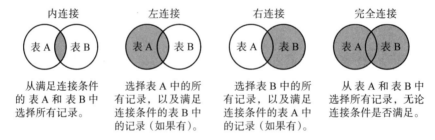

内连接	左连接	右连接	完全连接
从满足连接条件的表 A 和表 B 中选择所有记录。	选择表 A 中的所有记录，以及满足连接条件的表 B 中的记录（如果有）。	选择表 B 中的所有记录，以及满足连接条件的表 A 中的记录（如果有）。	从表 A 和表 B 中选择所有记录，无论连接条件是否满足。

图 11-12　不同连接类型的图表（从 http://www.sql-join.com/sql-join-types/ 下载）

1）**左连接**：返回第一个（左侧）数据框中的所有行。也就是说，从左侧表中获取所有数据，并从右侧表中添加额外的列值。左侧表的行如果在右侧表中没有匹配成功，则新添加的列值为 NA。

2）**右连接**：返回第二个（右侧）数据框中的所有行。也就是说，从右侧表中获取所有数据，并从左侧表中添加额外的列值。右侧表的行如果在左侧表中没有匹配成功，则新添加的列值为 NA。相当于颠倒左连接中两个表的顺序。

3）**内连接**：只返回两个数据框中成功匹配的行。即得到两个表中任何成功匹配的行和两个表中的列。连接不会创建额外的 NA 值。如果左侧的观测值在右侧表中没有匹配成功，或是右侧表中的观测记录在左侧表中没有匹配成功，则这些观测都不会被返回，与参数的顺序无关。

4）**完全连接**：返回两个数据框中的所有行。也就是说，无论观测结果是否匹配，都会得到一行数据。如果恰好匹配，两个表中的值将出现在一行中。没有匹配的观察结果将在另一个表的列中添加 NA。与参数的顺序无关。

决定使用哪种连接方式的关键是考虑需要哪些观测记录（行），以及在记录部分缺失时，允许哪些列的值为 NA。

技巧：Jenny Bryan 为 dplyr 的连接函数创建了一个很棒的备忘单[⊖]，需要的话，可以参考。

深入学习：这里讨论的所有连接都是可变连接，它们将列从一个表添加到另一个表。dplyr 还提供过滤连接，根据行在另一个表中是否具有匹配的观察值来排除行，以及设置操作，过滤连接将观察值组合起来，就像它们是集合元素一样。更多详细信息可参阅包文档[⊜]，但一开始应重点关注可变连接。

11.6 dplyr 实战：分析飞行数据

本节将介绍如何使用 dplyr 函数向更复杂的数据集询问有趣的问题，本书的在线代码库[⊜]提供了完整的分析代码。分析使用 2013 年从纽约市机场（包括纽瓦克机场、约翰 F. 肯尼迪机场和拉瓜迪亚机场）起飞的航班数据集。该数据集也在 dplyr 简介^㉕中在线展示，并且可以从交通统计局的数据库^⑤中提取。要加载该数据集，需要安装并加载 nycflights13 包。这将会把 flights 数据集加载到你的环境中。

```
# Load the `nycflights13` package to access the `flights` data frame
install.packages("nycflights13") # once per machine
library("nycflights13")          # in each relevant script
```

在开始询问数据集的目标问题之前，需要更好地了解数据集的结构：

```
# Getting to know the `flights` data set
?flights          # read the available documentation
dim(flights)      # check the number of rows/columns
colnames(flights) # inspect the column names
View(flights)     # look at the data frame in the RStudio Viewer
```

图 11-13 中显示了 RStudio 阅读器中显示的航班数据框的一个子集。基于此信息，可能提出以下感兴趣的问题：

1）哪家航空公司延迟起飞的次数最多？

2）平均来说，航班最早到达哪个机场？

3）航班通常在哪个月延误最久？

首先将这些问题映射到特定的过程，然后就可以编写适当的 dplyr 代码。

先看第一个问题：

"哪家航空公司延迟起飞的次数最多？"

因为这个问题涉及比较具有特定特征（航空公司）的观察结果（航班），所以需要先完成以下分析：

⊖ http://stat545.com/bit001_dplyr-cheatsheet.html。

⊜ https://cran.r-project.org/web/packages/dplyr/vignettes/two-table.html。

⊜ dplyr 实例：https://github.com/programming-for-data-science/in-action/tree/master/dplyr。

㉕ dplyr 简介：http://dplyr.tidyverse.org/articles/dplyr.html。

⑤ 美国劳工统计局：航空航班数据：https://www.transtats.bts.gov/DatabaseInfo.asp?DB_ID=120。

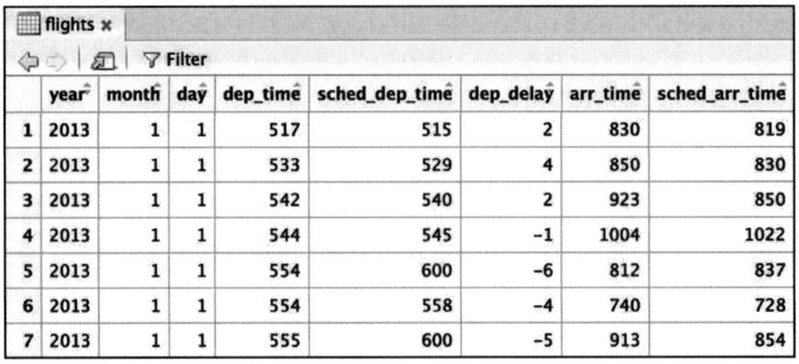

flights ×

Filter

	year	month	day	dep_time	sched_dep_time	dep_delay	arr_time	sched_arr_time
1	2013	1	1	517	515	2	830	819
2	2013	1	1	533	529	4	850	830
3	2013	1	1	542	540	2	923	850
4	2013	1	1	544	545	-1	1004	1022
5	2013	1	1	554	600	-6	812	837
6	2013	1	1	554	558	-4	740	728
7	2013	1	1	555	600	-5	913	854

图 11-13　航班数据集的子集，是 nycflights13 包的一部分

1）因为需要考虑一个特定航空公司的所有航班（基于 carrier 特征），所以首先按该特征对数据进行分组。

2）需要计算延迟起飞航班数中最大值（基于 dep-delay 特征），这需要先查找延迟起飞的航班（过滤数据）。

3）汇总延迟起飞的航班数（分组汇总）。

4）过滤找出延迟数量最大的那个组。

5）最后，选出该组对应的航空公司。

技巧：在试图找到正确的操作来回答感兴趣的问题时，短语“Find the entry that…（找到……的记录）”，通常对应着 filter() 操作！

一旦建立了算法，就可以直接将其映射到 dplyr 函数：

```
# Identify the airline (`carrier`) that has the highest number of
# delayed flights
has_most_delays <- flights %>%                # start with the flights
  group_by(carrier) %>%                       # group by airline (carrier)
  filter(dep_delay > 0) %>%                   # find only the delays
  summarize(num_delay = n()) %>%              # count the observations
  filter(num_delay == max(num_delay)) %>%     # find most delayed
  select(carrier)                             # select the airline
```

注意：解决同一个问题通常有多种方法。前面的代码只是演示了一种可能的方法；作为替代，也可以在分组前先过滤出延迟的航班。重点是考虑如何根据数据操作的语法来解决问题（用手），然后将其转换为 dplyr！

不幸的是，这个问题的最终答案是一个缩写：UA。为了减小 flights 数据框的大小，每个航空公司的信息存储在一个称为“airlines”的单独数据框中。可以使用连接来组合感兴趣的两个数据框（答案和航空公司信息）。

```
# Get name of the most delayed carrier
most_delayed_name <- has_most_delays %>%  # start with the previous answer
  left_join(airlines, by = "carrier") %>% # join on airline ID
  select(name)                            # select the airline name

print(most_delayed_name$name) # access the value from the tibble
# [1] "United Air Lines Inc."
```

经过这一步后我们最终得到：绝对延误次数最多的航空公司是联合航空公司。但在过于强烈地批评该航空公司之前，可能应该先考虑一下延误航班的比例，这需要单独分析。

接下来可以评估第二个问题：

"平均来说，航班最早到达哪个机场？"

可以用类似的方法来回答这个问题。因为这个问题与航班多早到达有关，所以感兴趣的特征是 arr_delay（注意，负延迟表示航班提前到达）。首先按航班到达的目的机场（dest）对信息进行分组。然后，分组汇总得到各组到达延迟的平均值。

```
# Calculate the average arrival delay (`arr_delay`) for each destination
# (`dest`)
most_early <- flights %>%
  group_by(dest) %>% # group by destination
  summarize(delay = mean(arr_delay)) # compute mean delay
```

在执行分析时，每一步都检查自己的工作是个好主意，不要写长序列的操作并且希望获得正确的答案。这时输出 most_early 数据框的值，会发现它有很多 NA 值，如图 11-14 所示。

	dest	delay
1	ABQ	4.381890
2	ACK	NA
3	ALB	NA
4	ANC	-2.500000
5	ATL	NA
6	AUS	NA
7	AVL	NA
8	BDL	NA
9	BGR	NA

图 11-14 航班数据集中按目的地计算的平均延误。由于数据集中存在 NA 值，所以许多目的地的平均延迟计算为 NA。要从 mean() 函数中删除 NA 值，可设置 na.rm=TRUE

在对数据进行编程时，经常会出现这种意想不到的结果，解决这个问题的最好方法就是向后检查。仔细检查 arr_delay 列，可能会注意到一些记录具有 NA 值，这些记录的到达延迟不可用。因为不能对 NA 值进行 mean() 操作，所以决定从分析中排除这些值。可以在调用 mean() 函数时，将参数 na.rm 设为 TRUE（除去 NA 值）来完成此操作：

```
# Compute the average delay by destination airport, omitting NA results
most_early <- flights %>%
  group_by(dest) %>% # group by destination
  summarize(delay = mean(arr_delay, na.rm = TRUE)) # compute mean delay
```

删除 NA 值后将返回数值结果，然后可以继续执行算法：

```
# Identify the destination where flights, on average, arrive most early
most_early <- flights %>%
  group_by(dest) %>% # group by destination
  summarize(delay = mean(arr_delay, na.rm = TRUE)) %>% # compute mean delay
  filter(delay == min(delay, na.rm = TRUE)) %>% # filter for least delayed
  select(dest, delay) %>% # select the destination (and delay to store it)
  left_join(airports, by = c("dest" = "faa")) %>% # join on `airports` data
  select(dest, name, delay) # select output variables of interest
```

```
print(most_early)
# A tibble: 1 x 3
#  dest  name         delay
#  <chr> <chr>        <dbl>
#1 LEX   Blue Grass   -22
```

回答这个问题的步骤跟第一个问题的非常相似。前面的代码通过将 left_join() 操作包含在管道操作序列中，将步骤简化为单个语句。注意：flights 和 airports 数据框中，包含机场代码的列名不同，因此需要用 by 参数的命名向量值来指定匹配。

最后，我们了解到肯塔基州列克星敦的莱克斯蓝草（Lexington，Kentucky）机场是平均到达时间最早（提前 22 分钟）的机场。

最后一个问题：

"航班通常在哪个月延误最久？"

这类统计问题解决时都遵循类似的模式：按感兴趣的列（特征）对数据分组，分组汇总感兴趣的值，过滤出感兴趣的行，然后选择回答问题的列：

```
# Identify the month in which flights tend to have the longest delays
flights %>%
  group_by(month) %>% # group by selected feature
  summarize(delay = mean(arr_delay, na.rm = TRUE)) %>% # summarize delays
  filter(delay == max(delay)) %>% # filter for the record of interest
  select(month) %>% # select the column that answers the question
  print() # print the tibble out directly
# A tibble: 1 x 1
#   month
#   <int>
#1    7
```

如果能接受结果是 tibble 而不是向量形式，那么可以直接将结果通过管道发送给 print() 函数，以便在 R 控制台查看结果（答案是 July，七月）。也可以使用类似 ggplot2（参见第 16 章）的包，可视化地显示按月统计的延迟，如图 11-15 所示。

```
# Compute delay by month, adding month names for visual display
# Note, `month.name` is a variable built into R
delay_by_month <- flights %>%
  group_by(month) %>%
  summarize(delay = mean(arr_delay, na.rm = TRUE)) %>%
  select(delay) %>%
  mutate(month = month.name)

# Create a plot using the ggplot2 package (described in Chapter 17)
ggplot(data = delay_by_month) +
  geom_point(
    mapping = aes(x = delay, y = month),
    color = "blue",
    alpha = .4,
    size = 3
  ) +
  geom_vline(xintercept = 0, size = .25) +
  xlim(c(-20, 20)) +
  scale_y_discrete(limits = rev(month.name)) +
  labs(title = "Average Delay by Month", y = "", x = "Delay (minutes)")
```

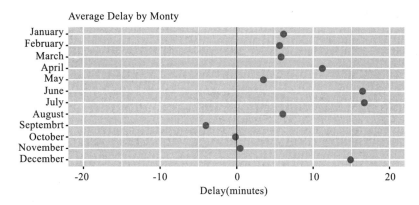

图 11-15 使用 flights 数据集计算的每月航班的平均到达延迟。该图使用 ggplot2（参见第 16 章）构建

总而言之，了解如何制定问题，将其转换为数据操作步骤（遵循数据操作的语法），然后将这些问题映射到 dplyr 函数，将使我们能够快速、有效地了解有关数据集的相关信息。有关使用 dplyr 包进行数据清理的实践练习，可参阅随书练习集[⊖]。

⊖ dplyr 练习：https://github.com/programming-for-data-science/chapter-11-exercises。

第 12 章
使用 tidyr 重塑数据

最常见的数据清理难题之一是如何精确的调整行和列来表示数据。构建或重构恰当结构的数据框是创建可视化、运行统计模型或实现机器学习算法中最困难的部分。

本章介绍如何使用 tidyr（"tidy-er"）包将数据有效地转换为适当的结构，以便进行分析和可视化。

12.1 什么是"整洁"数据

当将数据打包到数据框中进行分析时，需要决定该数据框的结构。需要确定每一行和每一列都代表什么，这样就可以一致地、清晰地操作数据（例如，知道将要选择什么以及将要过滤什么）。tidyr 包构建和使用数据框遵循三个整洁数据的原则（参见包文档[○]）：

1）每个变量都在一列中。

2）每次观测结果对应一行。

3）每个值对应一个单元格。

实际上，这些原则引出了第 9 章中描述的数据结构：行代表观测结果，列代表数据的特征。

但是，对数据集提出不同的问题可能涉及对"观测结果"的不同解释。例如，11.6 节描述了使用 nycflights13 包中的航班数据集，其中每个观测结果都代表一个航班。然而，分析比较航空公司、机场和月份时，每个问题使用了不同的分析单元，这意味着一个独立的数据结构（例如，每行应该表示什么）。虽然示例通过分组和连接不同的数据集在一定程度上改变了这些行的性质，但如果存在更具体的数据结构，其中每一行表示一个特定的分析单元（例如，航空公司或月份），可能使得整理和分析更加简单。

要在调查数据时使用"观测结果"的多个不同定义，需要为同一数据集创建多个表示形式（即数据框），每个表示形式都有自己的行和列的配置。

使用表 12-1 中所示的音乐会价格的数据集（编造的）来演示可能需要如何调整每个观察值所代表的内容。在这个表中，每个观察结果（行）代表一个城市，每个城市都有不同的列来表示不同乐队的票价。

如果想分析所有音乐会的门票价格。由于表 12-1 中的数据是按城市而不是按音乐会组织的，所以难以使用当前格式的数据进行分析！如果将所有价格都列在一个列中，作为表示

○ tidyr：https://tidyr.tidyverse.org。

单个音乐会（城市和乐队组合）的一行中的特征，如表 12-2 所示，分析起来会容易得多。

表 12-1　不同城市音乐会门票价格的"宽"数据集。每个观测结果（即分析单位）都是一个城市，每个特征（列）都是给定乐队的音乐会票价

city（城市）	greensky_bluegrass	trampled_by_turtles	billy_strings	fruition
Seattle	40	30	15	30
Portland	40	20	25	50
Denver	20	40	25	40
Minneapolis	30	100	15	20

表 12-2　将城市和乐队分列的音乐会门票价格的"长"数据集。每个观测结果（即分析单位）都是城市和乐队的组合，每个观测结果都有一个单一的特征（列），即票价

City（城市）	Band（乐队）	Price（价格）
Seattle	greensky_bluegrass	40
Portland	greensky_bluegrass	40
Denver	greensky_bluegrass	20
Minneapolis	greensky_bluegrass	30
Seattle	trampled_by_turtles	30
Portland	trampled_by_turtles	20
Denver	trampled_by_turtles	40
Minneapolis	trampled_by_turtles	100
Seattle	billy_strings	15
Portland	billy_strings	25
Denver	billy_strings	25
Minneapolis	billy_strings	15
Seattle	fruition	30
Portland	fruition	50
Denver	fruition	40
Minneapolis	fruition	20

　　表 12-1 和表 12-2 是同一组数据，都有 16 场不同音乐会的价格。但是，通过使用不同的结构来表示这些数据，它们可能会更好地支持不同的分析。这两个数据表被称为方向不同：表 12-1 中的价格数据通常被称为宽格式（因为它的数据广泛地分布在多个列中），而表 12-2 中的价格数据是长格式（因为它的数据存在一个长列中）。注意：长格式表中包含一些重复的数据（城市和乐队的名字是重复的），这也是为什么数据可能首先被存储为宽格式的原因之一！

12.2　从列到行：gather()

　　有时，可能希望更改数据的结构，即更改行和列的组织方式。tidyr 包提供了用于方向转换的简洁的函数。

　　例如，要从宽格式（表 12-1）转换为长格式（表 12-2），需要将所有价格收集到一列中。可以使用 gather() 函数来实现，该函数将跨多个列存储的数据值收集到一个新的列中（例如，表 12-2 中的"price"），另外还有一个新列，表示从哪个特征中收集值（例如，表 12-2 中的"band"）。实际上，它创建了两列，表示特征的键和值（key-value）的组合及其在原始数据框中的值。

```
# Reshape by gathering prices into a single feature
band_data_long <- gather(
  band_data_wide, # data frame to gather from
  key = band,     # name for new column listing the gathered features
  value = price,  # name for new column listing the gathered values
  -city           # columns to gather data from, as in dplyr's `select()`
)
```

　　gather() 函数有多个参数，第一个参数是要收集的数据框，然后是 key 参数来给出列的名称，该列将包含从中收集数值的列名，例如：新的 band 列中包含值："greensky_bluegrass"、"trampled_by_turtles"等。第三个参数是 value，由其指定包含收集值的列的名称，例如：price 列中包含价格数目。最后参数指定从哪些列来收集数据，所使用的语法与使用 dplyr 包的 select() 函数来选择这些列类似，在前面例子中 -city 代表从除了 city 之外的所有列收集数据。同样，作为最后一组参数提供的任何列的名称都将在 key 列中列出，值也将在 value 列中列出。该过程如图 12-1 所示。gather() 函数的语法很难直观表述和记住，可尝试跟踪表和图表中每个值的"移动"位置。

　　注意，一旦数据是长格式的，可以通过筛选该值来继续分析单个特征（例如，特定乐队）。例如，filter(band_data_long, band=="greensky_bluegrass"）将只筛选单个乐队的票价。

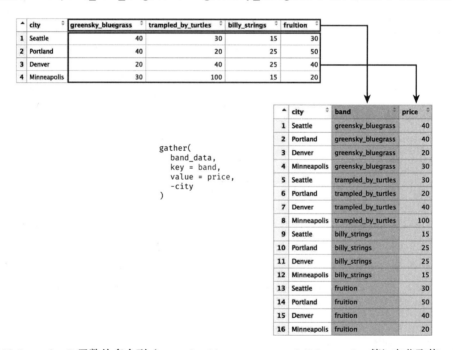

图 12-1　gather() 函数从多个列（greensky_bluegrass、trampled_by_turtles 等）中获取值，并将其收集到一个新的列（price）中。这样做的同时，它还创建了一个新的列（乐队），用于存储所收集的列的名称（即，在收集之前存储每个值的列名称）

12.3 从行到列：spread()

也可以将数据表从长格式转换为宽格式，也就是说，将价格分散到多个列中。gather() 函数可以将多个特征（列）收集到两列中，spread() 函数可以根据两个现有列创建多个特征（列）。例如，可以将表 12-2 中所示的长格式数据展开，以便每个观测结果都是一个乐队，如表 12-3 所示：

表 12-3 一组乐队音乐会门票价格的"宽"数据集。每个观测结果（即分析单位）都是一个乐队，每列都是给定城市的票价

band	Denver	Minneapolis	Portland	Seattle
billy_strings	25	15	25	15
fruition	40	20	50	30
greensky_bluegrass	20	30	40	40
trampled_by_turtles	40	100	20	30

```
# Reshape long data (Table 12.2), spreading prices out among multiple features
price_by_band <- spread(
  band_data_long, # data frame to spread from
  key = city,     # column indicating where to get new feature names
  value = price   # column indicating where to get new feature values
)
```

spread() 函数的参数与传递给 gather() 函数的参数类似，但以相反的方向应用这些参数。在 spread() 函数中，key 和 value 参数分别是获取列名和值的位置。函数的作用是：为所提供的 key 列中的每个唯一值创建一个新列，其中的值取自 value 列。在前面的示例中，新的列名称（例如"Denver""Minneapolis"）是从长格式表中的 city（城市）列中获取的，这些列的值是从 price（价格）列中获取的。该过程如图 12-2 所示。

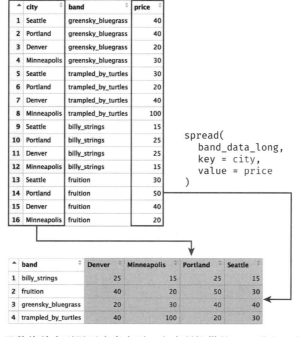

图 12-2 spread() 函数将单个列展开为多个列。它为所提供的 key 列（city）中的每个唯一值创建一个新列。使用 value 列（price）中的值填充每个新列

将 gather() 函数和 spread() 函数结合起来, 可以有效地更改数据的"形状"以及观测结果所代表的含意。

技巧: 在展开或收集数据之前, 通常需要将多个列合并为一个列, 或者将一个列展开为多个列。tidyr 函数 unite()[⊖]和 separate()[⊜]为这些常见的数据准备任务提供了特定的语法。

12.4 tidyr 实战: 探索教育统计

本节使用真实的数据集来演示如何使用 tidyr 重塑数据, 重塑数据是数据探索过程中不可或缺的部分。本例中的数据是从世界银行数据浏览器[3]中下载的, 它收集了数百个不同经济和社会发展因素的指标 (度量) 数据。本例考虑的是能反映一个国家教育水平 (或对教育投资) 的教育指标[4], 例如, 政府教育支出、识字率、学校入学率和数十个其他教育成就衡量指标。此数据集的缺陷 (.csv 文件顶部不必要的行、大量的遗失数据、带有特殊字符的长列名) 代表了使用真实数据集时所面临的挑战。本节的所有图形均使用第 16 章中介绍的 ggplot2 包构建。此分析的完整代码也可在线从本书的代码库中获得[5]。

下载数据后, 需要将其加载到 R 环境中:

```
# Load data, skipping the unnecessary first 4 rows
wb_data <- read.csv(
  "data/world_bank_data.csv",
  stringsAsFactors = F,
  skip = 4
)
```

第一次加载数据时, 每个观测结果 (行) 代表一个国家的指标 (indicator), 其特征 (列) 是该指标 (indicator) 在给定年份的值 (参见图 12-3)。注意, 许多值 (尤其是前几年的值) 都丢失了 (NA)。另外, 由于 R 不允许列名为数字, read.csv() 函数已经为每个列名 (在原始的 .csv 文件中只是一个数字) 预先加了一个 X 字符。

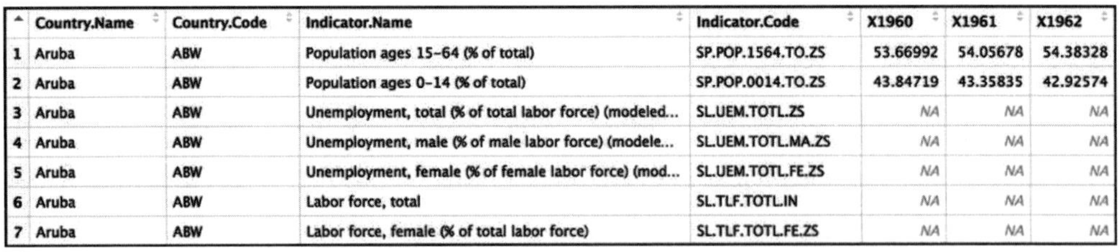

	Country.Name	Country.Code	Indicator.Name	Indicator.Code	X1960	X1961	X1962
1	Aruba	ABW	Population ages 15–64 (% of total)	SP.POP.1564.TO.ZS	53.66992	54.05678	54.38328
2	Aruba	ABW	Population ages 0–14 (% of total)	SP.POP.0014.TO.ZS	43.84719	43.35835	42.92574
3	Aruba	ABW	Unemployment, total (% of total labor force) (modeled...	SL.UEM.TOTL.ZS	NA	NA	NA
4	Aruba	ABW	Unemployment, male (% of male labor force) (modele...	SL.UEM.TOTL.MA.ZS	NA	NA	NA
5	Aruba	ABW	Unemployment, female (% of female labor force) (mod...	SL.UEM.TOTL.FE.ZS	NA	NA	NA
6	Aruba	ABW	Labor force, total	SL.TLF.TOTL.IN	NA	NA	NA
7	Aruba	ABW	Labor force, female (% of total labor force)	SL.TLF.TOTL.FE.ZS	NA	NA	NA

图 12-3 12.4 节中使用的未转换的世界银行教育数据

就指标 (indicator) 而言, 数据是长格式的, 而就指标 (indicator) 和年份而言, 数据是宽格式的——一列包含一年的所有值。此结构允许通过筛选感兴趣的指标来比较各年份的指标。例如, 可以将每个国家 1990 年的教育支出与 2014 年的教育支出进行如下比较:

⊖ https://tidyr.tidyverse.org/reference/unite.html。

⊜ https://tidyr.tidyverse.org/reference/separate.html。

⊜ 世界银行数据浏览器: https://data.worldbank.org。

㉃ 世界银行教育: http://datatopics.worldbank.org/education。

⑤ tidyr 实战: https://github.com/programming-for-data-science/in-action/tree/master/tidyr。

```
# Visually compare expenditures for 1990 and 2014

# Begin by filtering the rows for the indicator of interest
indicator <- "Government expenditure on education, total (% of GDP)"
expenditure_plot_data <- wb_data %>%
  filter(Indicator.Name == indicator)

# Plot the expenditure in 1990 against 2014 using the `ggplot2` package
# See Chapter 16 for details
expenditure_chart <- ggplot(data = expenditure_plot_data) +
  geom_text_repel(
    mapping = aes(x = X1990 / 100, y = X2014 / 100, label = Country.Code)
  ) +
scale_x_continuous(labels = percent) +
scale_y_continuous(labels = percent) +
labs(title = indicator, x = "Expenditure 1990", y = "Expenditure 2014")
```

图 12-4 表明，两个时间点的支出（相对于国内生产总值）之间具有相关性：1990 年支出较多的国家在 2014 年支出也较多（具体点，在 R 中使用 cor() 函数计算的相关性为 .64）。

但是，如果希望扩展分析，以直观地比较某个国家的支出随年份的变化情况，则需要重新调整数据。不希望每个观测结果都是一个国家的指标，而是希望每个观测结果都是一个国家一年的指标，从而在一列中包含所有年份的所有值，并使数据变成长（更长）格式。

为此，可以使用 gather() 函数将年（year）列集合在一起。

```
# Reshape the data to create a new column for the `year`
long_year_data <- wb_data %>%
  gather(
    key = year, # `year` will be the new key column
    value = value, # `value` will be the new value column
    X1960:X # all columns between `X1960` and `X` will be gathered
  )
```

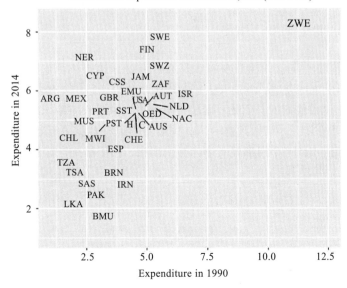

图 12-4　1990 年和 2014 年各国教育支出的比较

如图 12-5 所示，gather() 函数创建了一个年份（year）列，因此每个观测结果（行）代表一个特定国家在给定年份的指标值。每年的支出都存储在创建的"value"列中（巧合的是，该列被命名为"value"）。

	Country.Name	Country.Code	Indicator.Name	year	value
1	Aruba	ABW	Population ages 15–64 (% of total)	X1960	53.66992
2	Aruba	ABW	Population ages 0–14 (% of total)	X1960	43.84719
3	Aruba	ABW	Unemployment, total (% of total labor force) (modeled...	X1960	NA
4	Aruba	ABW	Unemployment, male (% of male labor force) (modele...	X1960	NA
5	Aruba	ABW	Unemployment, female (% of female labor force) (mod...	X1960	NA
6	Aruba	ABW	Labor force, total	X1960	NA
7	Aruba	ABW	Labor force, female (% of total labor force)	X1960	NA
8	Aruba	ABW	Government expenditure on education, total (% of GDP)	X1960	NA
9	Aruba	ABW	Government expenditure on education, total (% of gov...	X1960	NA
10	Aruba	ABW	Expenditure on tertiary education (% of government e...	X1960	NA
11	Aruba	ABW	Government expenditure per student, tertiary (% of G...	X1960	NA

图 12-5 重塑的教育数据（按年份的长格式）。使用这种结构可以更容易地为多年数据创建可视化效果

可以使用此结构比较指标值随时间（所有年份）的波动：

```
# Filter the rows for the indicator and country of interest
indicator <- "Government expenditure on education, total (% of GDP)"
spain_plot_data <- long_year_data %>%
  filter(
    Indicator.Name == indicator,
    Country.Code == "ESP" # Spain
  ) %>%
  mutate(year = as.numeric(substr(year, 2, 5))) # remove "X" before each year

# Show the educational expenditure over time
chart_title <- paste(indicator, " in Spain")
spain_chart <- ggplot(data = spain_plot_data) +
  geom_line(mapping = aes(x = year, y = value / 100)) +
  scale_y_continuous(labels = percent) +
  labs(title = chart_title, x = "Year", y = "Percent of GDP Expenditure")
```

所得图表如图 12-6 所示，利用现有数据显示西班牙政府教育支出随时间的波动情况。这使教育投资的历史更加完整，并引起人们对重大变化以及特定年份的数据缺失的关注。

如果还希望比较其他指标。例如，希望评估每个国家的识字率（第一个指标）和失业率（第二个指标）之间的关系。要做到这一点，需要重新调整数据的形状，使每个观测结果都是一个特定的国家，并且每个列都是一个指标。现在，由于所有指标位于一列中，因此需要使用 spread() 函数将其展开：

```
# Reshape the data to create columns for each indicator
wide_data <- long_year_data %>%
  select(-Indicator.Code) %>% # do not include the `Indicator.Code` column
  spread(
    key = Indicator.Name, # new column names are `Indicator.Name` values
    value = value # populate new columns with values from `value`
  )
```

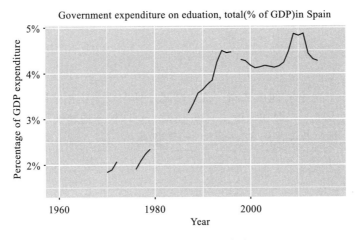

图 12-6 西班牙的长期教育支出

此宽格式数据形状允许在两个不同指标之间进行比较。例如，可以探讨女性失业率与女性识字率之间的关系，如图 12-7 所示。

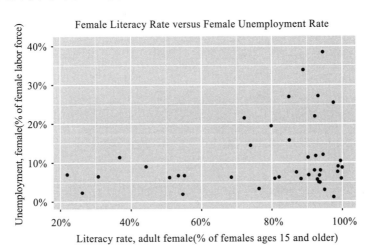

图 12-7 2014 年女性识字率与失业率

```
# Prepare data and filter for year of interest
x_var <- "Literacy rate, adult female (% of females ages 15 and above)"
y_var <- "Unemployment, female (% of female labor force) (modeled
  ILO estimate)"

lit_plot_data <- wide_data %>%
  mutate(
    lit_percent_2014 = wide_data[, x_var] / 100,
    employ_percent_2014 = wide_data[, y_var] / 100
  ) %>%
  filter(year == "X2014")

# Show the literacy vs. employment rates
lit_chart <- ggplot(data = lit_plot_data) +
  geom_point(mapping = aes(x = lit_percent_2014, y = employ_percent_2014)) +
  scale_x_continuous(labels = percent) +
  scale_y_continuous(labels = percent) +
```

```
labs(
  x = x_var,
  y = "Unemployment, female (% of female labor force)",
  title = "Female Literacy Rate versus Female Unemployment Rate"
)
```

在这项分析中，两个时间点之间、整个时间序列内以及指标之间的每次比较都需要对数据集进行不同的表示。掌握如何使用 tidyr 函数，可以快速地转换数据集形状，从而快速、有效地进行数据分析。有关使用 tidyr 软件包重塑数据的练习，可参阅随书练习集[一]。

⊖ tidyr 练习：https://github.com/programming-for-data-science/chapter-12-exercises。

第 13 章

访问数据库

本章介绍一种构造和组织复杂数据集的方法：关系数据库。先介绍关系数据库的用途和格式，然后介绍使用 R 语言与关系数据库交互的语法，最后介绍如何从数据库中整理、获取所需数据。

13.1 关系数据库概述

可以从 .csv 文件中存储和加载简单的数据集，并且很容易将其在计算机内存中表示为数据框。此结构适用于一组由特征组成的观测数据。但是，当数据集变得更复杂时，会遇到一些限制。

特别是，数据的结构可能不容易被表示为单个数据框。例如，假设需要尝试组织音乐播放列表的信息（例如，在 Spotify 之类的服务平台上）。如果播放列表是感兴趣的分析单元，则每个播放列表将是一个观测结果（行），并且将包含不同的特征（列）。如果对播放列表中的歌曲感兴趣，则意味着应该有歌曲列。然而，播放列表可能有很多不同的歌曲，可以进一步跟踪每首歌曲的信息（例如，艺术家、流派、歌曲的长度）。因此，不能轻易地将每首歌曲表示为简单的数据类型，如数字或字符串。此外，由于相同的歌曲可能重复出现在多个播放列表中，所以这样的数据集将包括许多重复信息（例如，歌曲的标题和艺术家）。

可以使用多个数据框（可能从多个 .csv 文件中加载）来解决这个问题，并将这些数据框连接在一起（参见第 11 章），以询问数据的问题。但是，该解决方案要求管理多个不同的 .csv 文件，并确定将它们有效地、一致地连接在一起的方法。组织、跟踪和更新多个 .csv 文件是困难的，所以许多大型数据集被存储在数据库中。换句话说，数据库是用于保存、组织和访问信息的专门应用程序（称为数据库管理系统），类似于 git 对代码版本的管理功能，但数据库管理的可能是多个 .csv 文件中的数据。因为许多组织将其数据存储在某种类型的数据库中，因此需要能够访问这些数据来进行分析。

此外，通过直接从数据库访问数据，可以处理因太大而无法同时放入计算机内存（RAM）的数据集。计算机将不需要同时保存对所有数据的引用，而是能够将数据操作（例如，选择和过滤数据）应用于存储在计算机硬盘上的数据。

13.1.1 什么是关系数据库

最常用的数据库类型是关系数据库。关系数据库将数据组织到在概念和结构上与数据框类似的表中。在表中，每一行（也称为记录）表示单个"项"或观测结果，而每一列（也称为字段）表示该项的单个数据属性。通过这种方式，数据库表反映了 R 中的数据框，某种程度上可以认为它们是等价的。但是，关系数据库可能由几十个（如果不是数百个甚至数千个）不同表组成，每个表表示数据的不同方面。例如，一个表可能存储数据库中有关音乐播放列表的信息，再一个表可能存储有关单个歌曲的信息，另一个表可能存储有关艺术家的信息，等等。

关系数据库的特别之处在于它们如何指定这些表之间的关系。特别是，表中的每个记录（行）都被赋予一个称为主键的字段（列）。主键是表中每一行的唯一值，因此可以通过主键来引用特定记录。即使有两首名称和艺术家都相同的歌曲，也仍然可以通过它们的主键来引用和区分它们。主键可以是任何唯一的标识符，但它们几乎总是数字，并且经常由数据库自动生成和分配。注意，数据库不能只使用"行号"作为主键，因为记录可能会被添加、删除或重新排序，这意味着记录并不总是位于同一索引中！

并且，一个表中的每条记录可能与另一个表中的一个记录相关联，例如，songs 表中的每条记录可能与 artists 表中的一个记录相关，指示哪个艺术家演唱了歌曲。由于 artists 表中的每个记录都有一个唯一的键，因此如果 songs 表的每一条记录中都包含与 artists 表的唯一键相对应的列，就可以建立关联（参见图 13-1）。这称为外键（因为它是"外来"的或来自其他表的键）。与使用 dplyr 的方式类似，使用外键可以将表连接在一起。可以将外键看作是为了 join() 函数的 by 参数定义一个匹配列的固定方法。

数据库可以使用有外键的表将数据组织成复杂的结构。实际上，数据库可能有一个表，其中只包含与其他表相连接的外键！例如，如果数据库需要表示数据，诸如使每个播放列表可以有多个歌曲，并且歌曲可以位于多个播放列表中（"多对多"关系），则可以引入一个新的"桥接表"（bridge table，例如，playlists_songs），其记录表示另外两个表之间的关联（参见图 13-2）。可以将此视为"关联其他表的表"。然后，数据库可以将三个表连接在一起，以访问特定播放列表的所有歌曲的信息。

图 13-1　一对数据库表的示例（顶部）。每个表都有一个主键：id。songs 表（右上角）还有一个用于将其与 artists（左上角）关联的外键：artist_id。底部的表说明了如何使用外键连接表

深度学习：数据库的设计、开发和使用实际上属于数据库自己的知识范畴。类似使数据库可靠和有效等更广泛的问题不在本书的讨论范围内。

13.1.2 建立关系数据库

要在自己的计算机上使用关系数据库（例如，用于试验或测试自己的分析），需要安装一个独立的软件来管理该数据库。此软件称为关系数据库管理系统（RDMS）。有几个流行的 RDMS 系统，尽管每一个都可能提供专门的附加功能，但每一个操作数据库中的表的语法（称为 SQL）都大致相同。这里介绍最流行的 RDMS。通过 R 处理数据库时，不需要安装任何的 RDMS，参见 13.3 节。但是，还是提供了简短的安装说明以供参考。

1）SQLite⊖是最简单的 SQL 数据库系统，因此在现实世界的"生产"系统中很少使用，最常用于测试和开发。SQLite 数据库的优点是高度独立：每个 SQLite 数据库都是一个具有 .sqlite 扩展名的文件，其格式允许 SQLite RDMS 访问和操作其数据。基本上可以将这些文件视为可容纳多个表的 .csv 文件的高级、高效版本！由于数据库存储在单个文件中，因此可以轻松地与他人共享数据库，甚至可以将数据库置于版本控制之下。

table: playlists

id	name
100	Awesome Mix
101	Sweet Tunes

table: songs

id	title
80	Bohemian Rhapsody
81	Don't Stop Me Now
82	Purple Rain
83	Starman

table: playlists_songs

playlist_id	songs_id
100	81
100	82
100	83
101	80
101	82

table: playlist JOIN playlists_songs ON playlist.id = playlist_id JOIN songs ON songs.id = songs_id

playlist_id	playlists.name	songs.id	songs.title
100	Awesome Mix	81	Don't Stop Me Now
100	Awesome Mix	82	Purple Rain
100	Awesome Mix	83	Starman
101	Sweet Tunes	80	Bohemian Rhapsody
101	Sweet Tunes	82	Purple Rain

图 13-2 用于将多个播放列表与多首歌曲相关联的"桥接表"（右上角）示例。底部表说明了如何将这三个表连接起来

可以下载并安装命令行应用程序⊖来操作 SQLite 数据库。也可以使用像 SQLite 的 DB 浏览器⊜这样的应用程序，其提供了与数据交互的图形界面。这对于测试和验证 SQL 和 R 代码特别有用。

2）PostgreSQL®（通常缩写为"Postgres"）是一个免费的开源 RDMS，提供了比 SQLite 更健壮的系统和一组特征（例如，用于加速数据访问和确保数据完整性）和函数。它经常被用于实际生产系统中，如果需要"完整的数据库"，那么推荐使用它。与 SQLite 不同的是，Postgres 数据库并不是易于共享的单个文件，但是有一些导出数据库的方法。

可以从其网站⑧下载并安装 Postgres RDMS，按照安装向导中的说明设置数据库系统。这个应用程序将在计算机上安装管理器，并提供一个图形化的应用程序（pgAdmin）来管理数据库。如果将其添加到 PATH 中，还可以使用它提供的 psql 命令行应用程序，或者，使

⊖ SQLite：https://www.sqlite.org/index.html。
⊖ SQLite 下载页面：https://www.sqlite.org/download.html；查找你的系统对应的预编译二进制文件。
⊜ SQLite 的 DB 浏览器：http://sqlitebrowser.org。
⑧ PostgreSQL：https://www.postgresql.org。
⑤ PostgreSQL 下载页面：https://www.postgresql.org/download。

用 SQL Shell 应用程序直接打开命令行界面。

3）MySQL[⊖]是一个免费（但不开源）的 RDMS，提供了与 Postgres 类似的功能和结构。MySQL 比 Postgres 更受欢迎，所以它应用得更广，但是安装和设置起来却有些困难。

如果希望设置和使用 MySQL 数据库，建议从 MySQL 网站下载并安装 Community Server Edition。注意，不需要注册账户，单击较小的"不，谢谢，开始我的下载"链接，即可下载。

如果刚开始尝试数据库操作，建议使用 SQLite，因为它的设置比较简单，如果需要功能更全面的，则建议使用 Postgres。

13.2 体验 SQL

13.1.2 节中描述的所有 RDMS 的名称中都有"SQL"的原因是，它们都使用相同的 SQL 语法来操作存储在数据库中的数据。SQL（结构化查询语言）是一种用于查询（访问）数据库的结构化编程语言，专门用于管理关系数据库中的数据。SQL 提供了一组相对较小的命令（称为语句）集，每个命令都用于与数据库交互（类似于 dplyr 使用的数据操作语法中描述的操作）。

本节介绍最基本的 SQL 语句：用于访问数据的 SELECT 语句。注意，完全可以不使用 SQL 而通过 R 访问和操作数据库，可参阅 13.3 节。但是，这对了解 R 操作的底层命令通常很有用。此外，如果最终需要与其他人讨论数据库操作，SQL 将提供一些共同的基础。

警告：大多数 RDMS 都支持 SQL，尽管系统的 SQL"风格"通常稍有不同。例如，数据类型的命名可能不同，或者不同的 RDMS 可能支持某些特有的功能或特性。

技巧：为了更全面地介绍 SQL，w3schools[⊖]为新手提供了一个非常友好的关于 SQL 语法和用法的教程。还可以在 Forta，Sams Teach Yourself SQL in 10 Minutes，第 4 版（Sams，2013）和 van der Lans，Introduction to SQL，第 4 版（Addison-Wesley，2007）中找到更多相关信息。

最常用的 SQL 语句是 SELECT 语句。SELECT 语句是一个查询语句，用于访问和提取数据库中的数据（不修改该数据）。它与 dplyr 中的 select() 函数执行相同的工作。SELECT 语句最简单的使用格式如下：

```
/* A generic SELECT query statement for accessing data */
SELECT column FROM table
```

（SQL 中，注释单独占一行并且用 /**/ 括起来。）

上述查询将返回指定表中指定列的数据（SQL 中像 SELECT 这样的关键字通常所有字母都用大写，尽管它们不区分大小写，而列名和表名通常用小写）。例如，下面的语句将从 songs 表的 title 列返回所有数据（如图 13-3 所示）：

```
/* Access the `title` column from the `songs` table */
SELECT title FROM songs
```

这相当于使用 dplyr 的 select(songs, title)。可以通过用逗号（,）分隔列名称来选择多个列。例如，要从 songs 表中同时选择 id 和 title 列，可以使用以下查询：

⊖ MySQL：https://www.mysql.com。

⊖ https://www.w3schools.com/sql/default.asp。

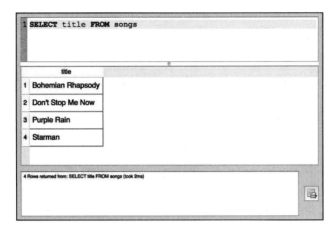

图 13-3 在 SQLite 浏览器中显示的 SELECT 语句及其结果

```
/* Access the `id` and `title` columns from the `songs` table */
SELECT id, title FROM songs
```

如果要选择所有列，可以使用特殊的 * 符号表示"所有内容"，这与在命令行中使用的通配符相同！以下查询将返回 songs 表中的所有列：

```
/* Access all columns from the `songs` table */
SELECT * FROM songs
```

当想从数据库加载整个表时，使用 * 通配符来选择数据是常见的做法。

还可以选择使用 AS 关键字为结果列指定一个新名称（类似于 mutate 操作）。此关键字紧跟在要另命名的列名称之后，后跟新的列名称。它实际上并不改变表，只改变查询结果"子表"的列标签。

```
/* Access the `id` column (calling it `song_id`) from the `songs` table */
SELECT id AS song_id FROM songs
```

SELECT 语句可以执行筛选数据操作。要执行筛选操作，请在 SELECT 语句的末尾添加一个 WHERE 子句。WHERE 关键字后跟条件（类似于 dplyr 使用的布尔表达式）。例如，要从 songs 表中选择 artist_id 值为 11 的 title 列，可以使用以下查询，如图 13-4 所示：

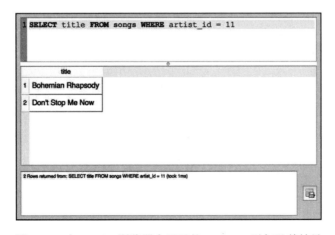

图 13-4 在 SQLite 浏览器中显示的 WHERE 子句及其结果

```
/* Access the `title` column from the `songs` table if `artist_id` is 11 */
SELECT title FROM songs WHERE artist_id = 11
```

这相当于以下 dplyr 语句：

```
# Filter for the rows with a particular `artist_id`, and then select
# the `title` column
filter(songs, artist_id == 11)  %>%
  select(title)
```

筛选条件应用于整个表，而不仅仅是所选列。在 SQL 中，筛选发生在所选内容之前。

注意，WHERE 条件使用 = 而不是 == 作为"等于"运算符。还可以使用其他关系运算符（例如，>，<=）以及一些特殊关键字如 LIKE，这些关键字将检查列值是否包含在字符串中。（SQL 中的字符串值必须用引号界定，最常用的是使用单引号。）

可以使用布尔运算符（AND，OR 和 NOT）来组合多个 WHERE 条件。

```
/* Access all columns from `songs` where EITHER condition applies */
SELECT * FROM songs WHERE artist_id = 12 OR title = 'Starman'
```

SQL 查询中，用 SELECT 语句从表中选择行时，WHERE 条件子句是最常见的形式，但也可以包括其他关键字子句来执行进一步的数据操作。例如，可以包括一个 ORDER_BY 子句来执行排序操作（通过指定的列），或者一个 GROUP_BY 子句来执行聚合（通常与 SQL 特定的聚合函数（如 MAX() 或 MIN()）一起使用）。有关 SELECT 查询时可用的诸多选项的详细信息，可参阅数据库系统的官方文档（例如，Postgres⊖）。

到目前为止，介绍的 SELECT 语句只访问了单个表中的数据。但是，使用数据库的目的是能够跨多个表存储和查询数据。要做到这一点，需要使用类似于 dplyr 中的连接操作。在 SQL 中通过包含 JOIN 子句来指定连接，其格式如下：

```
/* A generic JOIN between two tables */
SELECT columns FROM table1 JOIN table2
```

与 dplyr 一样，如果 SQL 连接在同一列中具有相同的值，那么在默认情况下将"匹配"这些列。但是，数据库表中通常没有相同的列名，或者共享的列名没有存储相同意义的值。例如，artists 中的 id 列用于存储艺术家编号，而 songs 中的 id 列用于存储歌曲编号。因此，几乎总是需要包含一个 ON 子句来指定执行连接时应该匹配哪些列（用 = 运算符连接列名称）：

```
/* Access artists, song titles, and ID values from two JOINed tables */
SELECT artists.id, artists.name, songs.id, songs.title FROM artists
    JOIN songs ON songs.artist_id = artists.id
```

图 13-5 中，通过匹配外键（artist_id），查询语句从表 artists 和 songs 中选择编号、名称和标题。JOIN 子句独占一行，以提高可读性。要区分不同表中相同名称的列，可以先指定表名，然后是点（.），再指定列名。（点在英语中可以当作"撇 s"，因此 artists.id 代表"artists table's id"）

可以使用 AND 子句将多个条件组合在一起，就像使用多个 WHERE 条件一样。

⊖ PostgreSQL: SELECT：https://www.postgresql.org/docs/current/static/sql-select.html。

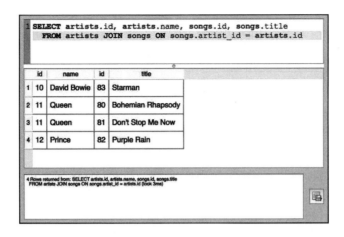

图 13-5　在 SQLite 浏览器中显示的 JOIN 子句及其结果

与 dplyr 一样，SQL 支持四种连接（参见第 11 章）。默认情况下，JOIN 语句将执行内连接，这意味着只返回两个表中匹配成功的行，即连接后的表中将没有不匹配的行）。还可以使用关键字 INNER JOIN 来显式地实现这一点。也可以指定要执行左连接（LEFT JOIN）、右连接（RIGHT JOIN）或外连接（OUTER JOIN）（即完全连接）。例如，要执行左连接，可使用如下查询：

```
/* Access artists and song titles, including artists without any songs */
SELECT artists.id, artists.name, songs.id, songs.title FROM artists
    LEFT JOIN songs ON songs.artist_id = artists.id
```

注意，上述语句的编写方式与以前相同，只是用了一个额外的词来表明连接的类型。

与 dplyr 一样，需要仔细考虑必须包含哪些观测结果（行），以及生成的表中不能缺少哪些特性（列），来决定要使用的连接类型。最常见的是使用内连接，所以内连接是默认连接！

13.3　从 R 访问数据库

SQL 允许从数据库查询数据，但是，必须通过 RDMS（提供能够理解语法的解释器）来执行这些命令。幸运的是，可以使用 R 包来直接连接和查询数据库，这允许我们使用相同的、熟悉的 R 语法和数据结构（即数据框）来处理数据库。通过 R 访问数据库的最简单方法是使用 dbplyr[一]包，该包是 tidyverse 集合的一部分。dbplyr 包允许使用 dplyr 函数查询关系数据库，从而避免使用外部应用程序！

深入学习：RStudio 还提供了通过 IDE 连接到数据库的界面和文档，可参见 Databases Using R 门户网站[二]。

因为 dbplyr 是另一个外部包（类似 dplyr 和 tidyr），所以在使用前需要先安装它。但是，由于 dbplyr 实际上是 dplyr 的"后端"（它提供了 dplyr 处理数据库的后台代码），而实际需要使用的是 dplyr 中的函数，因此加载 dplyr 包即可。还需要加载 DBI 包，该包与 dbplyr 一起安装，它允许我们连接到数据库。

[一]　dbplyr 库页面：https://github.com/tidyverse/dbplyr。

[二]　https://db.rstudio.com。

```
install.packages("dbplyr") # once per machine
library("DBI")             # in each relevant script
library("dplyr")           # need dplyr to use its functions on the database!
```

还需要根据要访问的数据库类型安装一个附加包。这些包提供了跨多个数据库格式的公共接口（函数集），并允许使用相同的 R 函数访问 SQLite 数据库和 Postgres 数据库。

```
# To access an SQLite database
install.packages("RSQLite") # once per machine
library("RSQLite")          # in each relevant script

# To access a Postgres database
install.packages("RPostgreSQL") # once per machine
library("RPostgreSQL")          # in each relevant script
```

注意，数据库是通过 RDMS 管理和访问的，RDMS 是独立于 R 解释器的程序。因此，需要"连接"到外部 RDMS 程序，并使用 R 通过它发出语句，才能通过 R 访问数据库。可以使用 DBI 包提供的 dbConnect() 函数连接到外部数据库：

```
# Create a "connection" to the RDMS
db_connection <- dbConnect(SQLite(), dbname = "path/to/database.sqlite")

# When finished using the database, be sure to disconnect as well!
dbDisconnect(db_connection)
```

dbConnect() 函数将相关数据库连接包（例如 RSQLite）提供的"连接"接口作为第一个参数。其余参数指定数据库的位置并且取决于它是哪种类型的数据库以及数据库在哪里。例如，使用 dbname 参数指定本地 SQLite 数据库文件的路径，而使用 host、user 和 password 指定连接到远程计算机上的数据库。

> **警告**：不要将数据库密码直接包含在 R 脚本中，以防止其他人轻松地窃取它！相反，dbplyr 建议通过 RStudio 使用 rstudioapi 包中的 askForPassword()[○]函数提示用户输入密码（将弹出一个窗口，供用户键入密码）。具体示例可参见 dbplyr 简介[○]。

在连接到数据库之后，可以使用 dbListTables() 函数获取包含所有表名的向量。这对检查是否已连接到数据库以及查看哪些数据可用很有帮助！

因为所有的 SQL 查询都是访问特定表中的数据，因此需要先为该表创建变量形式的引用。可以使用 dplyr（不是 dbplyr！）提供的 tbl() 函数。此函数的参数包括与数据库的连接以及要引用的表的名称。例如，要查询如图 13-1 所示的 songs 表，可以使用下列命令：

```
# Create a reference to the "songs" table in the database
songs_table <- tbl(db_connection, "songs")
```

如果打印这个变量，会注意到它看起来更像一个普通的数据框（尤其是 tibble），除非变量引用了一个远程数据源（因为表在数据库中，而不是在 R 中！），参见图 13-6。

一旦引用了表，就可以使用第 11 章中讨论的 dplyr 函数（例如，select()、filter()）。只需使用表代替数据框进行操作！

○ https://www.rdocumentation.org/packages/rstudioapi/versions/0.7/topics/askForPassword。

○ https://cran.r-project.org/web/packages/dbplyr/vignettes/dbplyr.html。

```
# Construct a query from the `songs_table` for songs by Queen (artist ID 11)
queen_songs_query <- songs_table %>%
  filter(artist_id == 11) %>%
  select(title)
```

dbplyr 包将自动将 dplyr 函数转换为等效的 SQL 语句，而无须编写任何 SQL！使用 show_query() 函数生成的 SQL 语句如下：

```
# Display the SQL syntax stored in the query `queen_songs_query`
show_query(queen_songs_query)
  # <SQL>
  # SELECT `title`
  # FROM `songs`
  # WHERE (`artist_id` = 11.0)
```

重要的是，在表上使用 dplyr 方法不会返回数据框（甚至是 tibble）。事实上，它只显示所请求数据的小预览！实际上，与访问数据框中的数据相比，从数据库中查询数据的速度相对较慢，特别是当数据库位于远程计算机上时。所以 dbplyr 使用惰性求值（lazy evaluation），只有在被明确告知需要查询时，才对数据库执行查询操作。打印 queen_songs_query 时显示的内容只是数据的一个子集；如果返回行的数量很大，结果将不包括所有返回行！RStudio 很微妙地指出，图 13-6 中显示的数据只是对所请求内容的预览，songs_table 的尺寸是未知的（即 table<songs> [?? X 3]）。在设计和测试数据操作语句（例如，编写 select() 和 filter() 调用）时，惰性求值可以防止意外地进行大量的查询和下载大量数据。

```
> print(songs_table)
# Source:    table<songs> [?? x 3]
# Database: sqlite 3.22.0 [/Users/mikefree/Documents/music_db.sqlite]
     id title             artist_id
  <int> <chr>                 <int>
1    80 Bohemian Rhapsody        11
2    81 Don't Stop Me Now        11
3    82 Purple Rain              12
4    83 Starman                  10
>
```

图 13-6 在 RStudio 中输出的 tbl 数据库。只是由数据库返回数据的预览

可使用 collect() 函数实际查询数据库并将结果作为可以操作的 R 值加载到内存中。通常可以将 collect() 函数的调用添加为 dplyr 调用管道中的最后一步。

```
# Execute the `queen_songs_query` request, returning the *actual data*
# from the database
queen_songs_data <- collect(queen_songs_query) # returns a tibble
```

这个 tibble 与前面章节中描述的完全相同，可以使用 as.data.frame() 将其转换为数据框。因此，只要通过 R 从数据库中查询数据，就需要执行以下步骤：

```
# 1. Create a connection to an RDMS, such as a SQLite database
db_connection <- dbConnect(SQLite(), dbname = "path/to/database.sqlite")

# 2. Access a specific table within your database
some_table <- tbl(db_connection, "TABLE_NAME")

# 3. Construct a query of the table using `dplyr` syntax
db_query <- some_table %>%
  filter(some_column == some_value)
```

```
# 4. Execute your query to return data from the database
results <- collect(db_query)

# 5. Disconnect from the database when you're finished
dbDisconnect(db_connection)
```

然后，就可以使用 R 访问和查询数据库了！现在，可以编写 R 代码，对本地数据框或
远程数据库使用相同的 dplyr 函数，进而测试并扩展数据分析。

技巧：更多有关 dbplyr 的信息，可参见其简介[⊖]，或使用随书练习集[⊖]练习使用数
据库。

⊖ https://cran.r-project.org/web/packages/dbplyr/vignettes/dbplyr.html。
⊖ 数据库练习：https://github.com/programming-for-data-science/chapter-13-exercises。

第 14 章

访问 Web API

前几章介绍了如何从本地 .csv 文件以及本地数据库访问数据。虽然在分析中使用本地数据很常见，但更复杂的共享数据系统经常利用 Web 服务进行数据访问。数据不是存储在每个分析员的计算机上，而是存储在远程服务器上（即互联网上某处的中央计算机上），并且访问方式与访问 Web 上信息的方式（通过 URL）类似。这允许脚本在分析可能快速变化的数据（如社交媒体数据）时始终使用最新的可用数据。

本章将介绍如何使用 R 以编程的方式与 Web 服务存储的数据进行交互。利用 R 脚本，可以读取、写入和删除 Web 服务存储的数据（尽管本书重点介绍读取数据的方法）。R 脚本等计算机程序通过 Web 服务提供的应用程序编程接口（API）访问数据。Web 服务的 API 可以指定在何处以及如何访问特定数据，并且许多 Web 服务遵循名为表述性状态传递（REST）的特定样式⊖。本章介绍如何通过 RESTful API 访问和使用数据。

14.1　什么是 Web API

接口是两个不同的系统相连、通信以及交换信息和指令的点。因此，应用程序编程接口（API）表示通过编写计算机程序（一组机器可以理解的正式指令）与计算机应用程序通信的方式。API 通常采用函数的形式，通过调用函数来向程序发出指令。例如，包（如 dplyr）提供的一组函数构成了该包的 API。

有些 API 提供了一个利用某些功能的接口，而其他 API 提供了一个访问数据的接口。这些数据 API 最常见的来源之一是 Web 服务，即为访问其数据提供接口的网站。

接口（可以调用以访问数据的"函数集"）采用 HTTP 请求（即遵循超文本传输协议发送数据的请求）的形式使用 Web 服务。这与浏览器查看网页时使用的协议（通信方式）相同！HTTP 请求代表计算机向 Web 服务器（Internet 上的另一台"服务"或提供信息的计算机）发送消息请求。Web 服务器接收到请求后，将决定用哪些数据响应计算机的请求。在 Web 浏览器中，响应数据采用 HTML 文件的形式，浏览器可以将其渲染为网页。使用数据 API 将得到结构化的数据，可以将其转换为 R 数据类型：如列表或数据框。

简而言之，从 Web API 加载数据涉及向服务器发送针对特定数据块的 HTTP 请求，然后接收和解析对该请求的响应。

⊖　Fielding, R. T. (2000). 体系结构风格和基于网络的软件体系结构的设计。加州大学欧文分校博士论文。https://www.ics.uci.edu/~fielding/pubs/dissertation/rest_arch_style.htm。注意这是原始说明并且非常技术性。

学习如何使用 Web API 将极大地扩展可能用于分析的可用数据集。拥有大量数据的公司和服务（如 Twitter[一]，iTunes[二]，或 Reddit[三]）允许通过 API 公开访问它们的（部分）数据。本章将使用 GitHub API[四]演示如何使用存储在 Web 服务中的数据。

14.2 RESTful 请求

发送至 Web API 的请求包括两个部分：希望访问的资源（数据）的名称以及指示如何处理该资源的动词。在某种程度上，动词是要在 API 上调用的函数，而资源是该函数的参数。

14.2.1 URI（统一资源标识符）

使用统一资源标识符（URI）[五]指定要访问的资源。URI 是 URL(统一资源定位器) 的泛化，通常将 URL 视为 "Web 地址"。URI 的作用与在大型组织（如大学）内发送的邮政信件上的地址非常相似：指明收件人、部门和办公地址，从会计部门的 Alice 与从销售部门的 Sally 处将得到不同的答复（和不同的数据）。

与邮政信件的地址一样，为了将请求定向到正确的资源，URI 有一种非常具体的格式要求，如图 14-1 所示。

图 14-1   URI 的格式示例

不是所有的 URI 部分都是必需的。例如，不一定需要端口、查询或片段。URI 的重要部分包括：

1）策略（协议）：计算机用于与 API 通信的 "语言"。对于 Web 服务，通常是 https（安全 HTTP）。

2）域：提供信息的 Web 服务器的地址。

3）路径：要访问的 Web 服务器上的资源标识符。如果试图访问特定文件，则可能是具有扩展名的文件名，但对于 Web 服务，它通常看起来像文件夹路径！

4）查询：附加参数，包含要访问的资源的详细信息。

域和路径通常用于指定感兴趣的资源的位置。例如，www.domain.com/users 可能是为所有用户提供信息的资源标识符。Web 服务也可以有 "子资源"，可以通过向路径添加额外的部分来访问这些资源。例如，www.domain.com/users/layla 可以访问感兴趣的具体资源（"layla"）。

Web API 中 URI 通常分成三部分，如图 14-2 所示。

图 14-2   一个 Web API 请求 URI 的剖析

[一] Twitter API：https://developer.twitter.com/en/docs。

[二] iTunes 搜索 API：https://affliate.itunes.apple.com/resources/documentation/itunes-store-web-service-search-api/。

[三] Reddit API：https://www.reddit.com/dev/api/。

[四] GitHub API：https://developer.github.com/v3/。

[五] 统一资源标识符（URI）通用语法（官方技术说明）：https://tools.ietf.org/html/rfc3986。

1）基础 URI 是访问所有资源时都需要包含的域，它充当任何特定端点（endpoint）的"根"。例如，GitHub API 的基础 URI 为 https://api.github.com。所有基于 GitHub API 的请求都需具有该基础 URI。

2）端点是保存要访问的特定信息的位置。每个 API 都有许多不同的端点，可以在这些端点上访问特定的数据资源。例如，GitHub API 有 /users 和 /orgs 两个不同的端点，以便可以分别访问有关用户或组织的数据。

注意，许多端点支持访问多个子资源。例如，可以在端点 /users/:username 处访问有关特定用户的信息。冒号 : 表示子资源名称是一个变量，可以用所需的任何字符串替换端点的那部分。因此，如果对 GitHub 用户 nbremer⊖感兴趣，可以访问 /users/nbremer 端点。

子资源下可以有更多的子资源（可能有也可能没有变量名）。端点 /orgs/:org/repos 是指属于某个组织的仓库列表。端点中的变量名也可以写在花括号内，/orgs/{org}/repos。冒号和大括号都不是编程语言的语法而是用于交流如何指定端点的常见约定。

3）查询参数可以指定希望从端点获得哪些确切信息，或希望如何组织端点的其他信息（有关详细信息，请参阅 14.2.1.1 节）。

注意：访问 Web API 的最大挑战之一是了解 Web 服务提供的资源（数据）以及哪些端点（URI）可以请求这些资源。仔细阅读 Web 服务的文档，常见的服务通常包括 URI 示例和从中返回的数据。

通过在基础 URI 后附加端点和任何查询参数来构造查询。例如，可以将基础 URI（https://api.github.com）和端点（/users/nbremer）组合成一个字符串（https://api.github.com/users/nbremer）来访问 GitHub。向该 URI 发送请求将返回有关用户的数据，可以从 R 程序发送该请求，或者在 Web 浏览器中访问该 URI，如图 14-3 所示。简而言之，可以通过向特定的端点发送请求来访问特定的数据资源。

实际上，向 Web API 发出请求的最简单方法之一是使用 Web 浏览器导航到 URI。在浏览器中查看信息是一种探索结果数据的好方法，并能确保正在从正确的 URI 请求信息（即，URI 中没有打字错误）。

技巧：当在 Web 浏览器中查看时，从 Web API 返回的数据的 JSON 格式（参见 14.4 节）可能非常混乱。安装一个浏览器扩展程序（如 JSONView⊖）能够以更易读的方式格式化数据。图 14-3 显示了用 JSONView 格式化的数据。

14.2.1.1 查询参数

Web URI 可以有选择地包含查询参数，这些参数可用于请求更具体的数据子集。可以将它们看作是为请求函数提供的附加可选参数，例如，要搜索的关键字或排序结果的条件。

查询参数以键-值对（类似于在列表中命名项）的方式出现在 URI 末尾的问号（?）后。首先列出键（参数名），然后是等号（=），最后是值（参数值），它们之间没有空格。可以在

⊖ Nadieh Bremer，自由数据可视化设计者：https://www.visualcinnamon.com。
⊖ https://chrome.google.com/webstore/detail/jsonview/chklaanhfefbnpoihckbnefhakgolnmc。

多个键 – 值对之间放置一个与号（&）来包含多个查询参数。当使用诸如谷歌或雅虎这样的搜索引擎时，查看 Web 浏览器中的 URL 栏可以看到这种语法的一个示例，如图 14-4 所示。搜索引擎产生具有大量查询参数的 URL，但并非所有的参数都是显而易见或可理解的。

```
← → C ⌂  🔒 Secure | https://api.github.com/users/nbremer
{
    login: "nbremer",
    id: 5062746,
    node_id: "MDQ6VXNlcjUwNjI3NDY=",
    avatar_url: "https://avatars2.githubusercontent.com/u/5062746?v=4",
    gravatar_id: "",
    url: "https://api.github.com/users/nbremer",
    html_url: "https://github.com/nbremer",
    followers_url: "https://api.github.com/users/nbremer/followers",
    following_url: "https://api.github.com/users/nbremer/following{/other_user}",
    gists_url: "https://api.github.com/users/nbremer/gists{/gist_id}",
    starred_url: "https://api.github.com/users/nbremer/starred{/owner}{/repo}",
    subscriptions_url: "https://api.github.com/users/nbremer/subscriptions",
    organizations_url: "https://api.github.com/users/nbremer/orgs",
    repos_url: "https://api.github.com/users/nbremer/repos",
    events_url: "https://api.github.com/users/nbremer/events{/privacy}",
    received_events_url: "https://api.github.com/users/nbremer/received_events",
    type: "User",
    site_admin: false,
    name: "Nadieh Bremer",
    company: "Visual Cinnamon",
    blog: "http://www.visualcinnamon.com",
    location: "Amsterdam",
    email: null,
    hireable: null,
    bio: "Freelancing Data Visualization Designer & Artist",
    public_repos: 39,
    public_gists: 99,
    followers: 491,
    following: 0,
    created_at: "2013-07-22T07:06:53Z",
    updated_at: "2018-05-19T08:55:50Z"
}
```

图 14-3　Web 浏览器中显示的由 URI：https://api.github.com/users/nbremer 返回的 GitHub API 响应

注意，所使用的确切的查询参数名称因 Web 服务而异。谷歌使用 q 参数（可能是代表"query 查询"），而雅虎使用 p 参数来存储搜索词。

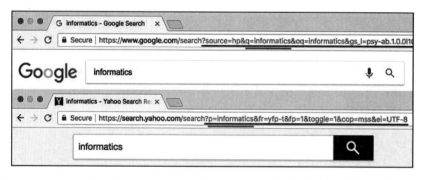

图 14-4　谷歌（顶部）和雅虎（底部）的搜索引擎 URL，带有查询参数（长下划线）。每个 Web 服务的搜索词参数用短下划线标出

与函数的参数类似，有些查询参数对 API 端点来说可能是必需的（例如，必须提供搜索词），有的可能是可选的（例如，可以提供排序）。例如，GitHub API 有一个 /search/repositories 的端点，允许用户搜索特定的仓库：必须为查询提供一个 q 参数，并且可以选择如何排序结果。

```
# A GitHub API URI with query parameters: search term `q` and sort
# order `sort`
https://api.github.com/search/repositories?q=dplyr&sort=forks
```

此请求的结果如图 14-5 所示。

图 14-5　Web 浏览器中显示的由 URI：https://api.github.com/search/repositories?q=dplyr&sort=
forks 返回的 GitHub API 响应子集

警告： 许多特殊字符（例如标点符号，包括空格！）不能包含在 URL 中。浏览器和许多 HTTP 请求包自动将这些特殊字符编码为可用格式（例如，将空格转换为 %20），但有时可能需要自己进行转换。

14.2.1.2　访问令牌和 API 密钥

许多 Web 服务都要求注册后才能发送请求。这允许 Web 服务限制对数据的访问，并跟踪是谁在请求哪些数据（这样，如果有人开始发送垃圾邮件，该用户就会被阻止）。

为了便于跟踪，许多服务为用户提供访问令牌（也称为 API 密钥）。这些独特的字母和数字字符串可以识别特定的开发人员（就像一个只为个人工作的秘密密码）。此外，API 密钥还可以根据具体用户提供对信息的额外访问。例如，当获得 GitHub API 的访问密钥时，该密钥将提供对仓库的额外访问和控制，从而能够请求有关私有仓库的信息，甚至可以通过 API 以编程的方式与 GitHub 进行交互（例如，可以删除一个仓库⊖，所以一定要小心！）。

Web 服务将要求在请求中（通常以查询参数的方式）包含访问令牌，参数的确切名称可能有所不同，但通常类似 access_token 或 api_key。在浏览 Web 服务时，需注意它是否需要这样的令牌。

⊖　GitHub API，删除一个仓库：https://developer.github.com/v3/repos/#delete-a-repository。

警告：在解释所需的 API 密钥时，请注意使用名为 OAuth 的身份验证服务的 API。OAuth 是一个执行身份验证的系统，也就是说，让某人证明他们是自己所声称的人。OAuth 通常用于允许某人从应用程序登录到一个网站（就像用谷歌登录按钮所做的那样）。OAuth 系统需要多个访问密钥，并且这些密钥必须保密。此外，它们通常要求运行 Web 服务器以便正确地使用它们（这需要大量的额外设置，详见完整的 httr 文档[⊖]）。在 R 中可以这样做，但可能希望在学习如何使用 API 时避免这一挑战。

访问令牌与密码非常相似，需要保密，而不是与他人共享。这意味着不应该将它们包含在提交给 git 并推送到 GitHub 的任何文件中。R 中确保访问令牌保密性的最佳方法是在 repo 中创建一个独立的脚本文件（例如 api_keys.R），其中只包含一行，将密钥分配给一个变量：

```
# Store your API key from a web service in a variable
# It should be in a separate file (e.g., `api_keys.R`)
api_key <- "123456789abcdefg"
```

要在"主（main）"脚本中访问此变量，可以使用 source() 函数加载并运行 api_keys.R 脚本（类似于单击 Source 按钮运行脚本）。source() 函数将执行指定脚本文件中的所有代码行，就像"复制并粘贴"了其内容，并使用 ctrl+enter 运行所有代码行一样。

```
# In your "main" script, load your API key from another file

# (Make sure working directory is set before running the following code!)

source("api_keys.R") # load the script using a *relative path*
print(api_key) # the key is now available!
```

运行脚本的任何人都需要提供一个 api_key 变量，以便使用自己的密钥访问 API。这种做法使每个人的账户都是独立的。

可以将文件名包含在 repo 中的 .gitignore 文件中来防止 api-keys.R 文件被提交，这样可以防止它被提交到代码中！有关使用 .gitignore 文件的详细信息，参见第 3 章。

14.2.2 HTTP 动词

当向特定资源发送请求时，需要指明希望如何处理该资源。这是通过在请求中指定 HTTP 动词来实现的。HTTP 协议支持以下动词：

1）GET：返回资源当前状态的表示形式。

2）POST：添加新的子资源（例如，插入记录）。

3）PUT：更新资源以获得新状态。

4）PATCH：更新资源状态的一部分。

5）DELETE：删除资源。

6）OPTIONS：返回可在资源上执行的一组方法。

到目前为止，最常用的动词是 GET，它用于从 Web 服务"获取"（下载）数据。这是在 Web 浏览器中输入 URL 时发送的请求类型。因此，将向 /users/nbremer 端点发送一个 GET 请求，以访问该数据资源。

⊖ https://cran.r-project.org/web/packages/httr/httr.pdf。

综上所述，这种将 Web 上的每个资料都视为可通过 HTTP 请求进行交互的资源的结构称为 REST 架构（表述性状态传递）。因此，能够通过命名资源访问数据并响应 HTTP 请求的 Web 服务称为具有 RESTful API 的 RESTful 服务。

14.3 从 R 访问 Web API

要访问 Web API，只需向特定的 URI 发送一个 HTTP 请求。如前所述，可以使用浏览器轻松地做到这一点：导航到特定地址（基础 URI+ 端点），这将发送 GET 请求并显示结果数据。例如，可以向 GitHub API 发送一个请求，以搜索与字符串" dplyr"匹配的仓库（请参见图 14-5 中的响应）：

```
# The URI for the `search/repositories` endpoint of the GitHub API: query
# for `dplyr`, sorting by `forks`
https://api.github.com/search/repositories?q=dplyr&sort=forks
```

此查询将访问 /search/repositories 端点，并指定两个查询参数：
1）q：正在搜索的关键字。
2）sort：用于对结果排序的仓库属性（在本例中，是 repo 的分支数）。
（注意，返回的数据是以 JSON 格式构建的。详见 14.4 节。）

虽然可以使用浏览器访问此信息，但有时需要将其加载到 R 中进行分析。在 R 中，可以使用 httr⊖包发送 GET 请求。与 dplyr 一样，需要安装并加载 httr 包才能使用它：

```
install.packages("httr") # once per machine
library("httr")          # in each relevant script
```

httr 包提供许多反映 HTTP 动词的函数。例如，GET() 函数向 URI 发送 HTTP GET 请求：

```
# Make a GET request to the GitHub API's "/search/repositories" endpoint
# Request repositories that match the search "dplyr", and sort the results
# by forks
url <- "https://api.github.com/search/repositories?q=dplyr&sort=forks"
response <- GET(url)
```

此代码将发出与 Web 浏览器相同的请求，并将响应存储在一个名为 response 的变量中。虽然可以在 URI 字符串中包含查询参数（如上所述），但 httr 还允许将它们作为查询参数的列表进行传递。此外，如果计划访问多个不同的端点（这很常见），则可以更模块化地构造代码，如下面示例中所述。这种结构不需要执行复杂的 paste() 操作来生成正确的字符串，从而使得设置和更改变量更加容易：

```
# Restructure the previous request to make it easier to read and update. DO THIS.

# Make a GET request to the GitHub API's "search/repositories" endpoint
# Request repositories that match the search "dplyr", sorted by forks

# Construct your `resource_uri` from a reusable  `base_uri` and an `endpoint`
base_uri <- "https://api.github.com"
endpoint <- "/search/repositories"
resource_uri <- paste0(base_uri, endpoint)

# Store any query parameters you want to use in a list
```

⊖ httr 入门：httr 的官方快速入门指南：https://cran.r-project.org/web/packages/httr/vignettes/quickstart.html。

```
query_params <- list(q = "dplyr", sort = "forks")

# Make your request, specifying the query parameters via the `query` argument
response <- GET(resource_uri, query = query_params)
```

打印 GET() 函数返回的 response 变量，其信息显示如下：

```
Response [https://api.github.com/search/repositories?q=dplyr&sort=forks]
  Date: 2018-03-14 06:43
  Status: 200
  Content-Type: application/json; charset=utf-8
  Size: 171 kB
```

这被称为响应头。每个响应有两部分：头（header）和主体（body）。可以将响应视为信件：头包含诸如地址和邮资日期之类的元数据，而主体则包含信件的实际内容（数据）。

技巧：当打印 response 变量时会显示 URI，可以将其复制到浏览器中，检查以确保请求的 URI 是正确无误的。

因为总是对响应的主体感兴趣，所以需要从响应中提取数据，就像打开信封，取出信纸。可以使用 content() 函数完成此操作：

```
# Extract content from `response`, as a text string
response_text <- content(response, type = "text")
```

注意第二个参数 type = "text"，是为了防止 httr 自己对响应数据进行处理，以便可以使用其他方法来处理数据。

14.4 处理 JSON 数据

现在我们已经能够将数据从 API 加载到 R 中，并将其内容提取为文本，接下来需要将信息转换为可用的格式。大多数 API 将以 JavaScript 对象表示法（JSON）的格式返回数据。和 CSV 一样，JSON 也是一种结构化数据的格式，但是 .csv 文件将数据组织成行和列（如数据框），JSON 则允许将元素组织成类似于 R 列表的键 – 值（key-value）对！这使得数据结构更复杂，这对 Web 服务很有用，但对数据编程来说可能很有挑战性。

在 JSON 中，键 – 值对（称为对象）的列表放在大括号（{}）内，键和值由冒号（:）分隔，每对由逗号（,）分隔。键 – 值对通常写在单独的行上以提高可读性，但这不是必需的。注意，键必须是字符串（所以，"在引号中"），而值可以是字符串、数字、布尔值（用小写字母写为 true 和 false），甚至是其他列表！例如：

```
{
  "first_name": "Ada",
  "job": "Programmer",
  "salary": 78000,
  "in_union": true,
  "favorites": {
    "music": "jazz",
    "food": "pizza",
  }
}
```

上面的 JSON 对象相当于下面的 R 列表：

```
# Represent the sample JSON data (info about a person) as a list in R
list(
  first_name = "Ada",
  job = "Programmer",
  salary = 78000,
  in_union = TRUE,
  favorites = list(music = "jazz", food = "pizza") # nested list in the list!
)
```

此外，JSON 支持数据数组。数组类似于无标记列表或具有不同类型的向量，用方括号（[]）编写，值之间用逗号分隔。例如：

```
["Aardvark", "Baboon", "Camel"]
```

等价 R 列表：

```
list("Aardvark", "Baboon", "Camel")
```

正如 R 允许列表嵌套一样，JSON 可以拥有任何形式的嵌套对象和数组。此结构允许将数组（当成向量）嵌套在对象（当成列表）中，如下面更复杂的关于 Ada 的数据集：

```
{
  "first_name": "Ada",
  "job": "Programmer",
  "pets": ["Magnet", "Mocha", "Anni", "Fifi"],
  "favorites": {
    "music": "jazz",
    "food": "pizza",
    "colors": ["green", "blue"]
  }
}
```

与数据框等效，JSON 将数据存储为一个对象的数组，就像是列表的列表。如国际足联男子世界杯数据[⊖]的对象数组：

```
[
  {"country": "Brazil", "titles": 5, "total_wins": 70, "total_losses": 17},
  {"country": "Italy", "titles": 4, "total_wins": 66, "total_losses": 20},
  {"country": "Germany", "titles": 4, "total_wins": 45, "total_losses": 17},
  {"country": "Argentina", "titles": 2, "total_wins": 42, "total_losses": 21},
  {"country": "Uruguay", "titles": 2, "total_wins": 20, "total_losses": 19}
]
```

可以将上面的信息视为 R 中的列表的列表：

```
# Represent the sample JSON data (World Cup data) as a list of lists in R
list(
  list(country = "Brazil", titles = 5, total_wins = 70, total_losses = 17),
  list(country = "Italy", titles = 4, total_wins = 66, total_losses = 20),
  list(country = "Germany", titles = 4, total_wins = 45, total_losses = 17),
  list(country = "Argentina", titles = 2, total_wins = 42, total_losses = 21),
  list(country = "Uruguay", titles = 2, total_wins = 20, total_losses = 19)
)
```

这种结构在 Web API 数据中非常常见：只要数组中的每个对象都有相同的键（key）集，

⊖　国际足联世界杯数据：https://www.fifa.com/fifa-tournaments/statistics-and-records/worldcup/teams/index.html。

那么就可以轻松地将这种结构视为一个数据框，其中每个对象（列表）表示一个观测结果（行），而每个键表示一个特征（列）。该数据对应的数据框表示如图 14-6 所示。

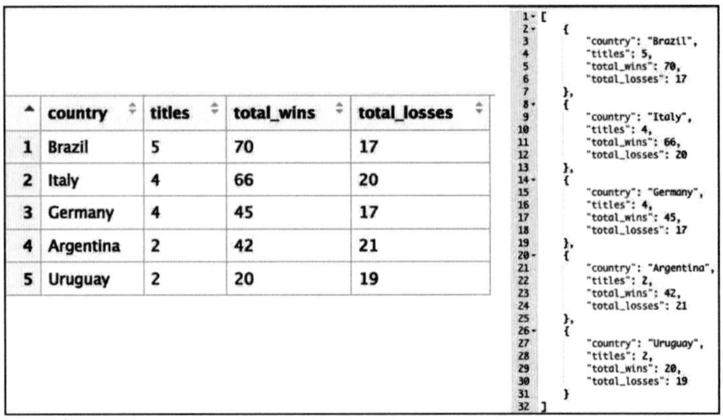

图 14-6   世界杯统计数据的数据框表示（左），也表示为 JSON 数据（右）

注意：在 JSON 中，表被表示为行列表，而不是数据框的列列表。

14.4.1   解析 JSON

使用 Web API 时，通常目标是获取响应中包含的 JSON 数据，并将其转换为可以使用的 R 数据结构，例如列表或数据框。以便使用前面章节中介绍的数据操作技能与数据进行交互。虽然 httr 包能够将响应的 JSON 主体解析到一个列表中，但它完成的不是太好，特别是对于复杂的数据结构。

转换 JSON 数据的一个更有效的解决方案是使用 jsonlite 包⊖。该包提供了将 JSON 数据转换为 R 数据的有效方法，特别适合将内容转换为数据框。

一如既往，需要安装和加载 jsonlite 包：

```
install.packages("jsonlite") # once per machine
library("jsonlite") # in each relevant script
```

jsonlite 包提供了一个名为 fromJSON() 的函数，该函数可以将 JSON 字符串转换为一个列表，甚至是一个数据框，前提是列的长度相同。

```
# Make a request to a given `uri` with a set of `query_params`
# Then extract and parse the results

# Make the request
response <- GET(uri, query = query_params)

# Extract the content of the response
response_text <- content(response, "text")

# Convert the JSON string to a list
response_data <- fromJSON(response_text)
```

⊖ jsonlite 包：jsonlite 的完整文档：https://cran.r-project.org/web/packages/jsonlite/jsonlite.pdf。

原始 JSON 数据（response_text）和解析的数据结构（response_data）如图 14-7 所示。如你所见，原始字符串（response_text）无法识别。但是使用 fromJSON() 函数转换后，它就有了一个便于操作的结构。

response_data 将包含一个由 JSON 构建的列表，它可能是可以 View() 的数据框，但这取决于 JSON 的复杂性。很可能需要浏览列表以便定位所感兴趣的主要数据。下面列出了可用的技术。

1）使用 is.data.frame() 之类的函数确定数据是否已结构化为数据框。

2）可以 print() 数据，但通常读起来比较困难，因为需要多次滚动翻篇。

3）str() 函数将返回一个列表的结构，尽管它仍然很难读取。

4）names() 函数将返回列表的键，这有助于数据的深入研究。

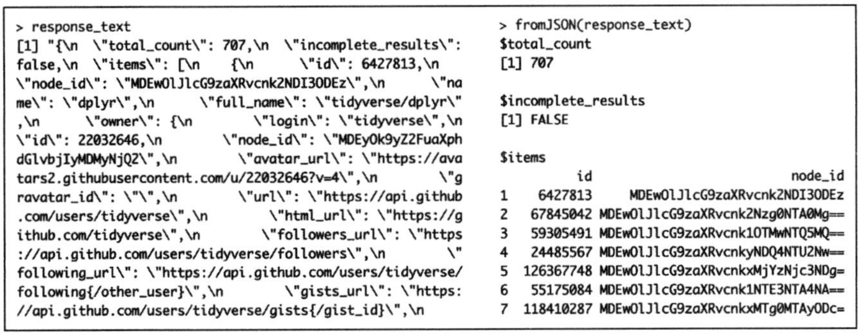

图 14-7　使用 fromJSON() 解析 API 响应的文本。未转换的文本显示在左侧（response_text），
　　　　使用 fromJSON() 函数转换的列表显示在右侧

继续前面代码的示例：

```
# Use various methods to explore and extract information from API results

# Check: is it a data frame already?
is.data.frame(response_data) # FALSE

# Inspect the data!
str(response_data) # view as a formatted string
names(response_data) # "href" "items" "limit" "next" "offset" "previous" "total"

# Looking at the JSON data itself (e.g., in the browser),
# `items` is the key that contains the value you want

# Extract the (useful) data
items <- response_data$items # extract from the list
is.data.frame(items) # TRUE; you can work with that!
```

请求返回的结果为匹配搜索词"dplry"的一组响应（GitHub 仓库），保存在 response_data$items 中，如图 14-8 所示。

14.4.2　展平数据

因为 JSON 支持并且鼓励嵌套列表，所以解析 JSON 字符串很可能会生成一个列本身就是数据框的数据框。嵌套数据框的示例，如下述代码所示：

	id	node_id	name	full_name
1	6427813	MDEwOlJlcG9zaXRvcnk2NDI3ODEz	dplyr	tidyverse/dplyr
2	67845042	MDEwOlJlcG9zaXRvcnk2Nzg0NTA0Mg==	m9-dplyr	INFO-201/m9-dplyr
3	59305491	MDEwOlJlcG9zaXRvcnk1OTMwNTQ5MQ==	sparklyr	rstudio/sparklyr
4	24485567	MDEwOlJlcG9zaXRvcnkyNDQ4NTU2Nw==	dplyr-tutorial	justmarkham/dplyr-tutorial
5	126367748	MDEwOlJlcG9zaXRvcnkxMjYzNjc3NDg=	ch10-dplyr	info201/ch10-dplyr
6	55175084	MDEwOlJlcG9zaXRvcnk1NTE3NTA4NA==	tidytext	juliasilge/tidytext
7	118410287	MDEwOlJlcG9zaXRvcnkxMTg0MTAyODc=	ch10-dplyr	info201a-w18/ch10-dplyr
8	50487685	MDEwOlJlcG9zaXRvcnk1MDQ4NzY4NQ==	lecture-8-exercises	INFO-498F/lecture-8-exercises
9	86504302	MDEwOlJlcG9zaXRvcnk4NjUwNDMwMg==	dbplyr	tidyverse/dbplyr
10	84520584	MDEwOlJlcG9zaXRvcnk4NDUyMDU4NA==	Data-Analysis-with-R	susanli2016/Data-Analysis-with-R

图 14-8 GitHub API 返回的数据：与搜索词"dplyr"匹配的仓库（存储在变量 response_
data$items 中）

```
# A demonstration of the structure of "nested" data frames

# Create a `people` data frame with a `names` column
people <- data.frame(names = c("Ed", "Jessica", "Keagan"))

# Create a data frame of favorites with two columns
favorites <- data.frame(
  food = c("Pizza", "Pasta", "Salad"),
  music = c("Bluegrass", "Indie", "Electronic")
)

# Store the second data frame as a column of the first -- A BAD IDEA
people$favorites <- favorites # the `favorites` column is a data frame!

# This prints nicely, but is misleading
print(people)
#      names favorites.food favorites.music
# 1       Ed          Pizza       Bluegrass
# 2  Jessica          Pasta           Indie
# 3   Keagan          Salad      Electronic

# Despite what RStudio prints, there is not actually a column `favorites.food`
people$favorites.food # NULL

# Access the `food` column of the data frame stored in `people$favorites`
people$favorites$food # [1] Pizza Pasta Salad
```

很难使用前面介绍的技术和语法来处理嵌套的数据框。幸运的是，jsonlite 包为解决这个问题提供了一个有用的函数，称为 flatten()。此函数可以获取每个嵌套数据框的列，并将它们转换为"外层"数据框中适当命名的列，如图 14-9 所示：

```
# Use `flatten()` to format nested data frames
people <- flatten(people)
people$favorites.food # this just got created! Woo!
```

注意 flatten() 只对已经是数据框的值起作用，也就是展平数据框元素，以便在列表中查找适当的元素。

实际上，几乎总是希望扁平化从 Web API 返回的数据。因此，从 API 请求和分析数据的步骤为：

1）指定 URI 和查询参数，使用 GET() 函数从 API 请求数据。

2）使用 content() 函数将响应中的数据提取为 JSON 字符串（即"文本"）。

3）使用 fromJSON() 函数将 JSON 字符串中的数据转换为列表。

4）浏览返回的信息以查找感兴趣的数据。

5）使用 flatten() 函数将数据展平到适当的结构化数据框中。

6）以编程方式分析 R 中的数据框（例如，使用 dplyr）。

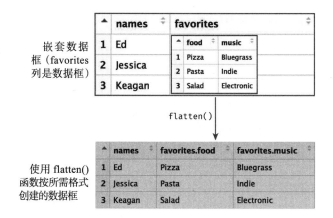

图 14-9　flatten() 函数将嵌套的数据框（顶部）转换为可用格式（底部）

14.5　API 实战：在西雅图寻找古巴食品

本节使用 Yelp Fusion API[⊖]回答问题：

"西雅图最受欢迎的古巴食品在哪里？"

考虑到这个问题的地理性质，本节构建了西雅图最受欢迎的古巴餐馆的地图，如图 14-12 所示。此分析的完整代码也可从本书的在线代码库[⊖]获得。

要向 Yelp Fusion API 发送请求，需要获取 API 密钥。这可以通过在 API 的网站上注册账户，然后注册一个应用程序来获取（API 通常要求注册才能进行访问）。如前所述，应该将 API 密钥存储在单独的文件中，以便对其保密。

```
# Store your API key in a variable: to be done in a separate file
# (i.e., "api_key.R")
yelp_key <- "abcdef123456"
```

Yelp Fusion API 要求使用另一种语法来指定 HTTP 请求中的 API 密钥，即需要为向 API 发出的请求添加一个头，而不是将密钥作为查询参数传递。HTTP 头向服务器提供有关发送请求者的附加信息，这就像请求信封上的附加信息一样。具体来说，HTTP 请求需要包含一个"授权（Authorization）"头，其中包含 API 密钥（采用 API 期望的格式），以便接受请求。

```
# Load your API key from a separate file so that you can access the API:
source("api_key.R") # the `yelp_key` variable is now available

# Make a GET request, including your API key as a header
response <- GET(
  uri,
```

⊖　Yelp Fusion API 文档：https://www.yelp.com/developers/documentation/v3。

⊖　API 实践：https://github.com/programming-for-data-science/in-action/tree/master/apis。

```
    query = query_params,
    add_headers(Authorization = paste("bearer", yelp_key))
)
```

此代码调用 GET() 请求中的 add_headers() 方法。add_headers() 添加的头将授权头的值设为 "bearer yelp_key"。此语法表示 API 应该向 API 密钥的持有者授权。Yelp Fusion API 支持此身份验证方式，而不是将 API 密钥设置为查询参数。

可以通过阅读文档来决定发送请求的 URI。考虑到要在西雅图搜索古巴餐馆，因此应该关注 Business Search（业务搜索）文档[⊖]，其中一部分如图 14-10 所示。

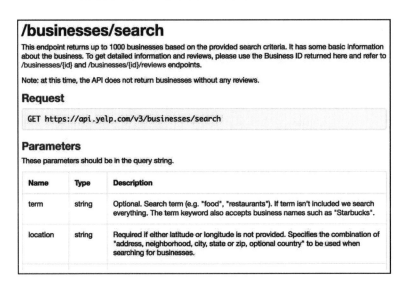

图 14-10   Yelp Fusion API 的 Business Search（业务搜索）文档的子集

在阅读文档时，务必确定需要在请求中指定的查询参数。这样做时，将感兴趣的问题映射为需要编写的 R 代码。对于"西雅图最受欢迎的古巴食品在哪里？"这个问题，需要弄明白下述要点：

1）**食物**：只需要搜索餐馆而不是所有业务。API 通过设置 term 参数来实现。

2）**古巴**：感兴趣的餐馆一定是某种类型的。通过指定搜索的类别（确保指定的类别是受支持的，参见文档[⊖]）来实现。

3）**西雅图**：要找的餐馆一定在西雅图。有几种指定位置的方法，其中最常见的方法是使用位置（location）参数。可以使用半径（radius）参数进一步限制结果。

4）**最受欢迎**：为了找到最受欢迎的食品，可以使用 sort_by 参数控制结果的排序方式。通常希望收到排好顺序的结果（即，通过使用 API 参数而不是 dplyr 进行排序），以便节省工作，并确保 API 只发送所关心的数据。

通常，使用 API 最耗时的部分是找出如何使用 API 的参数请求感兴趣的数据。一旦了解了如何控制返回的资源（数据），就可以构造一个 HTTP 请求并将其发送到 API：

```
# Construct a search query for the Yelp Fusion API's Business Search endpoint
base_uri <- "https://api.yelp.com/v3"
```

⊖ Yelp Fusion API 业务搜索端点的文档：https://www.yelp.com/developers/ documentation/v3/business_search。

⊖ Yelp Fusion API 类别列表：https://www.yelp.com/developers/documentation/v3/all_category_list。

```
endpoint <- "/businesses/search"
search_uri <- paste0(base_uri, endpoint)

# Store a list of query parameters for Cuban restaurants around Seattle
query_params <- list(
  term = "restaurant",
  categories = "cuban",
  location = "Seattle, WA",
  sort_by = "rating",
  radius = 8000 # measured in meters, as detailed in the documentation
)

# Make a GET request, including the API key (as a header) and the list of
# query parameters
response <- GET(
  search_uri,
  query = query_params,
  add_headers(Authorization = paste("bearer", yelp_key))
)
```

与其他 API 响应一样，首先需要使用 content() 方法从响应中提取内容，然后使用 fromJSON() 方法格式化结果。最后，需要在响应中找到感兴趣的数据框。开始时最好在结果上使用 name() 函数来查看哪些数据是可用的（在本例中，可以注意到 businesses 键存储了所需的信息）。可以使用 flatten() 函数将 businesses 列展平为一个数据框，以便访问。

```
# Parse results and isolate data of interest
response_text <- content(response, type = "text")
response_data <- fromJSON(response_text)

# Inspect the response data
names(response_data) # [1] "businesses" "total" "region"

# Flatten the data frame stored in the `businesses` key of the response
restaurants <- flatten(response_data$businesses)
```

API 返回的数据框如图 14-11 所示。

▲	id	alias	name	image_url	is_closed	url
1	Wk9f5Zpnu4T6Vzf6CF5iuA	paseo-caribbean-food-fremont-seattle-2	Paseo Caribbean Food – Fremont	https://s3-media3....	FALSE	https://www.yelp.com/biz...
2	Gn5erxCRML47GgbGYdxzFA	bongos-seattle	Bongos	https://s3-media2....	FALSE	https://www.yelp.com/biz...
3	sjq3-ILJ–QYoHNejt62mYw	geos-cuban-and-creole-cafe-seattle	Geo's Cuban & Creole Cafe	https://s3-media4....	FALSE	https://www.yelp.com/biz...
4	G4j9EqGHRg2TdQVD3wE8EA	el-diablo-coffee-seattle-2	El Diablo Coffee	https://s3-media1....	FALSE	https://www.yelp.com/biz...
5	QjlYzcWkdrHhDyzwJi3bIQ	mojito-seattle	Mojito	https://s3-media2....	FALSE	https://www.yelp.com/biz...
6	XXO8vKCSqB0cz0rVTg18Jg	un-bien-seattle-seattle	Un Bien – Seattle	https://s3-media2....	FALSE	https://www.yelp.com/biz...
7	o2BJ–GAetKKTJ8yqz4Yl_Q	snout-and-co-seattle-2	Snout & Co.	https://s3-media3....	FALSE	https://www.yelp.com/biz...
8	ZHErhyY2p1xd7vcuTXvbwA	cafe-con-leche-seattle	Cafe Con Leche	https://s3-media1....	FALSE	https://www.yelp.com/biz...
9	rGWsX_7SDtgPYXF6subJ3w	paseo-caribbean-food-seattle-8	Paseo Caribbean Food	https://s3-media1....	FALSE	https://www.yelp.com/biz...

图 14-11 Yelp Fusion API 请求返回的西雅图古巴食品的数据子集

因为请求的是经过排序的数据，所以可以修改数据框使其包含具有序号的列，还可以添加具有名称和序号的字符串形式的列：

```
# Modify the data frame for analysis and presentation
# Generate a rank of each restaurant based on row number
restaurants <- restaurants %>%
  mutate(rank = row_number()) %>%
  mutate(name_and_rank = paste0(rank, ". ", name)
```

最后一步是创建结果的映射。下面的代码使用了两个不同的可视化包（即 ggmap 和 ggplot2），这两个包详见第 16 章。

```
# Create a base layer for the map (Google Maps image of Seattle)
base_map <- ggmap(get_map(location = "Seattle, WA", zoom = 11))

# Add labels to the map based on the coordinates in the data
base_map +
  geom_label_repel(
    data = response_data,
    aes(x = coordinates.longitude, y = coordinates.latitude, label = name_and_rank)
  )
```

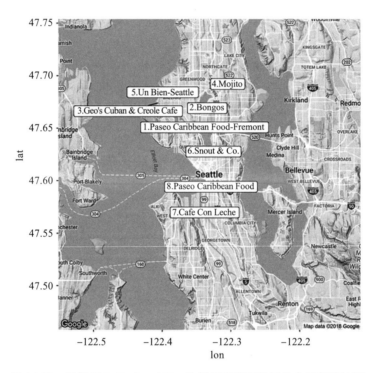

图 14-12　根据 Yelp Fusion API，绘制的西雅图最好的古巴餐馆地图

下面是分析并创建地图的完整脚本（只有 52 行清晰注释的代码），用以确定去哪里吃饭！

```
# Yelp API: Where is the best Cuban food in Seattle?
library("httr")
library("jsonlite")
library("dplyr")
library("ggrepel")
library("ggmap")

# Load API key (stored in another file)
source("api_key.R")

# Construct your search query
base_uri <- "https://api.yelp.com/v3/"
endpoint <- "businesses/search"
uri <- paste0(base_uri, endpoint)
```

```r
# Store a list of query parameters
query_params <- list(
  term = "restaurant",
  categories = "cuban",
  location = "Seattle, WA",
  sort_by = "rating",
  radius = 8000
)

# Make a GET request, including your API key as a header
response <- GET(
  uri,
  query = query_params,
  add_headers(Authorization = paste("bearer", yelp_key))
)

# Parse results and isolate data of interest
response_text <- content(response, type = "text")
response_data <- fromJSON(response_text)

# Save the data frame of interest
restaurants <- flatten(response_data$businesses)

# Modify the data frame for analysis and presentation
restaurants <- restaurants %>%
  mutate(rank = row_number()) %>%
  mutate(name_and_rank = paste0(rank, ". ", name))

# Create a base layer for the map (Google Maps image of Seattle)
base_map <- ggmap(get_map(location = "Seattle, WA", zoom = 11))

# Add labels to the map based on the coordinates in the data
base_map +
  geom_label_repel(
    data = restaurants,
    aes(x = coordinates.longitude, y = coordinates.latitude, label = name_and_rank)
  )
```

使用这种方法，可以使用 R 来加载和格式化 Web API 中的数据，从而能够分析和处理各种各样的数据。有关使用 API 的实践，可参阅随书练习集⊖。

⊖　API 练习：https://github.com/programming-for-data-science/chapter-14-exercises。

第五部分

数据可视化

本部分介绍了构建有意义的可视化所需要的设计概念和编程技巧。第 15 章介绍了确定数据最佳布局所必需的可视化理论，第 16 章和第 17 章深入描述了最流行的 R 可视化包。

第 15 章
设计数据可视化

如果做得好，数据可视化能够帮助揭示数据中的模式和向观众传达见解。本章介绍了制作有效的和富有表现力的数据可视化表示所需的概念和设计技巧。具体来说，本章介绍了可视化过程中每一步所需的技能：

1）理解可视化的目的。

2）根据问题和数据类型选择可视化布局。

3）为变量选择最佳图形编码。

4）识别能够表达数据的可视化效果。

5）提高美学（例如，使其具有可读性和信息性）。

15.1 可视化的目的

"可视化的目的是洞察力，而不是图片。" [⊖]

将数据可视化显示是分析过程中的一个关键步骤。

在努力地设计美观的视觉效果时，请务必记住可视化只是达到目的的一种手段。设计适当的数据渲染形式可以帮助暴露数据中以前看不到或其他测试无法检测到的底层模式。

使用标准数据集 Anscombe's Quartet（作为数据集 anscombe 包含在 R 中）来演示可视化在数据分析过程中做出的显著贡献（超出统计测试）。这个数据集包含四对 x 和 y 数据：（x1，y1），（x2, y2）等，如表 15-1 所示。

表 15-1 Anscombe's Quartet：四个数据对，每对有两个特征

x1	y1	x2	y2	x3	y3	x4	y4
10.00	8.04	10.00	9.14	10.00	7.46	8.00	6.58
8.00	6.95	8.00	8.14	8.00	6.77	8.00	5.76
13.00	7.58	13.00	8.74	13.00	12.74	8.00	7.71
9.00	8.81	9.00	8.77	9.00	7.11	8.00	8.84
11.00	8.33	11.00	9.26	11.00	7.81	8.00	8.47

⊖ Card, S. K., Mackinlay, J. D., &Shneiderman, B. (1999). Readings in information visualization: Using vision to think. Burlington, MA: Morgan Kaufmann.

（续）

x1	y1	x2	y2	x3	y3	x4	y4
14.00	9.96	14.00	8.10	14.00	8.84	8.00	7.04
6.00	7.24	6.00	6.13	6.00	6.08	8.00	5.25
4.00	4.26	4.00	3.10	4.00	5.39	19.00	12.50
12.00	10.84	12.00	9.13	12.00	8.15	8.00	5.56
7.00	4.82	7.00	7.26	7.00	6.42	8.00	7.91
5.00	5.68	5.00	4.74	5.00	5.73	8.00	6.89

Anscombe's Quartet 数据集的挑战在于识别四对值之间的差异。例如，（x1, y1）与（x2, y2）有何不同？如果使用非视觉的方法，可以为每个集合计算各种描述性的统计数据，如表 15-2 所示。鉴于这六个统计结果，这四个数据对似乎是相同的。但是，如果以图形的方式表示每个 x 和 y 对之间的关系，如图 15-1 所示，则可以揭示它们关系的独特性。

表 15-2　Anscombe's Quartet：(X, Y) 对共享相同的统计信息

Set	Mean X	Std. Deviation X	Mean Y	Std. Deviation Y	Correlation	Linear Fit
1	9.00	3.32	7.50	2.03	0.82	y = 3 + 0.5x
2	9.00	3.32	7.50	2.03	0.82	y = 3 + 0.5x
3	9.00	3.32	7.50	2.03	0.82	y = 3 + 0.5x
4	9.00	3.32	7.50	2.03	0.82	y = 3 + 0.5x

虽然计算统计信息是数据探索过程中的一个重要部分，但只有通过可视化才能显示这些集合的不同。图 15-1 中的简单图形显示了 x 和 y 值的分布变化以及它们之间的关系变化。因此，在分析和呈现数据时，选择表示形式至关重要。以下各节将介绍选择的基本原则。

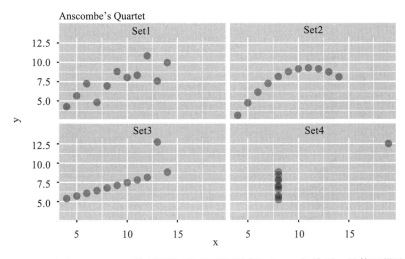

图 15-1　Anscombe's Quartet：散点图显示了四种不同的（x，y）关系，是使用描述性统计无法检测的

15.2   选择可视化布局

和许多设计挑战一样，可视化的挑战是在给定一组约束条件下，确定一个最佳解决方案（即可视化布局）。在可视化设计中，主要约束是：

1）试图回答的特定的问题。

2）可用于回答该问题的数据类型。

3）人类视觉处理系统的局限性。

4）所使用介质的空间限制（屏幕上的像素、页面的大小等）。

本节重点介绍这些约束中的第二个（数据类型）；最后两个约束分别在 15.3 节和 15.4 节中介绍。第一个约束（感兴趣的问题）与第 9 章中关于数据理解的内容密切相关。基于研究者的领域，如果要深入研究一个感兴趣的问题，需要确定一个非常适合回答问题的数据集。本节将根据第 10 章中的相同数据集和问题展开：

"美国最严重的疾病是什么？"

与 Anscombe's Quartet 示例一样，大多数基本的探索性数据问题都可以简化为研究变量是如何分布的，或者变量间是如何相互关联的。一旦将感兴趣的问题映射到特定的数据集，可视化类型将很大程度上取决于变量的数据类型。每列的数据类型（名目、有序或连续）将决定如何显示信息。以下各节描述了可视化探索每个变量以及跨变量进行比较的技术。

15.2.1   可视化单个变量

在评估变量间的关系之前，了解每个单独的变量（即列或特征）是如何分布的非常重要。通常基本的问题是：这个变量是什么样子的？回答此问题时，所选择的具体视觉布局将取决于变量是分类的还是连续的。以疾病负担数据集为例，假设我们想知道每种疾病致死人数的范围。

柱状图可以查看连续变量的分布和范围，如图 15-2 所示。也可以使用箱形图或小提琴图查看连续变量的分布和范围，如图 15-3 所示。注意，为了使图表能更好地表达信息，删除了数据集中的异常值（极值）。

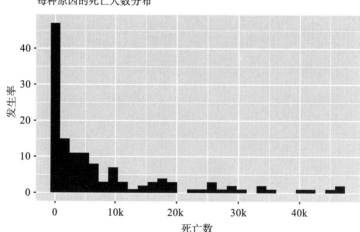

图 15-2   使用柱状图显示美国各种疾病造成的死亡人数的分布（连续变量）。为了演示，一些异常值已被删除

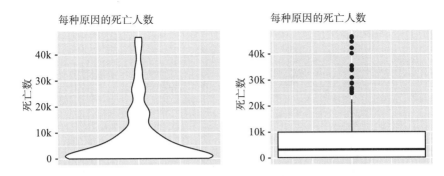

图 15-3　用小提琴图（左）和箱形图（右）来替代显示美国死亡人数的分布。为了演示，一些异常值已被删除

尽管这些可视化图显示了有关疾病致死人数分布的信息，但它们都有一个显而易见的缺陷：这些疾病的名称是什么？

图 15-4 使用条形图标记了前 10 个死亡原因，但由于页面大小的限制，此图只能表示数据的一小部分。换句话说，条形图不容易扩展到数百或数千个观测值，因为它们无法进行扫描，或者不适合特定的媒介。

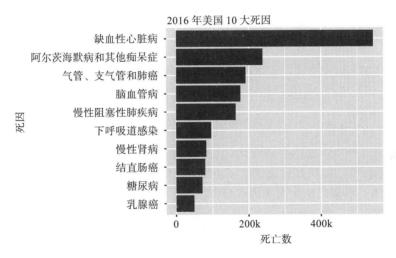

图 15-4　在美国导致死亡的主要疾病原因如条形图所示

15.2.1.1　比例表示法

有时会对列中的每个值相对列的总值的比例关系感兴趣。例如，使用疾病负担数据集，可能想获得每种疾病造成的死亡人数与总的死亡人数的比例关系。这样就可以回答，每种疾病的死亡率是多少？要做到这一点，可以将数据转换为百分比，或者使用能更清楚地表达部分与整体关系的表示方式。

图 15-5 显示了堆积条形图和饼图的使用，两者都直观地表示了比例关系。也可以使用矩形树图，如后面的图 15-14 所示，尽管矩形树图真正擅长的是表示分层数据（本章后面将详细介绍）。后面的章节探讨了与这些表示形式相关的感知准确性的权衡。

如果所感兴趣的变量是分类变量，则需要汇总数据（例如，统计不同类别的发生次数），以询问类似分布的问题。

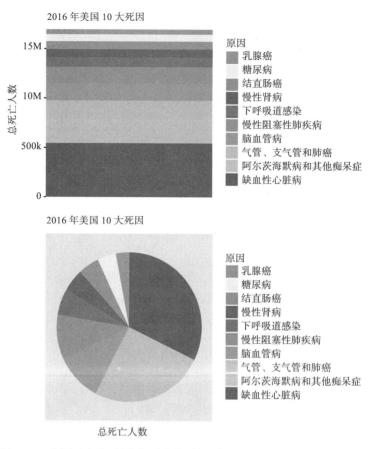

图 15-5   美国死亡主要原因比例图：堆积条形图（顶部）和饼图（底部）

这样做之后，就可以使用类似的技术（如，条形图、饼图、矩形树图）来显示数据。例如，疾病负担数据集中的疾病分为三类：非传染性疾病，如心脏病或肺癌；传染性疾病，如肺结核或百日咳；伤害，如交通事故或自残。要了解分类变量（疾病类型）是如何分布的，可以计算每个类别的行数，然后显示这些定量值，如图 15-6 所示。

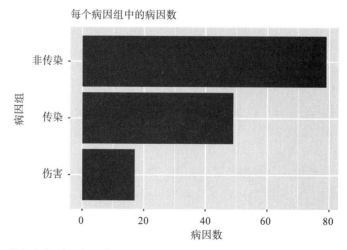

图 15-6   每种疾病类别的病因数量的可视化表示：非传染性疾病、传染性疾病和伤害

15.2.2 可视化多个变量

独立研究单个变量后，可能希望评估变量之间的关系。进行这些比较所需的可视化布局类型将在很大程度上（再次）取决于每个变量的数据类型。

比较两个连续变量之间的关系，最好选择散点图。视觉处理系统非常擅长估计由散点图创建的点域中的线性关系，从而描述两个变量之间的关系。例如，使用疾病负担数据集，可以比较衡量健康损失的不同指标。图 15-7 比较了由各种原因造成的死亡人数与寿命损失年（一种计算每个人死亡年龄的指标）。

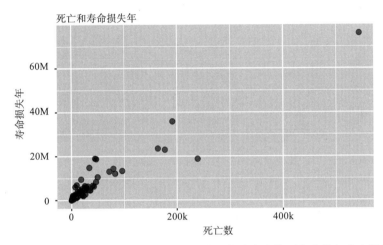

图 15-7　使用散点图比较两个连续变量：美国每种疾病的死亡人数与寿命损失年

通过创建数据集中所有连续特征的散点图矩阵，可以将此方法扩展到多个连续变量。图 15-8 比较了疾病负担的所有指标对，包括死亡人数、寿命损失年（YLL）、残疾生活年（YLD，人口残疾经历的度量）和伤残调整生命年（DALY，生命损失和残疾的综合度量）。

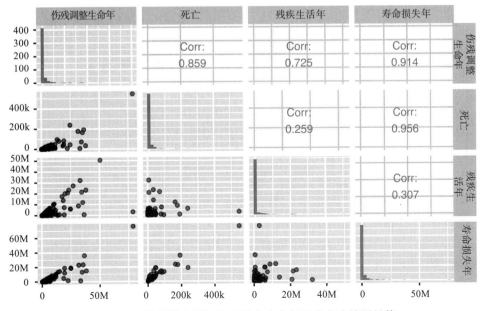

图 15-8　使用散点图矩阵比较疾病负担的多个连续测量值

当比较一个连续变量和一个分类变量之间的关系时，可以计算每个组的汇总统计数据（见图 15-6），使用小提琴图显示每个类别的分布（见图 15-9），或者分面（facet）显示每个类别的分布（见图 15-10）。

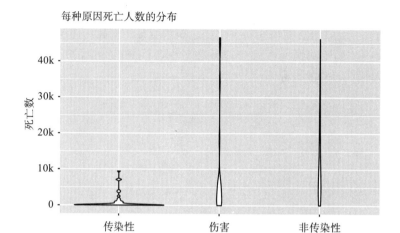

图 15-9　小提琴图显示了各种原因（按类别）死亡人数的连续分布。为了演示，一些异常值已被删除

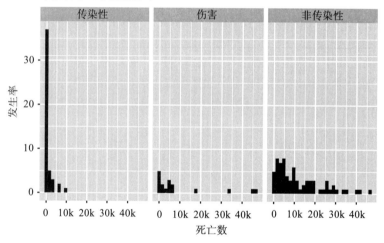

图 15-10　柱状图的分面布局，显示各个原因（按类别）死亡人数的连续分布。为了演示，一些异常值已被删除

为了评估两个分类变量之间的关系，需要一个能够同时评估这两类值的布局。一个很好的方法是计算共发生的次数并显示一个热图（heatmap）。例如，考虑一组更广泛的人口健康数据，评估每个国家的主要死因（也来自全球疾病负担研究）。图 15-11 显示了这些数据的一个子集，包括每种疾病的疾病类型（传染性、非传染性）以及各个国家和区域。

关于这些分类数据，可能会问一个问题：

"在每个区域，主要死因是传染性疾病还是非传染性疾病？"

要回答这个问题，可以按区域汇总数据，并计算每个疾病类别（传染性、非传染性）作

为主要死因类别出现的次数。然后可以将这些聚合数据（如图 15-12 所示）显示为一个热图
（heatmap），如图 15-13 所示。

	country	region	leading_cause_of_death	category
24	Botswana	Southern Sub-Saharan Africa	HIV/AIDS	Communicable
25	Brazil	Tropical Latin America	Ischemic heart disease	Non-Communicable
26	Brunei	High-income Asia Pacific	Ischemic heart disease	Non-Communicable
27	Bulgaria	Central Europe	Ischemic heart disease	Non-Communicable
28	Burkina Faso	Western Sub-Saharan Africa	Malaria	Communicable
29	Burundi	Eastern Sub-Saharan Africa	Diarrheal diseases	Communicable
30	Cambodia	Southeast Asia	Lower respiratory infections	Communicable
31	Cameroon	Western Sub-Saharan Africa	HIV/AIDS	Communicable
32	Canada	High-income North America	Ischemic heart disease	Non-Communicable
33	Cape Verde	Western Sub-Saharan Africa	Ischemic heart disease	Non-Communicable

图 15-11   每个国家的主要死因。同时显示每种疾病的类别（传染性、非传染）以及国家和
所属区域

	region	category_of_leading_cause	number_of_countries
1	Andean Latin America	Communicable	1
2	Andean Latin America	Non-Communicable	2
3	Australasia	Non-Communicable	2
4	Caribbean	Non-Communicable	18
5	Central Asia	Non-Communicable	9
6	Central Europe	Non-Communicable	13
7	Central Latin America	Communicable	1
8	Central Latin America	Non-Communicable	8

图 15-12   主要死因是传染性或非传染性疾病的每个区域的国家数量

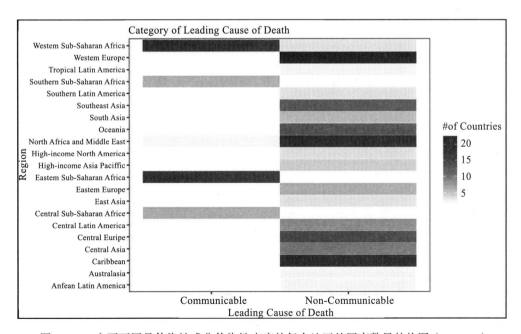

图 15-13   主要死因是传染性或非传染性疾病的每个地区的国家数量的热图（heatmap）

15.2.3   可视化分层数据

　　显示数据中存在的层次结构毫无疑问是一个挑战。如果数据是嵌套的，每一个观测结果都是一个组的成员，那么可视化地表示该层次结构对于分析至关重要。注意，每个观测可能有多个层次的嵌套（观测可能是一个组的一部分，该组可能是一个较大组的一部分）。例如，在疾病负担数据集中，每个国家都在一个特定的区域内，可以进一步分类为更大的分组，称为超级区域。同样，每种死亡原因（如肺癌）都是一个病因家族（如癌症）的成员，可进一步分为主要类别（如非传染性疾病）。分层数据可以使用矩形树图（见图 15-14）、圆填充图（见图 15-15）、旭日图（见图 15-16）或其他布局进行可视化。每个可视化形式都使用一个区域编码来表示一个数值。这些形状（矩形、圆形或弧形）的布局能清晰地表示信息的层次结构。

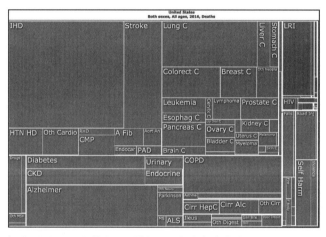

图 15-14　美国每种原因死亡人数的矩形树图。全球疾病负担的可视化工具 GBD Compare
（https://vizhub.healthdata.org/gbd-compare/）的屏幕截图

　　然而，可视化数据集层次结构的好处并不是没有成本的。如 15.3 节所述，很难从视觉上破译和比较矩形树图中编码的值（尤其是不同纵横比的矩形）。然而，这些显示提供了层次结构的简要概述，这是可视化地探索数据的重要起点。

15.3   选择有效的图形编码

　　虽然前面给出的基于要探索的数据关系选择可视化布局的指导原则是一个很好的开始，但通常有多种方法来表示同一个数据集。以另一种形式（例如，可视化）来表示数据称为数据编码。数据编码时，使用特定的"代码"（如颜色或大小）来表示每个值。然后，任何试图解释这些值的人都可以对这些可视化表示进行可视化解码。

　　因此，任务是选择用户最能准确解码的编码，回答问题：

　　"什么样的视觉形式最能利用人类的视觉系统和可用空间来准确地显示数据值？"

　　在设计视觉布局时，应该选择观众最能准确地进行视觉解码的图形编码。这意味着，对于数据中的每个值，用户对该值的解释应该尽可能地准确。这些感知的准确性被称为图形编码的有效性。学术研究[⊖]测量了不同视觉编码的感知能力，建立了一套常见的定量信息的编码方法，按从最有效到最低效的顺序依次为：

　　⊖　Most notably, Cleveland, W. S., & McGill, R. (1984). Graphical perception: Theory, experimentation, and application to the development of graphical methods. Journal of the American Statistical Association, 79(387), 531–554. https://doi.org/10.1080/01621459.1984.10478080。

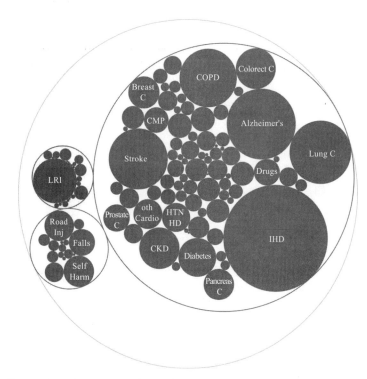

图 15-15　使用圆填充布局重新创建矩形树图所示的美国疾病负担可视化。使用 d3.js 库（https://d3js.org）创建

图 15-16　使用旭日图重新创建矩形树图所示的美国疾病负担可视化。使用 d3.js 库（https://d3js.org）创建

1）**位置**：一个元素沿一个公共尺度的水平或垂直位置。

2）**长度**：一段的长度，通常在堆积条形图中使用。

3）**区域**：元素的区域，如圆或矩形，通常用于气泡图（具有不同大小标记的散点图）或矩形树图。

4）**角度**：每个标记的旋转角度，通常用于圆形布局，如饼图。

5）**颜色**：每个标记的颜色，通常沿着连续的色阶。

6）**体积**：三维形状的体积，通常用在三维柱状图中。

例如，考虑表 15-3 中非常简单的数据集。对该数据集进行有效的可视化，能帮助人们轻松地区分每个组的值（例如，值 10 和 11）。虽然这种识别对于位置编码来说很简单，但是对于其他编码来说，检测这 10% 的差异是非常困难的。图 15-17 显示了此数据集编码之间的比较。

表 15-3 显示不同图形编码感知能力（如图 15-17 所示）的简单数据集。用户应该能够在视觉上区分这些值

group	value
a	1
b	10
c	11
d	7
e	8

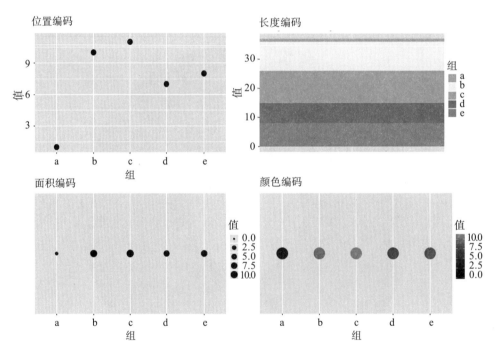

图 15-17 相同数据的不同图形编码。注意值之间差异的可感知性变化

因此，当可视化设计人员概括性地声明"总是应该使用条形图而不是饼图"，设计人员实际上是说，"与饼图（使用角度编码）相比，使用普通比例的位置编码的条形图在视觉上能更准确地解码"。

要设计可视化，首先应该使用最能精确解码的可视化功能（位置、长度、区域等），对最重要的数据功能进行编码。这将在比较不同的图表选项并开始探索更具创造性的布局时提供指导。

虽然这些指导原则可能很直观，但数据的数量和分布往往使这项任务更具挑战性。需要努力最大化可视化的表现力（参见 15.4 节），尽管可能很难显示所有的数据。

15.3.1 有效颜色

颜色是视觉编码中最突出的一种，因此值得特别考虑。理解颜色是如何被度量的，对描述如何在可视化中有效地使用颜色很重要。虽然颜色空间的概念有很多种，但一个有效的可视化概念是色调 – 饱和度 – 亮度（HSL）模型，它使用三个属性来定义颜色：

1）颜色的色调，这很可能是我们在描述颜色时的想法（例如，"绿色"或"蓝色"）。

2）颜色的饱和度或强度，它描述了颜色的纯度，取决于色调的完全显示（100%）与灰色（0%）的线性比例。

3）颜色的亮度，它描述了颜色在从黑色（0%）到白色（100%）的线性范围内的"明亮"程度。

图 15-18 显示了一个基于这个颜色模型的交互式颜色选择器[○]的例子，可以独立地设置每个属性来选择颜色。HSL 模型为数据可视化中的颜色选择提供了良好的基础。

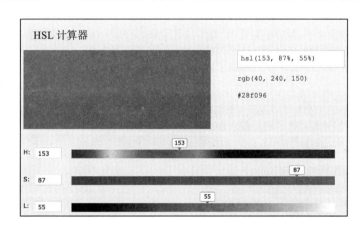

图 15-18 来自 w3schools 的交互式的色调 – 强度 – 亮度颜色选择器

为可视化选择颜色时，应该考虑变量的数据类型。数据类型不同（分类或连续），编码的目的可能不同：

1）对于分类变量，颜色编码用于区分组。因此，应该选择具有不同色调的颜色，这些颜色在视觉上是不同的，并不意味着等级排序。

2）对于连续变量，颜色编码用于估计值。因此，应使用颜色点之间的线性插值（如不同的亮度值）来选择颜色。

挑选最能满足需求的颜色比想象中的要难得多（而且超出了本小节的范围）。但是与数据科学中的任何其他挑战一样，可以借助他人的开源工作。挑选颜色（尤其是地图的颜色）最流行的工具之一是 Cynthia Brewer 的 ColorBrewer[○]。该工具提供了一组很棒的调色板，可以在色调上为分类数据（如"Set3"）和亮度上为连续数据（如"Purples"）进行微调，参见图 15-19。此外，这些调色板经过精心设计，可以让某些色盲的人看到。在 R 中可以通过 RColorBrewer

---

[○] w3schools 的 HSL 计算器：https://www.w3schools.com/colors/colors_hsl.asp。

[○] ColorBrewer：http://colorbrewer2.org。

包使用这些调色板，有关如何将此包作为可视化过程的一部分的详细信息，请参阅第 16 章。

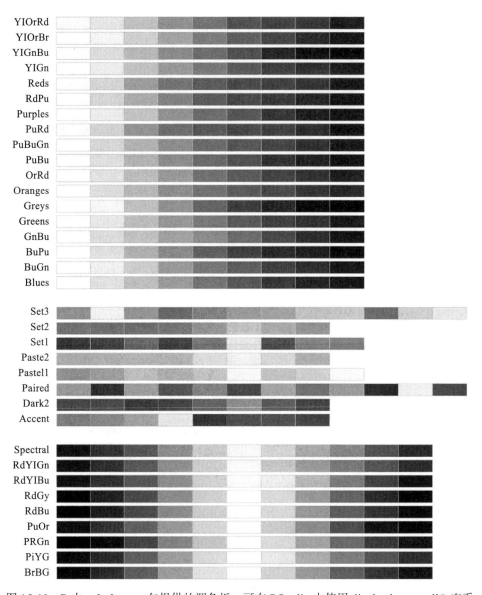

图 15-19　R 中 colorbrewer 包提供的调色板。可在 RStudio 中使用 display.brewer.all() 查看

　　根据数据的寓意选择不同类型的调色板。图 15-20 显示了华盛顿州每个县人口的可视化地图。数据决定了如何选择不同类型的连续色阶：

　　1）顺序色阶通常最适合沿线性比例显示连续值（例如，人口数据）。

　　2）当偏离中心值有意义（例如，中点为零）时，**偏离色阶**最合适。例如，如果显示的是人口随着时间推移的变化，可以使用一种色调来显示人口增加，使用另一种色调显示人口减少。

　　3）**多色调色阶**通过提供更宽的颜色范围来增加颜色之间的对比度。虽然比单一色调的顺序色阶更精确，但如果不仔细选择色阶，用户可能会误解或误判色调差异。

　　4）**黑白色阶**相当于顺序色阶（只有灰色的色调！），也可能是媒介所必需的（例如，在书或报纸上印刷时）。

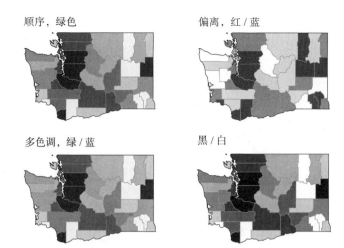

图 15-20　华盛顿的人口数据用四种 ColorBrewer 色阶表示。顺序和黑白色阶准确地表示连续数
　　　　　据，而偏离色阶（不适当地）意味着从有意义的中心点偏离。多色调色阶中的颜色可
　　　　　能被误解为具有不同的含义

总的来说，颜色的选择将取决于数据。需要确保所选的色阶使查看器能够最有效地区分
数据的值和含义。

15.3.2　利用前注意属性

我们经常希望将观察者的注意力吸引到可视化的具体观测值上，从而将观察者的注意
力转移到最能传达信息或预期解释的特定实例上（即"讲述一个关于数据的故事"）。最有
效的方法是利用人类视觉处理系统的自然倾向来引导用户的注意力。这类自然倾向被称为前
注意处理：你的大脑在没有刻意注意某些事物的情况下所做的认知工作。更具体地说，这些
是"大型多元显示器能在 200 到 250 毫秒内执行的知觉任务"[⊖]，如 Colin Ware[⊖] 所详细介绍的，
视觉处理系统将自动处理某些刺激，而无须任何有意识的努力。作为可视化设计者，我们希
望利用前注意处理的可视化属性，以便使我们的图形能够被尽可能快地理解。

考虑图 15-21 中的例子，在计算两幅图中数字 3 出现的次数时，人们的计算速度是显著
不同的。这是因为人的大脑自然地识别出相同颜色的元素（更具体地说，不透明度），而不需
要付出任何努力。这种技术可以用来在可视化中驱动焦点，从而帮助人们快速识别相关信息。

有多少个 3？　　　　　　　　有多少个 3？

```
28049385628406947862485
83922089486208947690187
85098834260928468724859
82382409852468749875220
89485202984850924853290
88452029884529028843528
92842589987458784958784
98597076764674153698742
```

图 15-21　由于不透明度是前注意处理的，因此视觉处理系统在右图形中（而不是左图形中）
　　　　　无须费力即可识别感兴趣的元素（数字 3）

⊖　Healey, C. G., & Enns, J. T. (2012). Attention and visual memory in visualization and computer graphics. IEEE
　Transactions on Visualization and Computer Graphics, 18(7), 1170–1188. https://doi.org/10.1109/TVCG.2011.127.
　Also at：https://www.csc2.ncsu.edu/faculty/healey/PP/。

⊖　Ware, C. (2012). Information visualization: Perception for design. Philadelphia, PA: Elsevier。

　　除了颜色，还可以使用其他视觉属性，帮助观察者前注意区分观测结果与周围的结果，如图 15-22 所示。注意自己可以以多快的速度识别"选定"点，尽管这种识别在某些编码（如颜色）中比在其他编码中发生得更快！

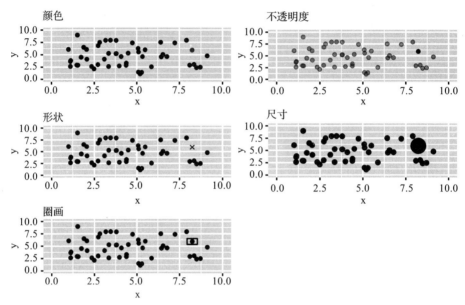

图 15-22　使用前注意属性来吸引焦点。所选点在每个图形中都是清晰的，但使用颜色标识特别容易检测

　　如图 15-22 所示，颜色和不透明度是两种吸引注意力的最有效的方法。但是，有时会发现，自己已经使用颜色和不透明度对数据的某个特征进行编码了，因此不能再使用这些编码来引起对特定观测结果的注意。在这种情况下，可以考虑其他选项（例如，形状、大小、圈画），以便观察者能直接关注一组特定的观测结果。

15.4　数据显示的表达力

　　指导可视化设计的另一个原则是选择尽可能多地表达数据的布局。这一目标最初被表述为 Mackinlay 的表达力标准（Expressiveness Criteria）[⊖]（补充说明）：

　　如果一种语言（可视化布局）中包含下述语句，那么一组事实或数据可以用该语言来表示。

　　1）对集合中的所有事实进行编码。

　　2）只对集合中的事实进行编码。

　　表达力的目标是设计可视化以表示数据集中的所有数据且仅表示数据集中的数据。表达力最常见的障碍是遮挡（重叠的数据点）。图 15-23 显示了美国不同原因致死的人数分布。此图使用最直观的可视化编码（位置），但由于值重叠而无法表示所有数据。

　　有两种常见的方法来解决由于数据点重叠而导致的表达失败：

　　1）调整每个标记的不透明度以显示重叠数据。

　　2）将数据分成不同的分组或面，以减轻重叠（一次只显示数据的一个子集）。

⊖　Mackinlay, J. (1986). Automating the design of graphical presentations of relational information. ACM Transactions on Graphics, 5(2), 110–141. https://doi.org/10.1145/22949.22950. Restatement by Jeffrey Heer.

图 15-23   美国每种原因死亡人数的位置编码。注意：重叠点（遮挡）阻止了此布局表达所
有数据。为了演示，一些异常值已被删除

图 15-24 显示了这些方法的综合应用。

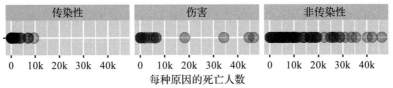

图 15-24   美国每种原因死亡人数的位置编码（按每种原因的类别划分）。使用较高的透明度
结合分面来提高图的表达力。为了演示，一些异常值已被删除

或者，也可以考虑通过以适当的方式聚合数据来更改需要可视化的数据。例如，可以按
死亡人数相近的值对数据进行分组（将每个分组放入"箱子"），然后使用位置编码来显示每
个箱子的观测结果。其结果就是通常使用的直方图布局，如图 15-25 所示。虽然这种可视化
形式确实可以将统计信息传达给观察者，但它无法表达每个单独的观测结果（可以通过图表
传达更多信息）。

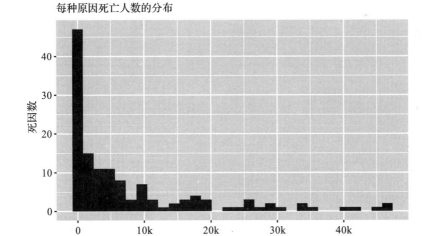

图 15-25   每种原因导致的死亡人数直方图

有时，表达力和有效性原则相互矛盾。为了最大限度地提高表达力（并尽量减少符号的
重叠），可能需要选择一种效率较低的编码方式。尽管有多种策略，例如，将数据分割成多
个图，聚合数据和改变符号的不透明度等，但最合适的选择将取决于数据的分布和容量，以
及所希望回答的特定问题。

15.5　强化美学

本章所描述的原则对于设计信息的可视化很有帮助。但是为了获得潜在观众的信任和关注，还需要花时间在图形的美学上。

技巧：制作漂亮的图表是一种去除杂乱的实践，而不是额外的设计。

最著名的数据可视化理论家之一爱德华·塔夫特（Edward Tufte），提出了数据墨水比[⊖]的概念。塔夫特（Tufte）认为，在每个图表中，应该最大化专用于显示数据的墨水（反过来，最小化非数据墨水）。这可以转化为下列操作：

1）**删除不必要的编码**。例如，如果有一个条形图，则只有在未以其他方式表示该信息时，条形图才应具有不同的颜色。

2）**避免视觉效果**。应避免任何三维效果、不必要的阴影或其他分散注意力的格式。塔夫特（Tufte）称之为"图表垃圾"。

3）**包括图表和轴标签**。为图表提供标题，并为轴提供有意义的标签。

4）**点亮图例或标签**。减小轴标签的大小或不透明度。避免使用醒目的颜色。

有的图表看起来很容易令人不舒服，如图 15-26（左）所示。分析它分散注意力的原因以及如何改进它可能更有挑战性。如果遵循本节中的技巧并力求简单，则可以删除不必要的元素并将焦点转移到数据上，如图 15-26（右）所示。

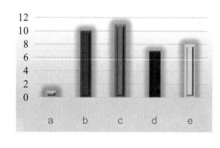 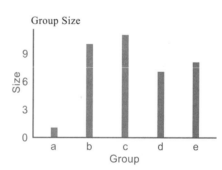

图 15-26　删除分散注意力和不提供信息的视觉功能（左），并添加信息性标签以创建更清晰的图表（右）

幸运的是，许多最佳选择都被内置到默认的可视化 R 包中，因此很容易实现。也就是说，要坚持组织的美学（或者自己的偏好！），选择一个易于配置的可视化软件包（如第 16章中描述的 ggplot2）至关重要。

在开始设计和构建可视化时，请记住以下准则：

1）用每一个可视化来回答一个特定的感兴趣的问题。

2）根据数据类型选择可视化布局。

3）根据可视化解码的好坏选择最佳的图形编码。

4）确保布局能够表达自己的数据。

5）通过去除视觉效果和包含清晰的标签来强化美学。

这些指导方针将是一个有用的开始，不要忘记可视化是关于洞察力的，而不仅仅是图片。

⊖　Tufte, E. R. (1986). The visual display of quantitative information. Cheshire, CT: Graphics Press。

第 16 章
使用 ggplot2 创建可视化

创建数据可视化（图形表示）是与别人交流信息和传达发现的关键步骤。本章将介绍如何使用 ggplot2[○]包声明性地对数据进行漂亮的可视化表示。

虽然 R 提供了内置的绘图功能，但 ggplot2 包是基于图形语法构建的（类似于 dplyr 贯彻数据操作语法，实际上，这两个包最初是由同一个人开发的）。这使得 ggplot2 包在可视化数据时特别有效，并已成为 R 中卓越的绘图包。学习使用 ggplot2 包，几乎可以将任何类型（静态）的数据可视化，并根据具体规格进行定制。

16.1　图形语法

正如语言语法可以帮助我们用单词造出有意义的句子一样，图形语法也可以帮助我们用不同的视觉元素造出图形。图形语法提供了将圆、线、箭头和文本组合到图表中，以便可视化数据的方法。图形语法最初由 Leland Wilkinson 开发，Hadley Wickham[○]对其进行了修改，以描述绘图的组成部分：

1）绘制的数据
2）出现在绘图中的几何对象（例如圆、线）
3）几何对象的美学（外观），以及从数据变量到这些美学的映射
4）调整绘图中的元素位置以使其不重叠
5）每个美学映射所用的比例（例如，一系列的值）
6）用于组织几何对象的坐标系
7）不同绘图中显示的数据分面或分组

ggplot2 进一步将这些组件组织成层，其中每一层显示一种类型（高度可配置）的几何对象。按照这种语法，每个绘图可以看作是一组图像层，其中每个图像的外观都反映了数据集的某些方面。

总的来说，这种语法使我们能够使用标准的词汇集来讨论图的外观。和 dplyr 使用数据操作语法一样，ggplot2 直接使用图形语法来声明绘图，能够更容易地创建特定的视觉图像

○　ggplot2：http://ggplot2.tidyverse.org。
○　Wickham, H. (2010). A layered grammar of graphics. Journal of Computational and Graphical Statistics, 19(1), 3-28. https://doi.org/10.1198/jcgs.2009.07098. Also at http://vita.had.co.nz/papers/layered-grammar.pdf。

并讲述关于数据的故事[⊖]。

16.2　使用 ggplot2 进行基本绘图

ggplot2 包提供了一组图形语法的镜像函数，使我们能够有效地指定要绘制的图形的外观（例如，你希望它具有的数据、几何对象、美学、比例等）。

ggplot2 也是一个外部包（类似于 dplyr、httr 等），所以需要安装和加载才能使用。

```
install.packages("ggplot2") # once per machine
library("ggplot2")           # in each relevant script
```

然后就可以使用所需要的绘图函数。注意，绘图将在 RStudio 的右下方的窗口中渲染，如图 16-1 所示。

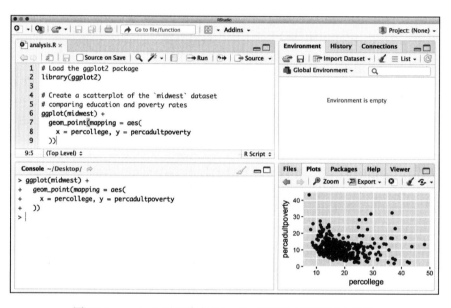

图 16-1　ggplot2 图形将在 RStudio 界面的右下窗口中渲染

趣事：与 dplyr 类似，ggplot2 包还附带了许多内置的数据集。本章下面的讲解中将以其提供的中西部（midwest）数据集为例。

本节使用 ggplot2 包中的 midwest 数据集，它的一个子集如图 16-2 所示。该数据集包含美国中西部 5 个州（伊利诺伊州、印第安纳州、密歇根州、俄亥俄州和威斯康星州）的 437 个县的信息。每个县都有 28 个特征描述该县的人口结构，包括种族构成、贫困程度和教育率。要了解有关数据的更多信息，可以查阅文档（?midwest）。

要使用 ggplot2 包创建绘图，可以将要绘制的数据指定为参数调用 ggplot() 函数，即 ggplot(data＝SOME_DATA_FRAME)。这将创建一个空白画布，可以在其上对不同的可视化标记进行分层。每一层都包含一个特定的几何形状，如点、线条等，这些都将绘制在画布上。例如，在图 16-3（使用下面的代码创建）中，添加一个点的图层（创建散点图）来评估

⊖　Sander, L. (2016). Telling stories with data using the grammar of graphics. Code Words, 6. https://codewords. recurse.com/issues/six/telling-stories-with-data-using-the-grammar-of-graphics。

接受大学教育的人口百分比与中西部各县贫困人口百分比之间的关联。

	PID	county	state	area	poptotal	popdensity	popwhite	popblack
1	561	ADAMS	IL	0.052	66090	1270.9615	63917	1702
2	562	ALEXANDER	IL	0.014	10626	759.0000	7054	3496
3	563	BOND	IL	0.022	14991	681.4091	14477	429
4	564	BOONE	IL	0.017	30806	1812.1176	29344	127
5	565	BROWN	IL	0.018	5836	324.2222	5264	547
6	566	BUREAU	IL	0.050	35688	713.7600	35157	50
7	567	CALHOUN	IL	0.017	5322	313.0588	5298	1
8	568	CARROLL	IL	0.027	16805	622.4074	16519	111
9	569	CASS	IL	0.024	13437	559.8750	13384	16
10	570	CHAMPAIGN	IL	0.058	173025	2983.1897	146506	16559
11	571	CHRISTIAN	IL	0.042	34418	819.4762	34176	82
12	572	CLARK	IL	0.030	15921	530.7000	15842	10
13	573	CLAY	IL	0.028	14460	516.4286	14403	4

图 16-2　本章使用的中西部（midwest）数据集的一个子集，记录了 5 个中西部州的人口统计信息。该数据集包含在 ggplot2 包中

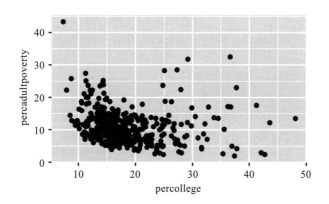

图 16-3　ggplot 的基本用法：通过添加一个点的图层（从而创建散点图）来比较中西部县的大学教育率与成人贫困率

```
# Plot the `midwest` data set, with college education rate on the x-axis and
# percentage of adult poverty on the y-axis
ggplot(data = midwest) +
  geom_point(mapping = aes(x = percollege, y = percadultpoverty))
```

创建 ggplot2 图的代码包括以下几个步骤：

1）ggplot() 函数将数据框作为命名的数据参数传递给绘图（它也可以作为第一个位置参数传递）。调用此函数将创建可视化的空白画布。

2）调用众多 geom_ 函数⊖中的一个来指定要绘制的几何对象（有时称为"geom"）的类型，在本例中为 geom_point()。渲染一层几何对象的函数都共享一个公共前缀（geom_），后跟要创建的几何类型的名称。例如，gemo_point() 将创建一个以"point"（点）元素为几何体的图层。这样的函数有很多，详见 16.2.1 节。

⊖　图层：geoms 函数说明：http://ggplot2.tidyverse.org/reference/index.html#section-layer-geoms。

3）在每个 geom_ 函数中，必须指定美学映射，以指定如何将数据框中的数据映射到几何图形的可视属性。这些映射是使用 aes()（美学）函数定义的。aes() 函数接受一组命名参数（如列表），其中参数名是要映射到的可视属性，参数值是要映射的数据特征（即数据框中的列）。aes() 函数返回的值将传递给命名的映射参数（或作为第一个位置参数传递）。

警告： 与 dplyr 类似，aes() 函数使用非标准评价，所以不需要将数据框的列名放在引号中。如果要绘制的列名被存为字符串变量（例如 plot_var <- "COLUMN_NAME"），则会出错。要处理这种情况，可以改用 aes_string() 函数，并将列名指定为字符串值或变量。

4）可以使用加法（+）运算符将几何对象的图层添加到绘图中。

因此，可以通过指定数据集、适当的几何图形和一组美学映射来创建基本绘图。

技巧： ggplot2 包中包含一个用于创建"快速绘图"的 qplot() 函数[⊖]。该函数是制作简单的"默认"样式绘图的方便的快捷方式。虽然这是一个很好的起点，但 ggplot2 的优势在于它的可定制性，所以建议继续学习。

16.2.1　指定几何图形

绘图之间最明显的区别在于它们所包含的几何对象。ggplot2 支持各种几何图形的渲染，每个几何图形都使用适当的 geom_ 函数创建。这些功能包括但不限于：

1）geom_point() 绘制独立的点（例如，散点图）。

2）geom_line() 绘制线（例如，线图）。

3）geom_smooth() 绘制平滑线（例如，用于简单趋势或近似）。

4）geom_col() 用于绘制列（例如，用于条形图）。

5）geom_polygon() 用于绘制任意形状（例如，用于在坐标平面中绘制区域）。

每一个 geom_ 函数将数据映射到具体的可视属性会有所不同，但都需要一组使用 aes() 函数定义的美学映射，详见 16.2.2 节。例如，可以将数据特征映射到 geom_point() 的形状（如点是圆形或方形），也可以将特征映射到 geom_line() 的线型（如实线或点线），但反之则不然。

由于图形是数据的二维表示，几乎所有的 geom_ 函数都需要 x 和 y 映射。例如，在图 16-4（左）中，每个州的人口数目的条形图是使用 geom_col() 几何图形构建的，而图 16-4（右）中的六角形散点图是使用 geom_hex() 函数构建的。

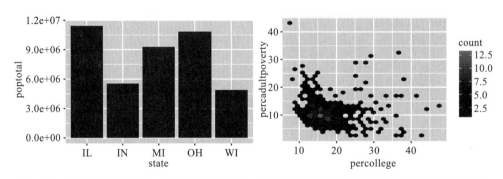

图 16-4　条形图（左）和六角形散点图（右）。条形图中表示独立观测结果（县）的矩形自动
　　　　叠加在一起，详见 16.3.1 节

⊖　http://www.statmethods.net/advgraphs/ggplot2.html。

```
# A bar chart of the total population of each state
# The `state` is mapped to the x-axis, and the `poptotal` is mapped
# to the y-axis
ggplot(data = midwest) +
  geom_col(mapping = aes(x = state, y = poptotal))

# A hexagonal aggregation that counts the co-occurrence of college
# education rate and percentage of adult poverty
ggplot(data = midwest) +
  geom_hex(mapping = aes(x = percollege, y = percadultpoverty))
```

更强大的是可以为一个绘图添加多个几何图形，以便能够创建显示数据多个方面的复杂图形，如图 16-5 所示。

```
# A plot with both points and a smoothed line
ggplot(data = midwest) +
  geom_point(mapping = aes(x = percollege, y = percadultpoverty)) +
  geom_smooth(mapping = aes(x = percollege, y = percadultpoverty))
```

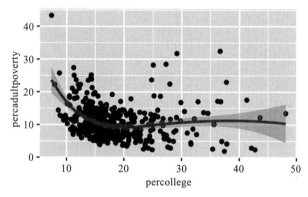

图 16-5　使用多种几何图形比较成人贫困率和大学教育率的图。图层中使用 geom_point()
　　　　函数绘制点，使用 geom_smooth() 函数绘制平滑线

虽然这段代码中的 geom_point() 和 geom_smooth() 层都使用相同的美学映射，但可以为每个几何图形指定不同的美学映射。注意，如果图层确实共享了一些美学映射，则可以将这些映射指定为 ggplot() 函数的参数，如下所示：

```
# A plot with both points and a smoothed line, sharing aesthetic mappings
ggplot(data = midwest, mapping = aes(x = percollege, y = percadultpoverty)) +
  geom_point() + # uses the default x and y mappings
  geom_smooth() + # uses the default x and y mappings
  geom_point(mapping = aes(y = percchildbelowpovert)) # uses own y mapping
```

每个几何图形将使用 ggplot() 函数中指定的数据和美学，除非它们有单独指定。

深入学习：一些 geom_ 函数还能对数据进行统计转换，在将数据映射到美学之前聚合数据（例如，统计观测次数）。虽然可以使用 dplyr 函数：group_by() 和 summarize() 进行统计转换，但是此类转换只允许将聚合应用于数据表示的调整，而不修改数据本身，详见文档⊖。

16.2.2   美学映射

美学映射利用数据的属性来影响可视通道（图形编码），例如位置、颜色、大小或形状。因此，每个可视通道编码数据的一个特征，并用于表示该数据。美学映射不是为所有几何元素设置的，而是用于由数据值驱动的可视特征。例如，如果要使用颜色编码来表示列中的值，则需要使用美学映射。反之，如果希望所有点的颜色都相同（例如蓝色），则不需要使用美学映射（因为颜色与数据无关）。

绘图中使用aes()函数指定数据驱动的美学，并将其传递至特定的geom_函数层。例如，如果想知道每个县处于哪个州，可以将每行中州的特征映射到颜色通道。ggplot2甚至会自动创建一个图例，如图16-6所示！使用aes()函数将导致可视通道基于参数中指定的数据编码。相反，如果要将可视属性应用于整个几何图形，则可以以参数的形式将该属性传递给geom_函数（在aes()函数之外），如下列代码所示。图16-6显示了这两种方法的结果：左侧使用美学映射不同颜色，右侧为每个点选择固定样式。

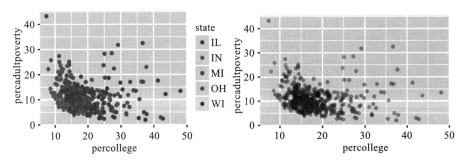

图 16-6   比较成人贫困率和大学教育率时选择颜色的不同方法。左侧使用数据驱动的方法，
其中每个州设置不同的颜色（美学映射），而右侧则为所有观测结果设置一个固定
的颜色

```
# Change the color of each point based on the state it is in
ggplot(data = midwest) +
  geom_point(
    mapping = aes(x = percollege, y = percadultpoverty, color = state)
  )

# Set a consistent color ("red") for all points -- not driven by data
ggplot(data = midwest) +
  geom_point(
    mapping = aes(x = percollege, y = percadultpoverty),
    color = "red",
    alpha = .3
  )
```

16.3   复杂的布局及定制

有了前面的基础知识，就可以使用ggplot2创建所需的任何类型的绘图。除了指定几何图形和美学，还可以使用图形语法中的函数进一步自定义绘图。

16.3.1   位置调整

图 16-4 中使用 gemo_col() 的绘图，将每个州的所有观测结果（行）叠加到一个柱中。

此堆叠是几何图形默认的位置调整方式，它指定了不同组件的放置"规则"，以确保它们不会重叠。如果将不同的变量映射到颜色编码（使用填充美学），则可以更明显地调整位置。在图 16-7 中，通过向柱中进行填充，可以看到每个州中人口的种族组成：

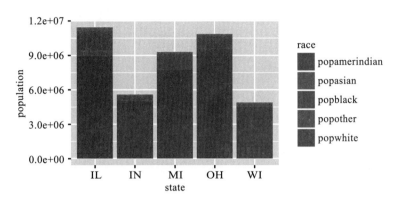

图 16-7　每个州（按种族）人口数量的堆积条形图。颜色是基于"种族"列设置填充美学来
　　　　 添加的

```
# Load the `dplyr` and `tidyr` libraries for data manipulation
library("dplyr")
library("tidyr")

# Wrangle the data using `tidyr` and `dplyr` -- a common step!
# Select the columns for racial population totals, then
# `gather()` those column values into `race` and `population` columns
state_race_long <- midwest %>%
  select(state, popwhite, popblack, popamerindian, popasian, popother) %>%
  gather(key = race, value = population, -state) # all columns except `state`

# Create a stacked bar chart of the number of people in each state
# Fill the bars using different colors to show racial composition
ggplot(state_race_long) +
  geom_col(mapping = aes(x = state, y = population, fill = race))
```

注意： 需要使用 dplyr 和 tidyr 技能将数据框整理成适当的方向以便绘图。熟练使用这些技能，将使使用 ggplot2 库成为一个相对简单的过程；最困难的部分是使数据成为所需的形状。

技巧： 在柱形或其他形状区域中着色（即指定要"填充"区域的颜色）时，请使用"填充"美学（fill aesthetic）。颜色美学（color aesthetic）用于形状的轮廓（笔画）。

默认情况下，ggplot 将通过堆叠每个县的列来调整每个矩形的位置。因此，该图无重叠地显示了所有元素。可以使用"位置（position）"参数，指定不同的位置调整。例如，要查看每个州中种族的相对构成（例如百分比），可以将位置（position）参数设为"fill"（100%填充每个栏）。要同时查看每个州内的相关量，可以将位置（position）参数设为"dodge"（错开）。要显式地实现默认行为，可以将位置（position）参数设为"identity"。前两个选项如图 16-8 所示。

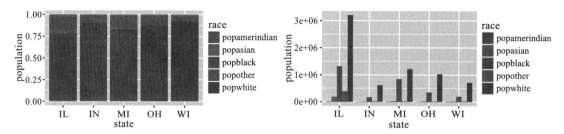

图 16-8   按种族划分的州人口条形图，显示了不同的位置调整：填充（左）和错开（右）

```
# Create a percentage (filled) column of the population (by race) in each state
ggplot(state_race_long) +
  geom_col(
    mapping = aes(x = state, y = population, fill = race), position = "fill"
  )


# Create a grouped (dodged) column of the number of people (by race) in each state
ggplot(state_race_long) +
  geom_col(
    mapping = aes(x = state, y = population, fill = race), position = "dodge"
  )
```

16.3.2   标度样式

在指定美学映射时，ggplot2 都使用特定的标度来确定数据编码应该映射到的值的范围。如下例：

```
# Plot the `midwest` data set, with college education rate on the x-axis and
# percentage of adult poverty on the y-axis. Color by state.
ggplot(data = midwest) +
  geom_point(mapping = aes(x = percollege, y = percadultpoverty, color = state))
```

ggplot2 自动为绘图的每个映射添加一个标度：

```
# Plot the `midwest` data set, with college education rate and
# percentage of adult poverty. Explicitly set the scales.
ggplot(data = midwest) +
  geom_point(mapping = aes(x = percollege, y = percadultpoverty, color = state)) +
  scale_x_continuous() + # explicitly set a continuous scale for the x-axis
  scale_y_continuous() + # explicitly set a continuous scale for the y-axis
  scale_color_discrete() # explicitly set a discrete scale for the color aesthetic
```

表示标度的函数的命名格式为：scale_，后跟美学属性名称（如 x 或颜色（color）），再跟一个下划线（_）和标度的类型（如连续（continuous）或离散（discrete））。连续标度将处理一组连续的数值数据，而离散标度将处理离散数值，例如颜色（因为有一个小的离散颜色列表）。注意，使用 + 操作符将标度添加到绘图中，类似于 geom 图层。

虽然默认标度通常足以满足绘图的需要，但是可以显式添加不同的标度来替换默认标度。例如，可以用标度来更改轴的方向（scale_x_reverse()），或使用对数标度（scale_x_log10()）来绘制数据。还可以通过传入限制（limits）参数，使用标度指定轴上值的范围。明确的限制对于确保多个图形共享标度或格式以及自定义可视化效果的外观非常有用。例如，下面的代码在两个图上设置相同的标度，如图 16-9 所示：

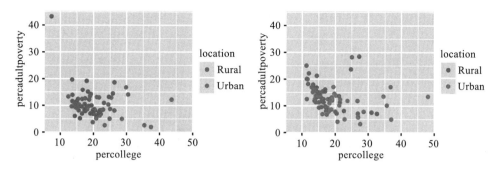

图 16-9　威斯康星州（左）和密歇根州（右）大学教育人口百分比与成人贫困百分比的关系
　　　　图。这些图具有相同的显式标度（不完全基于绘制的数据）。因为轴和颜色匹配，
　　　　因此比较这两个数据集非常容易

```r
# Create a better label for the `inmetro` column
labeled <- midwest %>%
  mutate(location = if_else(inmetro == 0, "Rural", "Urban"))

# Subset data by state
wisconsin_data <- labeled %>% filter(state == "WI")
michigan_data <- labeled %>% filter(state == "MI")

# Define continuous scales based on the entire data set:
# range() produces a (min, max) vector to use as the limits
x_scale <- scale_x_continuous(limits = range(labeled$percollege))
y_scale <- scale_y_continuous(limits = range(labeled$percadultpoverty))

# Define a discrete color scale using the unique set of locations (urban/rural)
color_scale <- scale_color_discrete(limits = unique(labeled$location))

# Plot the Wisconsin data, explicitly setting the scales
ggplot(data = wisconsin_data) +
  geom_point(
    mapping = aes(x = percollege, y = percadultpoverty, color = location)
  ) +
  x_scale +
  y_scale +
  color_scale

# Plot the Michigan data using the same scales
ggplot(data = michigan_data) +
  geom_point(
    mapping = aes(x = percollege, y = percadultpoverty, color = location)
  ) +
  x_scale +
  y_scale +
  color_scale
```

　　这些标度还可用于指定"刻度"标记和标签，详见 ggplot2 文档。更多在图表上指定数据显示位置的方法，参见 16.3.3 节。

16.3.2.1　色阶

　　最常见的要更改的标度之一是色阶（即绘图中使用的一组颜色）。虽然可以使用 scale_color_manual() 等标度函数为绘图指定特定的颜色集，但更常见的是使用一个预定义的

ColorBewer[⊖]调色板（如第 15 章图 15-19 所述）。通过将调色板作为 scale_color_brewer() 函数的命名参数传递，可将这些调色板指定为色阶，参见图 16-10 中的渲染图。

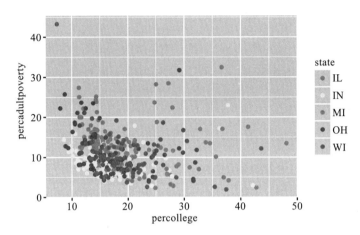

图 16-10   各县成人贫困率和大学教育率的比较，用颜色表示各县所处的州，颜色来自
ColorBrewer Set3 调色板

```
# Change the color of each point based on the state it is in
ggplot(data = midwest) +
  geom_point(
    mapping = aes(x = percollege, y = percadultpoverty, color = state)
  ) +
  scale_color_brewer(palette = "Set3") # use the "Set3" color palette
```

也可以使用各种 ggplot2 函数，定义自己的配色方案。对于离散色阶[⊖]，可以使用诸如 scale_color_manual() 之类的函数来指定要映射到的一组不同的颜色。对于连续色阶[⊜]，可以使用诸如 scale_color_gradient() 之类的函数来指定要显示的颜色范围。

16.3.3 坐标系

还可以指定用于组织几何对象的绘图坐标系。与标度一样，坐标系由名称以 coord_ 开头的函数指定，并被添加到 ggplot 中。可以使用的坐标系[⊕]（部分）如下：

1）coord_cartesian()：默认的笛卡尔坐标系，可以定义 x 和 y 的值，x 值由左至右增加，y 值由下至上增加。

2）coord_flip()：x 轴和 y 轴互换（翻转）的笛卡尔系统。

3）coord_fixed()：具有"固定"纵横比的笛卡尔系统（例如，"宽屏"为 1.78）。

4）coord_polar()：使用极坐标的绘图（即饼图）。

5）coord_quickmap()：近似于地图的良好纵横比的坐标系。详见文档。

图 16-11 中使用 coord_flip() 创建了一个水平条形图（一个使标签更清晰的有用布局）。没有在 geom_col() 函数的美学映射中，更改 x 和 y 变量的内容，来使条形水平；而是调用

⊖ ColorBrewer：http://colorbrewer2.org。

⊜ 创建自己的离散色阶的函数说明：http://ggplot2.tidyverse.org/reference/scale_manual.html。

⊜ 连续色阶的函数说明：http://ggplot2.tidyverse.org/reference/scale_gradient.html。

⊕ 坐标系函数说明：http://ggplot2.tidyverse.org/reference/index.html#section- coordinate-systems。

coord_flip() 函数来切换图形的方向。下列生成图 16-11 的代码还创建了一个因子变量，使用感兴趣的变量对条形图进行排序：

```
# Create a horizontal bar chart of the most populous counties
# Thoughtful use of `tidyr` and `dplyr` is required for wrangling

# Filter down to top 10 most populous counties
top_10 <- midwest %>%
  top_n(10, wt = poptotal) %>%
  unite(county_state, county, state, sep = ", ") %>% # combine state + county
  arrange(poptotal) %>% # sort the data by population
  mutate(location = factor(county_state, county_state)) # set the row order

# Render a horizontal bar chart of population
ggplot(top_10) +
  geom_col(mapping = aes(x = location, y = poptotal)) +
  coord_flip() # switch the orientation of the x- and y-axes
```

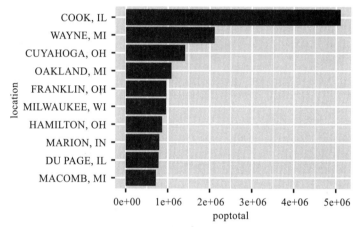

图 16-11　人口最多的十个县的人口水平条形图。通过调用 coord_flip() 函数来"翻转"图表的方向

总的来说，绘图中，坐标系用来设置 x 轴和 y 轴，而标度则用于确定轴上的值。

16.3.4　分面

分面是将可视化分成多个不同部分（子图）的方法。这方便查看分类变量中每个唯一值的单独绘图。从概念上讲，将一个图分解成多个面类似于在 dplyr 中使用 group_by()：它分别为每个组创建相同的可视化效果（就像 summarize() 对每个组执行相同的分析一样）。

使用 facet_ 函数（如 facet_wrap()）可以构建具有多个面的绘图。此函数将产生一"行"子图，每个分类变量一个子图（行数可以用附加参数指定）。如果一行中没有足够的空间显示所有的子图，则部分子图将"换行"显示。图 16-12 演示了分面。如图所示，图 16-9 中执行的分组（图 16-9 显示了威斯康星州和密歇根州的独立图），使用分面基本上能"自动"进行。

```
# Create a better label for the `inmetro` column
labeled <- midwest %>%
  mutate(location = if_else(inmetro == 0, "Rural", "Urban"))

# Create the same chart as Figure 16.9, faceted by state
```

```
ggplot(data = labeled) +
  geom_point(
    mapping = aes(x = percollege, y = percadultpoverty, color = location),
    alpha = .6
  ) +
  facet_wrap(~state) # pass the `state` column as a *fomula* to `facet_wrap()`
```

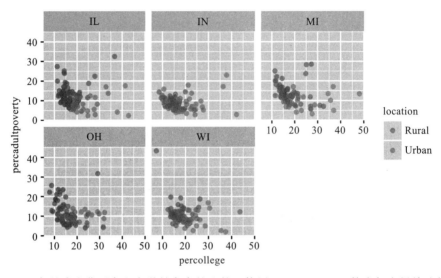

图 16-12　各县成人贫困率和大学教育率的比较。使用 facet_wrap() 函数为每个州单独创建的绘图

注意，facet_wrap() 函数的参数是要分面的列，列名前面有一个波浪号（~），将其转换为一个公式⊖，有点像数学方程式，代表一组要执行的操作。波浪号（~）可以理解为"作为……的函数"。facet_ 函数将公式作为参数，以确定它们应该如何分组和划分子图。简而言之，对于 facet_wrap()，需要在要"分组"的列名称前面放置一个 ~。更多有关 facet_ 函数的信息和示例，参见官方的 ggplot2 文档⊖。

16.3.5　标签和注释

文本标签和注释能更清楚地表达轴、图例和标记的含义，是使绘图易于理解和交流信息的重要部分。虽然不是图形语法的一个明确部分（它们被视为几何图形的一种形式），但 ggplot2 提供了用于添加此类注释的函数。

可以使用 labs() 函数（而不是 labels()，它是另一个不同的 R 函数）将标题和轴标签添加到图表中。如图 16-13 所示，此函数为每个面采用命名参数来标记标题（或副标题或说明）或美学名称（如 x、y、color）。轴美学（如 x 和 y）的标签将显示在轴上，而其他美学将以图例的形式使用提供的标签。

```
# Adding better labels to the plot in Figure 16.10
ggplot(data = labeled) +
  geom_point(
    mapping = aes(x = percollege, y = percadultpoverty, color = location),
```

⊖ 公式文档：https://www.rdocumentation.org/packages/stats/versions/3.4.3/topics/formula。请参阅具体细节。

⊖ ggplot2 分面：https://ggplot2.tidyverse.org/reference/#section-facetting。

```
      alpha = .6
) +

# Add title and axis labels
labs(
    title = "Percent College Educated versus Poverty Rates", # plot title
    x = "Percentage of College Educated Adults", # x-axis label
    y = "Percentage of Adults Living in Poverty", # y-axis label
    color = "Urbanity" # legend label for the "color" property
)
```

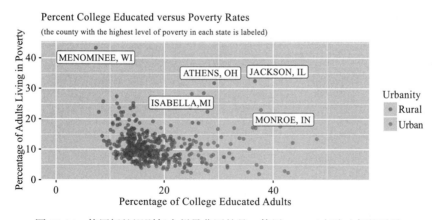

图 16-13　各县成人贫困率和大学教育率的比较。labs() 函数用于为每个美学映射添加标题和标签

也可以使用 geom_text()（纯文本）或 geom_label()（文本框）为绘图（如点或线）添加标签。实际上，相当于绘制一组恰好是值名称的额外数据值。例如，在图 16-14 中，标签用于识别每个州中最贫困的县。每段文本的背景和边框是使用 gemo_label_repel() 函数创建的，该函数提供不重叠的标签。

图 16-14　使用标签识别每个州最贫困的县。使用 ggrepel 包防止标签重叠

```
# Load the `ggrepel` package: functions that prevent labels from overlapping
library(ggrepel)

# Find the highest level of poverty in each state
most_poverty <- midwest %>%
    group_by(state) %>% # group by state
```

```
  top_n(1, wt = percadultpoverty) %>% # select the highest poverty county
  unite(county_state, county, state, sep = ", ") # for clear labeling

# Store the subtitle in a variable for cleaner graphing code
subtitle <- "(the county with the highest level of poverty
  in each state is labeled)"

# Plot the data with labels
ggplot(data = labeled, mapping = aes(x = percollege, y = percadultpoverty)) +

  # add the point geometry
  geom_point(mapping = aes(color = location), alpha = .6) +

  # add the label geometry
  geom_label_repel(
    data = most_poverty, # uses its own specified data set
    mapping = aes(label = county_state),
    alpha = 0.8
  ) +

  # set the scale for the axis
  scale_x_continuous(limits = c(0, 55)) +

  # add title and axis labels
  labs(
    title = "Percent College Educated versus Poverty Rates", # plot title
    subtitle = subtitle, # subtitle
    x = "Percentage of College Educated Adults", # x-axis label
    y = "Percentage of Adults Living in Poverty", # y-axis label
    color = "Urbanity" # legend label for the "color" property
  )
```

16.4 构建地图

除了可以使用 ggplot2 构建图表外，还可以使用该包绘制地理地图。因为二维地图依赖于坐标系（纬度和经度），所以需要利用 ggplot2 笛卡尔布局创建地理可视化。经常需要创建两种类型的地图：

1）**分级统计（Choropleth）地图**：根据每个地区的数据对不同的地理区域进行明暗处理的地图（如图 16-16 所示）。此类地图可用于可视化指定地理区域的统计数据。例如，可以使用 Choropleth 地图显示每个州的驱逐率。Choropleth 地图也被称为热图。

2）**点分布（Dot distribution）地图**：将标记放在特定坐标上的地图，如图 16-19 所示。这些图可用于可视化离散（纬度或经度）点上的观测结果。例如，可以显示在给定城市中归档的每个驱逐通知的特定地址。

本节详细介绍如何使用 ggplot2 和补充包构建这些地图。

16.4.1 分级统计（Choropleth）地图

要绘制分级统计（Choropleth）地图，需要首先绘制每个地理单元的轮廓（例如，州、县）。因为每个地理单元都是不规则的闭合形状，ggplot2 可以使用 geom_polygon() 函数来绘制轮廓。要做到这一点，需要先加载一个描述所在区域的几何图形（轮廓）的数据文件，称为形状文件（shapefile）。许多形状文件（如美国人口普查局[一]和 OpenStreetmap[二]提供的）可

[一] 美国人口普查：地图边界的形状文件：https://www.census.gov/geo/maps-data/data/tiger-cart-boundary.html。

[二] OpenStreetMap：形状文件：https://wiki.openstreetmap.org/wiki/Shapefiles。

以免费下载并在 R 中使用。

开始时，可以先使用 ggplot2 中自带的一些形状文件（意味着不需要下载）。通过将要加载的形状文件的名称（例如"usa""state""world"）提供给 map_data() 函数来加载给定的形状文件。一旦有了可用格式的形状文件，就可以使用 geom_polygon() 函数渲染地图。

geom_polygon() 函数通过在每对 x 和 y 坐标之间画线（按顺序）来绘制形状，类似于"连接点"的拼图。使用 coord_map() 坐标系，为地图保持适当的纵横比。由下列代码创建的地图如图 16-15 所示。

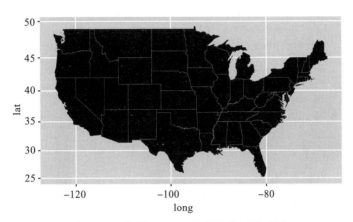

图 16-15　使用 ggplot2 绘制的美国州地图

```
# Load a shapefile of U.S. states using ggplot's `map_data()` function
state_shape <- map_data("state")

# Create a blank map of U.S. states
ggplot(state_shape) +
  geom_polygon(
    mapping = aes(x = long, y = lat, group = group),
    color = "white", # show state outlines
    size = .1        # thinly stroked
  ) +
  coord_map() # use a map-based coordinate system
```

state_shape 变量中的数据只是经度或纬度点的数据框架，描述如何绘制每个州的轮廓，组变量指示每个点属于哪个州。如果希望通过颜色等可视通道来表示不同的地理区域（在本例中是美国各州）的数据，则需要加载数据，将其连接到形状文件，并映射每个多边形的填充。该过程中，最大的挑战是以正确的格式获取数据以便可视化（而不是使用可视化包）。下列代码构建了 2016 年美国各州驱逐率的地图，如图 16-16 所示。数据是从普林斯顿大学的驱逐实验室[⊖]下载的。

```
# Load evictions data
evictions <- read.csv("data/states.csv", stringsAsFactors = FALSE) %>%
  filter(year == 2016) %>% # keep only 2016 data
  mutate(state = tolower(state)) # replace with lowercase for joining
```

⊖　驱逐实验室：https://evictionlab.org。驱逐实验室是普林斯顿大学的一个项目，由 Matthew Desmond 指导，由 Ashley Gromis、Lavar Edmonds、James Hendrickson、katie Krywokulski、Lillian Leung 和 Adam Porton 设计。该实验室由联合生产委员会（JPB）、盖茨、福特基金会以及陈·扎克伯格基金会资助。

```
# Join eviction data to the U.S. shapefile
state_shape <- map_data("state") %>% # load state shapefile
  rename(state = region) %>% # rename for joining
  left_join(evictions, by="state") # join eviction data

# Draw the map setting the `fill` of each state using its eviction rate
ggplot(state_shape) +
  geom_polygon(
    mapping = aes(x = long, y = lat, group = group, fill = eviction.rate),
    color = "white", # show state outlines
    size = .1        # thinly stroked
  ) +
  coord_map() + # use a map-based coordinate system
  scale_fill_continuous(low = "#132B43", high = "Red") +
  labs(fill = "Eviction Rate") +
  blank_theme # variable containing map styles (defined in next code snippet)
```

图 16-16 用 ggplot2 绘制的按州划分的驱逐率的 choropleth 图

使用 ggplot2 的好处和挑战在于几乎每个可视功能都是可配置的。可以使用 theme() 函数调整任何绘图（包括地图）的这些功能。几乎每个小细节（如，次要网格线、轴刻度颜色等）都可以操作，详见文档⊖。下列代码用于从地图中删除一组默认的可视特征：

```
# Define a minimalist theme for maps
blank_theme <- theme_bw() +
  theme(
    axis.line = element_blank(),        # remove axis lines
    axis.text = element_blank(),        # remove axis labels
    axis.ticks = element_blank(),       # remove axis ticks
    axis.title = element_blank(),       # remove axis titles
    plot.background = element_blank(),  # remove gray background
    panel.grid.major = element_blank(), # remove major grid lines
    panel.grid.minor = element_blank(), # remove minor grid lines
    panel.border = element_blank()      # remove border around plot
  )
```

16.4.2 点分布地图

ggplot 还允许在地图上的离散位置绘制数据。因为我们已经在使用地理坐标系，所以向地图中添加离散点是很简单的事。下列代码生成图 16-17。

```
# Create a data frame of city coordinates to display
cities <- data.frame(
  city = c("Seattle", "Denver"),
```

⊖ ggplot2 主题参考：http://ggplot2.tidyverse.org/reference/index.html#section-themes。

```
  lat = c(47.6062, 39.7392),
  long = c(-122.3321, -104.9903)
)

# Draw the state outlines, then plot the city points on the map
ggplot(state_shape) +
  geom_polygon(mapping = aes(x = long, y = lat, group = group)) +
  geom_point(
    data = cities, # plots own data set
    mapping = aes(x = long, y = lat), # points are drawn at given coordinates
    color = "red"
  ) +
  coord_map() # use a map-based coordinate system
```

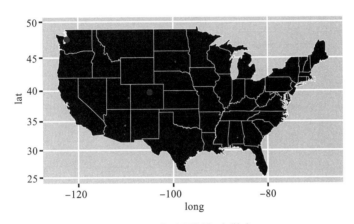

图 16-17 向地图添加离散点

当试图增加地图可视化的粒度时，每个特征仅用一组坐标描述是不可行的。这就是为什么许多可视化使用图像而不是多边形来显示地理信息（如街道、地形、建筑物和其他地理特征）。这些图像被称为地图块（砖），它们是可以拼合在一起以表示地理区域的图片。地图块通常从远程服务器下载，然后组合显示成完整的地图。ggmap[一]包提供了下载地图块和在 R 中渲染地图块的功能，是对 ggplot2 包很好的扩展。第 17 章中描述的 Leaflet 包也使用了地图块。

16.5 ggplot2 实战：绘制旧金山驱逐地图

为了展示 ggplot2 在可视化相关社会问题方面的能力，本节展示了旧金山在 2017 年归档的驱逐通知[二]。该分析的完整代码也可从本书代码库[三]在线获得。

在绘制地图数据之前，需要对原始数据集进行少量格式化（如图 16-18 所示）。

```
# Load and format eviction notices data
# Data downloaded from https://catalog.data.gov/dataset/eviction-notices

# Load packages for data wrangling and visualization
library("dplyr")
library("tidyr")
```

㊀ ggmap 的 GitHub 仓库：https://github.com/dkahle/ggmap。

㊁ data.gov：驱逐通知：https://catalog.data.gov/dataset/eviction-notices。

㊂ ggplot2 实战：https://github.com/programming-for-data-science/in-action/tree/master/ggplot2。

```
# Load .csv file of notices
notices <- read.csv("data/Eviction_Notices.csv", stringsAsFactors = F)

# Data wrangling: format dates, filter to 2017 notices, extract lat/long data
notices <- notices %>%
  mutate(date = as.Date(File.Date, format="%m/%d/%y")) %>%
  filter(format(date, "%Y") == "2017") %>%
  separate(Location, c("lat", "long"), ", ") %>% # split column at the comma
  mutate(
    lat = as.numeric(gsub("\\(", "", lat)), # remove starting parentheses
    long = as.numeric(gsub("\\)", "", long)) # remove closing parentheses
  )
```

	Eviction.ID	Address	City	State	Eviction.Notice.Source.Zipcode	File.Date
1	M172475	3400 Block Of Cabrillo Street	San Francisco	CA	94121	10/6/17
2	M172687	200 Block Of Lincoln Way	San Francisco	CA	94122	10/23/17
3	M172665	100 Block Of San Jose Avenue	San Francisco	CA	94110	10/27/17
4	M172474	1500 Block Of Gough Street	San Francisco	CA	94109	10/6/17
5	M172571	900 Block Of Larkin Street	San Francisco	CA	94109	10/16/17
6	M172642	2300 Block Of Mission Street	San Francisco	CA	94110	10/19/17
7	M172623	100 Block Of Charles Street	San Francisco	CA	94131	10/19/17
8	M172560	1200 Block Of 40th Avenue	San Francisco	CA	94122	10/13/17
9	M172484	1300 Block Of Clement Street	San Francisco	CA	94118	10/10/17
10	M172684	200 Block Of Lincoln Way	San Francisco	CA	94122	10/23/17

图 16-18　从 data.gov 下载的驱逐通知数据的子集

可以使用 ggmap 包的开发版本中的 qmplot 函数，创建旧金山的背景地图。因为 ggmap
包是为使用 ggplot2 而创建的，所以可以使用 geom_point() 在地图上显示点。图 16-19 显示
了 2017 年归档的每个驱逐通知的位置，使用下列代码创建：

Evictions in San Francisco, 2017

图 16-19　2017 年旧金山归档的每个驱逐通知的位置。图像是使用 ggplot2 包在地图块上放
　　　　置点层生成的

技巧：使用 devtools::install_github ("PACKAGE_NAME") 来安装软件包的开发版本，
以便能够访问软件包的最新版本，包括错误修复和新的但未经过完全测试的功能。

```
# Create a map of San Francisco, with a point at each eviction notice address
# Use `install_github()` to install the newer version of `ggmap` on GitHub
# devtools::install_github("dkhale/ggmap") # once per machine
library("ggmap")
library("ggplot2")
# Create the background of map tiles
base_plot <- qmplot(
    data = notices,              # name of the data frame
    x = long,                    # data feature for longitude
    y = lat,                     # data feature for latitude
    geom = "blank",              # don't display data points (yet)
    maptype = "toner-background", # map tiles to query
    darken = .7,                 # darken the map tiles
    legend = "topleft"           # location of legend on page
)

# Add the locations of evictions to the map
base_plot +
  geom_point(mapping = aes(x = long, y = lat), color = "red", alpha = .3) +
  labs(title = "Evictions in San Francisco, 2017") +
  theme(plot.margin = margin(.3, 0, 0, 0, "cm")) # adjust spacing around the map
```

技巧：可以将 ggplot() 函数返回的绘图存储在变量中（如前面的代码所示）！以便在基础图上添加不同的层，或在整个报告的选定位置渲染绘图，参见第 18 章。

虽然图 16-19 捕获了城市驱逐问题的严重性，但因为点的重叠而导致不能立即识别数据中的所有模式。使用 geom_polygon() 函数，可以计算两个维度上的点密度，并以等高线显示计算值，如图 16-20 所示。

```
# Draw a heatmap of eviction rates, computing the contours
base_plot +
  geom_polygon(
    stat = "density2d", # calculate two-dimensional density of points (contours)
    mapping = aes(fill = stat(level)), # use the computed density to set the fill
    alpha = .3 # Set the alpha (transparency)
  ) +
  scale_fill_gradient2(
    "# of Evictions",
    low = "white",
    mid = "yellow",
    high = "red"
  ) +
  labs(title="Number of Evictions in San Francisco, 2017") +
  theme(plot.margin = margin(.3, 0, 0, 0, "cm"))
```

此 geom_polygon() 函数的例子中，使用 stat 参数自动执行统计转换（聚合）（类似于使用 dplyr 函数 group_by() 和 summarize() 可以执行的操作），该操作基于点密度（一个"二维密度"的聚合）计算每个等高线的形状和颜色。ggplot2 将此聚合的结果存储在内部数据框中标记为 level 的列中，可以使用 stat() 辅助函数访问该列然后设置填充，如 mapping=aes(fill=stat(level))。

技巧：更多关于使用 ggplot2 生成地图的示例，可参见本教程[⊖]。

⊖ http://eriqande.github.io/rep-res-web/lectures/making-maps-with-R.html。

本章介绍了用于构建精确的数据可视化的 ggplot2 包。虽然这个软件包很复杂、难以掌握，但仍值得学习，因为使用它能够控制可视化的粒度细节。

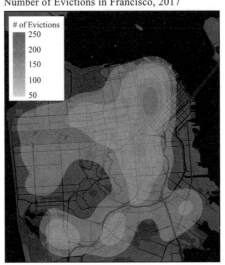

Number of Evictions in Francisco, 2017

图 16-20   旧金山驱逐通知的热图。该图像是使用 ggplot2 的统计转换功能将驱逐通知聚合
　　　　　为二维等高线而创建的

技巧：与 dplyr 及许多其他包类似，ggplot2 具有大量的函数。在 RStudio 中通过菜单：Hel→Cheatsheets 可以获得该包的备忘单[一]。此外这个非凡的备忘单描述了如何控制 ggplot2 可视化的粒度细节。

有关使用 ggplot2 创建可配置的可视化的实践，可参阅随书练习集[二]。

[一]　http://zevross.com/blog/2014/08/04/beautiful-plotting-in-r-a-ggplot2-cheatsheet-3/。
[二]　ggplot2 练习：https://github.com/programming-for-data-science/chapter-16-exercises。

R 中的交互式可视化

通过向可视化添加交互性，可以以一种引人入胜、高效和交流的方式呈现数据。通过交互，用户可以在绘图中进行平移和缩放，或通过将鼠标悬停在特定几何图形上，来获得所需的其他详细信息，从而有效地探索大型数据集[⊖]。

虽然 ggplot2 绝对是在 R 中生成静态图的首选包，但没有一个用于交互式可视化的同样受欢迎的包。因此，本章简要介绍了用于构建此类可视化的三个不同的包。不像前面章节那样深入介绍 ggplot2，本章只提供这些包的高级"教程"。前两个（Plotly 和 Bokeh）可以为绘图（可能是使用 ggplot2 绘制的）添加基本交互，而第三个（Leaflet）则用于创建交互式地图的可视化。根据希望可视化提供的交互类型、易用性、包文档的清晰性以及自己的审美偏好来选择要使用的包。而且，这些开源项目在不断发展，需要参考它们的文档以充分利用这些包。实际上，进一步探索这些包是学习使用新的 R 包的伟大实践！

前面两节演示如何创建鸢尾属植物（iris）数据集的交互式绘图，鸢尾属植物数据集是机器学习和可视化界中的一个规范数据集，可用于使用花的特性来预测花的种类。R 软件中内置了 iris 数据集，其部分数据如图 17-1 所示。

▲	Sepal.Length ⇅	Sepal.Width ⇅	Petal.Length ⇅	Petal.Width ⇅	Species ⇅
1	5.1	3.5	1.4	0.2	setosa
2	4.9	3.0	1.4	0.2	setosa
3	4.7	3.2	1.3	0.2	setosa
4	4.6	3.1	1.5	0.2	setosa
5	5.0	3.6	1.4	0.2	setosa
6	5.4	3.9	1.7	0.4	setosa
7	4.6	3.4	1.4	0.3	setosa
8	5.0	3.4	1.5	0.2	setosa

图 17-1　iris 数据集的一个子集，其中每个观测结果（行）都表示一朵花的物理测量。该标准数据集用于机器学习任务的分类实践，挑战根据其他特征预测（分类）每一朵花的种类

⊖ Shneiderman, B. (1996). The eyes have it: A task by data type taxonomy for information visualizations. Proceedings of the. 1996 IEEE Symposium on Visual Languages (pp. 336–). Washington, DC: IEEE Computer Society. http://dl.acm.org/citation.cfm?id=832277.834354。

例如，可以使用 ggplot2 根据花瓣和花萼（花蕾的容器）的长度创建花卉种类的静态可视化，如图 17-2 所示：

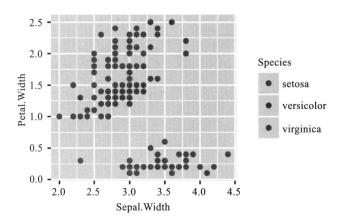

图 17-2　使用 ggplot2 创建的 iris 数据集的静态可视化

```
# Create a static plot of the iris data set
ggplot(data = iris) +
  geom_point(mapping = aes(x = Sepal.Width, y = Petal.Width, color = Species))
```

以下各节介绍如何使用 plotly 和 rbokeh 包使此绘图具有交互性。然后，本章的第 3 节将探讨使用 leaflet 包创建交互式地图。

17.1　plotly 包

plotly[○]是一个可视化软件，为各种语言（包括 R、Python、Matlab 和 JavaScript）创建交互式可视化提供开源的 API。默认情况下，Plotly 图表支持广泛的用户交互，包括悬停工具提示、平移和放大选定区域。

plotly 是一个外部包（和 dplyr 或 ggplot2 一样），因此需要先安装并加载该包，然后才能使用它：

```
install.packages("plotly") # once per machine
library("plotly")          # in each relevant script
```

然后可以使用所有的绘图功能。

加载该包后，主要有两种方法可以创建交互式绘图。第一种，先获取使用 ggplot2 创建的任何绘图，然后将其"包装"到一个 Plotly 图[○]中，从而为可视化添加交互。可以先获取 ggplot() 函数返回的绘图，然后将其传递给 plotly 包提供的 ggplotly() 函数来完成此操作：

```
# Create (and store) a scatterplot of the `iris` data set using ggplot2
flower_plot <- ggplot(data = iris) +
  geom_point(mapping = aes(x = Sepal.Width, y = Petal.Width, color = Species))

# Make the plot interactive by passing it to Plotly's `ggplotly()` function
ggplotly(flower_plot)
```

⊖　Plotly：https://plot.ly/r/。

⊖　Plotly ggplot2 库：https://plot.ly/ggplot2/（确保选中左边菜单中的导航链接）。

上述代码将渲染 iris 图的交互式版本！将鼠标悬停在任何几何元素上，可以查看有关该数据点的详细信息，也可以在绘图区域中单击并拖动以放大一组点，参见图 17-3。

当将鼠标移动到一个 Plotly 图表上时，将有菜单显示内置在其中的交互型套件（参见图 17-3）。可以使用这些选项来导航和放大数据以进行浏览。

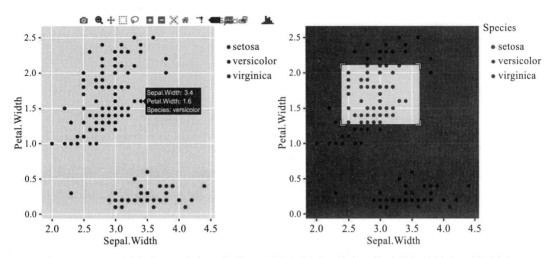

图 17-3　Plotly 图表交互：鼠标悬停将显示提示（左），单击＋拖动鼠标将放大区域（右）。
通过左侧图表顶部的交互菜单提供更多交互（如平移）

前面介绍的第一种方法是使 ggplot 图具有交互性，第二种方法是使用 Plotly API 自己（例如，调用它自己的函数）来构建交互式图形。例如，下列代码将创建 iris 数据集的等效图：

```
# Create an interactive plot of the iris data set using Plotly
plot_ly(
  data = iris,       # pass in the data to be visualized
  x = ~Sepal.Width,  # use a formula to specify the column for the x-axis
  y = ~Petal.Width,  # use a formula to specify the column for the y-axis
  color = ~Species,  # use a formula to specify the color encoding
  type = "scatter",  # specify the type of plot to create
  mode = "markers"   # determine the "drawing mode" for the scatter (points)
)
```

使用 plot_ly() 函数创建 Plotly 绘图，该函数是 ggplot() 函数的一种演变。plot_ly() 函数将如何渲染图表的详细信息作为参数。例如，在上述代码中，参数用于指定数据、美学映射和绘图类型（即几何图形）。美学映射被指定为公式（使用波浪号 ~），表示视觉通道是关于数据列的"函数"。另外注意，如果不指定类型和模式，Plotly 将尝试"猜测"这些值，同时在控制台中输出警告信息。

plot_ly() 函数选项的完整列表，参见官方文档⊖。从众多示例中很容易学会绘制 Plotly 图表⊖。可以找到一个与自己需求接近的示例，然后阅读并修改代码以便满足自己的特定需求。

除了使用 plot_ly() 函数指定如何渲染数据外，还可以使用 layout() 函数添加其他图表选项，如标题和轴标签。layout() 函数类似于 ggplot2 中的 labs() 和 theme() 函数。Plotly 的 layout() 函数将 Plotly 图表（例如，plot_ly() 函数返回的图表）作为参数，然后修改该对象以

⊖　Plotly：R 绘图参考：https://plot.ly/r/reference/。
⊖　Plotly：基本图表的示例库：https://plot.ly/r/#basic-charts。

生成具有不同布局的图表。最常见的方法是将 Plotly 图表通过管道输送到 layout() 函数中：

```
# Create a plot, then pipe that plot into the `layout()` function to modify it
# (Example adapted from the Plotly documentation)
plot_ly(
  data = iris,       # pass in the data to be visualized
  x = ~Sepal.Width,  # use a formula to specify the column for the x-axis
  y = ~Petal.Width,  # use a formula to specify the column for the y-axis
  color = ~Species,  # use a formula to specify the color encoding
  type = "scatter",  # specify the type of plot to create
  mode = "markers"   # determine the "drawing mode" for the scatter (points)
) %>%
  layout(
    title = "Iris Data Set Visualization",                    # plot title
    xaxis = list(title = "Sepal Width", ticksuffix = "cm"), # axis label + format
    yaxis = list(title = "Petal Width", ticksuffix = "cm")  # axis label + format
  )
```

上述代码创建的图表如图 17-4 所示。xaxis 和 yaxis 参数为轴属性列表，可以控制坐标轴的多个属性（例如标题和轴上每个数值后的后缀（刻度）单位）。其他参数的结构和选项详见 API 文档[一]。

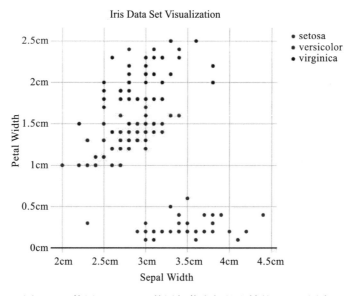

图 17-4   使用 layout() 函数添加信息标签和轴的 Plotly 图表

17.2   rbokeh 包

Bokeh[二]是一个可视化软件，它提供与 Plotly 类似的一组交互功能（包括悬停工具提示、拖动平移和框缩放效果）。Bokeh 最初是为 Python 编程语言开发的，在 R 中可以通过 rbokeh 包[三]使用 Bokeh。虽然不像 Plotly 那样流行，但是 Bokeh 的 API 和文档比 Plotly 的示例更容易理解。

　　　⊖ Plotly 布局：https://plot.ly/r/reference/#layout。
　　　⊜ Bokeh：http://Bokeh.pydata.org。
　　　⊜ rbokeh，Bokeh 的 R 接口：http://hafen.github.io/rbokeh/。

与其他软件包一样，需要先安装并加载 rbokeh 包，然后才能使用它。编写本书时，针对 R 的 3.4 版本，CRAN 上的 rbokeh 版本（使用 install.packages() 安装的版本）会发出警告，但不会出现错误！从包的维护人员 Ryan Hafen 处安装开发版本可以解决这个问题。

```
# Use `install_github()` to install the version of a package on GitHub
# (often newer)
devtools::install_github("hafen/rbokeh") # once per machine
library("rbokeh") # in each relevant script
```

通过调用 figure() 函数（ggplot() 和 plot_ly() 函数的演变），可以使用 Bokeh 创建一个新的绘图。figure() 函数将创建一个新的、可以添加绘图元素层（如几何图形）的绘图区域。与在 ggplot2 中使用几何图形类似，每一层都使用不同的函数（以 ly_ 为前缀的函数）创建。这些层函数将使用 figure() 创建的绘图区域作为第一个参数，因此实际上它们是通过管道而不是加法运算符"添加"到绘图中的。

例如，下列代码显示了如何使用 Bokeh 创建 iris 可视化，如图 17-5 所示：

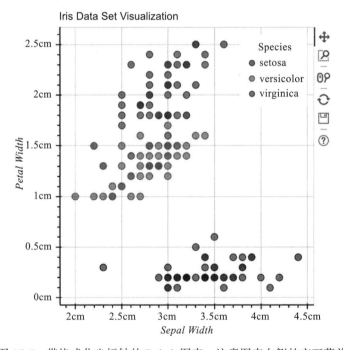

图 17-5　带格式化坐标轴的 Bokeh 图表。注意图表右侧的交互菜单

```
# Create an interactive plot of the iris data set using Bokeh
figure(
  data = iris,                        # data for the figure
  title = "Iris Data Set Visualization" # title for the figure
) %>%
  ly_points(
    Sepal.Width,    # column for the x-axis (without quotes!)
    Petal.Width,    # column for the y-axis (without quotes!)
    color = Species # column for the color encoding (without quotes!)
  ) %>%
  x_axis(
    label = "Sepal Width",    # label for the axis
    number_formatter = "printf", # formatter for each axis tick
```

```
  format = "%s cm",                # specify the desired tick labeling
) %>%
y_axis(
  label = "Petal Width",         # label for the axis
  number_formatter = "printf",   # formatter for each axis tick
  format = "%s cm",                # specify the desired tick labeling
)
```

用于添加层的代码让人想起在 ggplot2 中几何图形是如何充当层的。像 ggplot2 一样，Bokeh 甚至支持没有引号的列名，而不像 Plotly 一样依赖公式。但是，使用 Bokeh 格式化轴刻度标记比较冗长，并且文档中不是特别清晰。

Bokeh（图 17-5）生成的图与 Plotly（图 17-4）生成的图在总体布局上非常相似，并且通过图表右侧的工具栏提供了一组类似的实用交互功能。因此，可以根据编码样式、其他美学或交互式设计的选项在这些包之间进行选择。

17.3　leaflet 包

Leaflet[一]是一个用于构建交互式地图的开源 JavaScript 库，在 R 中可以通过 leaflet 包[二]使用 Leaflet。默认情况下，使用 Leaflet 构建的地图具有丰富的交互性，具有平移、缩放、悬停以及单击地图元素和标记的功能，还可以定制以支持格式化的标签或响应特定操作。事实上，许多在线的新闻文章中的互动地图都是使用 Leaflet 制作的。

与其他软件包一样，需要先安装并加载 leaflet 软件包，然后才能使用它：

```
install.packages("leaflet") # once per machine
library("leaflet")          # in each relevant script
```

调用 leaflet() 函数可以创建一个新的 Leaflet 地图。正如调用 ggplot() 函数可以为绘图构建一个空白画布一样，leaflet() 函数也会创建一个其上可以构建地图的空白画布。与其他可视化软件包类似，通过添加（通过管道）一系列具有不同可视元素（包括地图块、标记、线和多边形）的层来构建 Leaflet 地图。

创建 Leaflet 地图时要添加的最重要的层是使用 addTiles() 函数添加的地图块。地图块是一系列小的正方形图像，每个图像都显示一张地图的某个部分。将地图块依次摆放在一起（如浴室地上的瓷砖），就可显示完整的地图。地图块增强了地图应用程序（如 Leaflet 和谷歌地图）的功能，使它们能以不同的缩放级别（小到街道，大到洲）显示整个世界的地图。将渲染哪些地图块取决于用户正在查看的区域和缩放级别。在地图中交互式地导航时（例如，平移到侧面或放大或缩小），Leaflet 将自动加载并显示相应的图块，以显示所需的地图。

> **趣事**：要绘制 20 个不同缩放比的全球地图，需要 366,503,875,925 个地图块（每个是 256×256 像素）！

在地图中，可以使用许多不同的地图块资源，每个块都有自己的外观和所包含的信息（例如河流、街道和建筑物）。默认情况下，Leaflet 将使用 OpenStreetMap[三]中的图块。OpenStreetMap 是一组开源的地图块，它提供许多不同的图块集。可以将图块集的名称（或

[一]　Leaflet：https://leafletjs.com。

[二]　R 中使用 Leaflet：https://rstudio.github.io/leaflet/。

[三]　OpenStreetMap 地图数据服务：https://www.openstreetmap.org。

图块的 URL）传递给 addTiles() 函数，以选择所要使用的图块集。当然，也可以根据自己的审美喜好和需求来选择其他的图块提供商[⊖]。可以使用 addProviderTiles() 函数（需要提供图块集的名字）来实现这一点。例如，下列代码使用 Carto[⊖]服务中的地图块创建了一个基本的地图，如图 17-6 所示。注意，使用 setView() 函数指定地图的中心位置以及缩放级别。

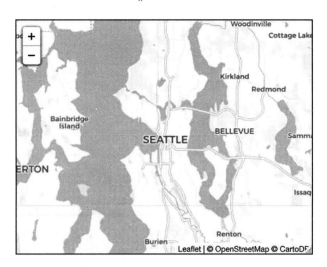

图 17-6　使用 leaflet 包创建的西雅图地图。地图由 Carto 服务提供的地图块拼接而成

```
# Create a new map and add a layer of map tiles from CartoDB
leaflet() %>%
  addProviderTiles("CartoDB.Positron") %>%
  setView(lng = -122.3321, lat = 47.6062, zoom = 10) # center the map on Seattle
```

渲染的地图将是交互式的，可以通过拖动和滚动来平移和缩放，就像其他在线地图服务一样。

在使用选定的地图块集渲染基础地图（底图）后，可以向地图中添加更多图层以显示更多信息。例如，可以添加一层形状或标记，以便在特定的地理位置上标注相关的信息。为此，需要将数据作为 data 参数传给 leaflet() 函数（例如，leaflet(data = SOME_DATA_FRAME)）。然后，可以使用 addCircles() 函数向地图添加一层圆（类似于在 ggplot2 中添加几何图形）。此函数将数据列（带 ~ 的公式形式）映射为圆的位置美学。

```
# Create a data frame of locations to add as a layer of circles to the map
locations <- data.frame(
  label = c("University of Washington", "Seattle Central College"),
  latitude = c(47.6553, 47.6163),
  longitude = c(-122.3035, -122.3216)
)

# Create the map of Seattle, specifying the data to use and a layer of circles
leaflet(data = locations) %>% # specify the data you want to add as a layer
  addProviderTiles("CartoDB.Positron") %>%
  setView(lng = -122.3321, lat = 47.6062, zoom = 11) %>% # focus on Seattle
  addCircles(
    lat = ~latitude,   # a formula specifying the column to use for latitude
    lng = ~ longitude, # a formula specifying the column to use for longitude
```

⊖　Leaflet 提供者预览：http://leaflet-extras.github.io/leaflet-providers/preview/。

⊖　Carto 地图数据服务：https://carto.com。

```
    popup = ~label,    # a formula specifying the information to pop up
    radius = 500,      # radius for the circles, in meters
    stroke = FALSE     # remove the outline from each circle
)
```

警告：交互式可视化软件包（如 plotly 和 leaflet）能显示的标记数量是有限的。因为它们渲染的是可缩放的矢量图形（SVG）而不是光栅图像，所以实际上它们为每个标记添加了一个新的可视元素。因此，它们通常无法处理超过几千个点（这与 ggplot2 无关）。

前面的代码还通过提供单击后弹出并保持显示的信息（如图 17-7 所示），为地图添加交互性。因为弹出信息是在用户与圆元素交互时出现的，所以它们被指定为 addCircles() 函数的另一个参数（以要映射为弹出信息的列的公式形式）。如果它们被指定为 label 参数而不是 popup 参数，则悬停时显示信息。

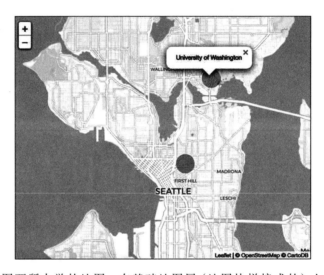

图 17-7　西雅图两所大学的地图，在基础地图层（地图块拼接成的）上添加一层标记
　　　　（addCircles()）创建而成

17.4　交互式可视化实战：展示西雅图的变化

本节通过分析西雅图建筑许可证数据[○]中记录的建筑项目，演示了使用交互式可视化来评估"西雅图市正在改变"的说法（主要是由于技术产业的增长）。该数据的一个子集如图 17-8 所示。完整代码可从本书的代码库[○]在线获得。

首先，将数据加载到 R 中，并过滤得到感兴趣的数据子集（自 2010 年以来的新建筑）：

```
# Load data downloaded from
# https://data.seattle.gov/Permitting/Building-Permits/76t5-zqzr
all_permits <- read.csv("data/Building_Permits.csv", stringsAsFactors = FALSE)

# Filter for permits for new buildings issued in 2010 or later
new_buildings <- all_permits %>%
```

○　西雅图土地使用许可证：https://data.seattle.gov/Permitting/Building-Permits/76t5-zqzr。

○　交互式可视化实战：https://github.com/programming-for-data-science/in-action/tree/master/interactive-vis。

```
filter(
  PermitTypeDesc == "New",
  PermitClass != "N/A",
  as.Date(all_permits$IssuedDate) >= as.Date("2010-01-01") # filter by date
)
```

	PermitNum	PermitClass	PermitClassMapped	PermitTypeMapped	PermitTypeDesc	Description
1	6243602-CN	Commercial	Non-Residential	Building	New	Install portable office building (unit...
2	6408217-CN	Single Family/Duplex	Residential	Building	New	Establish use as and Construct new...
3	6285442-CN	Single Family/Duplex	Residential	Building	New	Establish use as and construct new ...
4	6343245-CN	Multifamily	Residential	Building	New	Establish use as and construct six-...
5	6547255-CN	Single Family/Duplex	Residential	Building	New	Establish use as and construct new ...
6	6271097-CN	Commercial	Non-Residential	Building	New	Establish use as car wash and mino...
7	6454733-CN	Single Family/Duplex	Residential	Building	New	Establish use as and construct new ...
8	6213875-PH	Multifamily	Residential	Building	New	Phased project: Construction of a r...
9	6583694-CN	Single Family/Duplex	Residential	Building	New	Construct East duplex, per plan (Es...
10	6312868-CN	Single Family/Duplex	Residential	Building	New	Establish use as and construct new ...
11	6464007-CN	Single Family/Duplex	Residential	Building	New	Establish use as and Construct new...
12	6363269-CN	Single Family/Duplex	Residential	Building	New	Construct CNTR single family resid...

图 17-8　西雅图建筑许可证的数据，显示了自 2010 年以来新许可证的子集

在映射这些点之前，我们可能希望获得更高级别的数据视图。例如，可以汇总数据来显示每年颁发的许可证数量。这将再次涉及一些数据整理操作，这通常是可视化中最耗时的部分：

```
# Create a new column storing the year the permit was issued
new_buildings <- new_buildings %>%
  mutate(year = substr(IssuedDate, 1, 4)) # extract the year

# Calculate the number of permits issued by year
by_year <- new_buildings %>%
  group_by(year) %>%
  count()

# Use plotly to create an interactive visualization of the data
plot_ly(
  data = by_year, # data frame to show
  x = ~year,      # variable for the x-axis, specified as a formula
  y = ~n,         # variable for the y-axis, specified as a formula
  type = "bar",   # create a chart of type "bar" -- a bar chart
  alpha = .7,     # adjust the opacity of the bars
  hovertext = "y" # show the y-value when hovering over a bar
) %>%
  layout(
    title = "Number of new building permits per year in Seattle",
    xaxis = list(title = "Year"),
    yaxis = list(title = "Number of Permits")
  )
```

上述代码生成的条形图如图 17-9 所示。注意，数据是在 2018 年夏季之前下载的，所以可视化中 2018 年的下降趋势是人为导致的。

在理解了数据的高级视图之后，可能想知道建筑建在哪。为此，可以在先前创建的西雅图地图的基础上，使用 addCircles() 函数在其上添加一层圆（每个代表一栋建筑）。

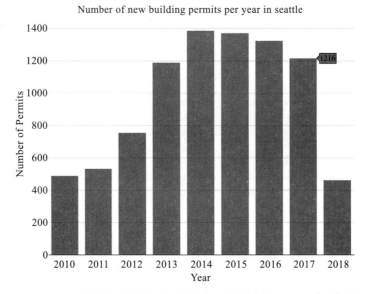

图 17-9　2010 年以来西雅图新建筑许可证的数量。该图表是在 2018 年夏季之前建立的

```
# Create a Leaflet map, adding map tiles and circle markers
leaflet(data = new_buildings) %>%
  addProviderTiles("CartoDB.Positron") %>%
  setView(lng = -122.3321, lat = 47.6062, zoom = 10) %>%
  addCircles(
    lat = ~Latitude,     # specify the column for `lat` as a formula
    lng = ~Longitude,    # specify the column for `lng` as a formula
    stroke = FALSE,      # remove border from each circle
    popup = ~Description # show the description in a popup
  )
```

代码的运行结果如图 17-10 所示，有很多新的建筑。地图是交互式的，可以单击任何一个圆来获得更多信息。

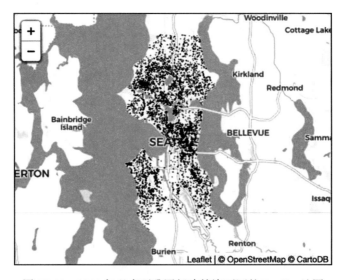

图 17-10　2010 年以来西雅图新建筑许可证的 Leaflet 地图

虽然这个可视化显示了所有新的建筑，但没有回答谁从变化中受益，谁从变化中受苦的问题。需要对正在建造的经济适用房的数量以及其对低收入和无家可归社区的影响做进一步的研究。研究后，可能会发现，如此快的建筑速度往往会对城市的住房安全产生不利的影响。

与 ggplot2 一样，每个形状或标记的可视属性（如大小或颜色）都可以由数据驱动。例如，可以使用许可证的分类信息（如，许可证是住宅的还是商业的）来给各个圆上色。可以使用 colorFactor() 函数，将此（分类）数据映射为 Leaflet 中的一组颜色。此函数很像 ggplot2 中的标度（scale），因为它返回要使用的特定映射。

```
# Construct a function that returns a color based on the PermitClass column
# Colors are taken from the ColorBrewer Set3 palette
palette_fn <- colorFactor(palette = "Set3", domain = new_buildings$PermitClass)
```

colorFactor() 函数返回一个新的函数：palette_fn()，它将一组数据值（这里是 PermitClass 列中的唯一值）映射为一组颜色。可以使用此函数指定如何渲染地图上的圆，就像在 ggplot2 中，几何图形可以使用其他参数自定义形状渲染一样。

```
# Modify the `addCircles()` method to specify color using `palette_fn()`
addCircles(
  lat = ~Latitude, # specify the column for `lat` as a formula
  lng = ~Longitude, # specify the column for `lng` as a formula
  stroke = FALSE, # remove border from each circle
  popup = ~Description, # show the description in a popup
  color = ~palette_fn(PermitClass) # a "function of" the palette mapping
)
```

可以在地图上添加图例来显示颜色代表的含意。可以添加另一个带有图例的层来指定色阶、值和其他属性。

```
# Add a legend layer in the "bottomright" of the map
addLegend(
  position = "bottomright",
  title = "New Buildings in Seattle",
  pal = palette_fn, # the color palette described by the legend
  values = ~PermitClass, # the data values described by the legend
  opacity = 1
)
```

将前面介绍的代码组合在一起，下列代码生成了图 17-11 所示的交互式地图。

```
# Create a Leaflet map of new building construction by category
leaflet(data = new_buildings) %>%
  addProviderTiles("CartoDB.Positron") %>%
  setView(lng = -122.3321, lat = 47.6062, zoom = 10) %>%
  addCircles(
    lat = ~Latitude, # specify the column for `lat` as a formula
    lng = ~Longitude, # specify the column for `lng` as a formula
    stroke = FALSE, # remove border from each circle
    popup = ~Description, # show the description in a popup
    color = ~palette_fn(PermitClass), # a "function of" the palette mapping
    radius = 20,
    fillOpacity = 0.5
  ) %>%
  addLegend(
    position = "bottomright",
```

```
  title = "New Buildings in Seattle",
  pal = palette_fn, # the palette to label
  values = ~PermitClass, # the values to label
  opacity = 1
)
```

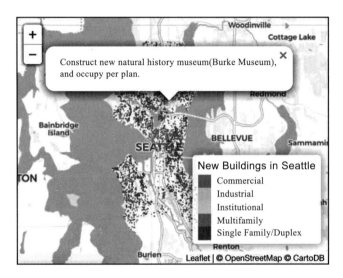

图 17-11   2010 年以来西雅图新建筑许可证的 Leaflet 地图，按建筑类别着色

　　总而言之，用于开发交互式可视化（无论是绘图还是地图）的包与 ggplot2 使用相同的一般概念，但有自己的指定绘图选项和定制的首选语法。在选择包进行可视化时，可以综合考虑自己喜欢使用的代码样式、可定制性与易用性的权衡以及每个包的可视化设计选项。有几十个（如果不是数百个）其他包可用，并且每天有更多包被创建，探索和学习这些包是扩展编程和数据科学技能的好方法。

　　在探索新的包时，要小心那些没有充分的文档或未被广泛使用的代码，这些包可能有内部错误、内存泄漏，甚至是尚未被发现或解决的安全缺陷。在 GitHub 上查看包代码是个好主意，在 GitHub 上可以查看项目的星和分支的数目，以及更新代码的活跃程度。在 R 中，在众多包中选择用于构建交互式可视化的包（或任何执行其他工作的包）时，此类研究和考虑至关重要。有关创建交互式可视化的练习，可参阅随书练习集[⊖]。

　　⊖　交互式可视化练习：https://github.com/programming-for-data-science/chapter-17-exercises。

第六部分

构建和共享应用程序

本书的最后一部分是关于合作和分享的内容。介绍了构建交互式 Web 程序的多种方法（第 18 章、第 19 章）以及团队中如何用好 git 和 GitHub（第 20 章）。

第 18 章

使用 R Markdown 创建动态报告

辛苦劳动所得，只有与他人共享时才显示特别珍贵。为此，就需要一种简单方便、可重复的方式，将辛苦实现的图表和统计结果展现出来

本章引入 R Markdown[⊖]作为编译和共享成果的工具。通过 R Markdown，R 语言可动态创建文档，例如网站（.html 文件）、报告（.pdf 文件）甚至幻灯片（使用 ioslides 或者 slidy）。

与预期一致，R Markdown 是通过混合 Markdown 语法和 R 代码实现上述功能。所以，在编译和执行代码时，代码的执行结果自动插入到格式化文档中。该过程无须手动更新数据分析的结果，自动将计算机执行结果生成报告和文档。这个过程有利于更有效地共享数据中隐含的信息。在本章中，将学习 R Markdown 软件的基础知识，以便编写出融合了分析和报告的良好格式的文档。

趣事：本书是使用 R Markdown 编写的。

18.1 设置报告

R Markdown 文档是使用两个包生成的：rmarkdown（用来处理 markdown 并生成输出）和 knitr[⊜]（用来执行 R 代码并生成类似 Markdown 的输出）。这两个包由 RStudio 创建并包含在其中，RStudio 可直接创建和查看 R Markdown 文档。

18.1.1 新建 .Rmd 文件

在 RStudio 中，最简单的新建 R Markdown 文档的方式是使用 File→New File→R Markdown 菜单（见图 18-1），打开新建文档向导。

RStudio 随后将提示你提供有关新建 R Markdown 文档的具体信息（见图 18-2）。尤其需要选择默认的文档类型以及输出格式。并提供文档要包含的标题、作者信息。本章主要介绍 HTML 文档（网站的默认格式）的创建，其他格式需额外安装一些软件。

选择了文档类型与输出格式之后，RStudio 将打开一个新的脚本文件。需要将此文件保存成 .Rmd 扩展名（R Markdown 的专有格式），文档中包含嵌入了 R 代码的 Markdown 内容。如果使用其他扩展名，RStudio 将无法解释代码并渲染输出！

⊖ R Markdown：https://rmarkdown.rstudio.com。

⊜ knitr 包：https://yihui.name/knitr/。

图 18-1　通过 RStudio 的下拉菜单（File → New File → R Markdown）新建 R Markdown 文档

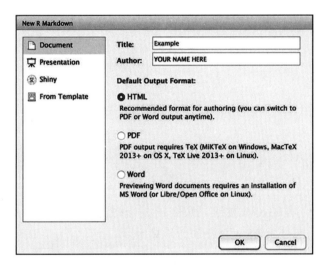

图 18-2　新建 R Markdown 文档的 RStudio 向导。输入标题和作者信息，并选择文档的输出
　　　　格式（建议初学时使用 HTML）

　　向导生成的文件包含一些演示如何编写 R Markdown 文档的例程。理解文件的基础结构
有助于在此结构中插入自己的内容。

　　.Rmd 文件包含三种主要的内容类型：标题、Markdown 内容和 R 代码块。

● 标题在文件的顶部，包含以下格式的文本：

```
---
title: "EXAMPLE_TITLE"
author: "YOUR_NAME"
date: "2/01/2018"
output: html_document
---
```

　　该标题使用 YAML格式书写，YAML 类似于 CSV 或者 JSON，是另一种格式化结构数
据的方法。实际上，YAML 是 JSON 的超集，只使用缩进和连接号而不是大括号和逗号，来

──────────

⊖　YAML：http://yaml.org。

表示相同的数据结构。

标题包含元数据、文件信息、程序逻辑以及渲染方式。例如，标题、作者和日期会自动加入并显示在文档的顶部。还可包含其他信息和配置选项，例如是否应该存在目录。有关更详细信息可见 R Markdown 文档 ⊖。

- 标题之后是要包含在报告中的内容，主要是由 Markdown 内容组成。第 4 章已描述这部分内容。例如可在 .Rmd 文件中包含下面的代码：

```
## Second Level Header
This is just plain markdown that can contain **bold** or _italics_.
```

另外，R Markdown 也可使用 Markdown 内容渲染内联代码。将在后续章节讲解。

- R 代码块可包含在常规的 Markdown 内容中。R 代码块和普通的代码块元素一样（使用三个反引号 ``` 标记），但在起始的反引号之后需紧跟一个 {r}。在此可包含常规的 R 代码，该代码可被执行并被渲染到文档中。18.2 节提供了该格式和处理流程的更详细内容。

```{r}
# R code chunk in an R Markdown file
some_variable <- 100
```

将这些内容类型（标题、Markdown 以及代码块）组合起来，就能为思想共享生成一份漂亮的文档。

18.1.2 编织（Knit）文档

RStudio 可将 .Rmd 中的源代码直接编译进文档中（由 knitr 包处理的编织（knit）过程）。为此，单击脚本面板上方的 Knit 按钮，见图 18-3。该按钮将编译代码并生成文档（和 .Rmd 文件在同一目录中），同时在 RStudio 中打开预览窗口。

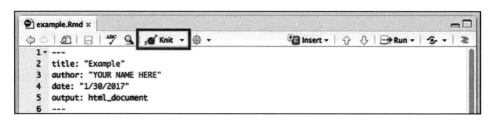

图 18-3 单击 RStudio 的 Knit 按钮，将代码编译成所需的文档类型（例如 HTML）

尽管生成文档的过程直截了当，但 knit 过程不利于 R 代码的调试（无论是语法还是逻辑上的），部分原因是输出可能在（或不在）文档中显示！鉴于此，建议在单独的脚本中编写复杂的 R 代码而后使用 source() 函数插入到 .Rmd 文件中，并在输出中使用计算得到的变量（第 14 章给出了 source() 函数的详细内容和例程）。这样，有利于在 knit 文档以外测试数据的处理过程。它还分割了数据的关注点与表式形式，是一种良好的编程习惯。

然而，需要经常 knit 文档，密切关注控制台的任何错误信息。

⊖ R Markdown HTML 文档：http://rmarkdown.rstudio.com/html_document_format.html。

技巧：如果查找错误困难，比较好的办法是系统地移除代码段（"注释掉"），并重新 knit 代码。这有助于查找有问题的语法。

18.2　集成 Markdown 与 R 代码

R Markdown 有别于简单的 Markdown 代码的地方是：它实际执行 R 代码并将结果直接输出到文档中。R 代码能够以代码块的形式被执行，并被插入到文档中，甚至可以与其他内容内联！

18.2.1　R 代码块

可被执行的代码（而不是以格式化文本显示的代码）称为代码块。为了标记一个代码块，需要在反引号（```）之后紧跟着 {r}。可手工输入或者使用快捷键（cmd+alt+i）创建一个。例如：

```
Write normal **markdown** out here, then create a code block:

```{r}
# Execute R code in here
course_number <- 201
```

Back to writing _markdown_ out here.
```

默认情况下，代码块将执行给出的 R 代码，并将执行的代码和最终执行结果渲染到 Markdown 中，类似于函数返回值。实际上，代码块可看做是能计算的函数，会将返回结果渲染到报告中。如果代码块不返回特定表达式（例如，最后一行仅仅是赋值），那么将无返回结果渲染到报告中，虽然 R Markdown 仍会渲染执行的代码。

也可在大括号中的 r 后，包含命名参数来指定额外的配置选项，参数之间使用逗号分隔（如同函数和列表）。

```
```{r options_example, echo = FALSE, message = TRUE)
# A code chunk named "options_example", with argument `echo` assigned FALSE
# and argument `message` assigned TRUE

# Would execute R code in here
```
```

第一个参数（options_example）是代码块的"名字"或标签；后面是选项的命名参数（格式是：option=VALUE）。尽管使用代码块名字是可选的，但该操作有助于在文档中创建文档化良好的代码和引用结果。还将有助于调试过程，因为它允许 RStudio 生成更详细的错误信息。

在创建代码块时，可使用很多选项[⊖]。其中，最为有用的是有关代码输出到文档中的选项：

- echo 表示是否在文档中显示 R 代码本身（例如，如果希望读者能够了解工作过程并重现计算和分析）。该值或者是 TRUE（显示，默认值）或者是 FALSE（不显示）。
- message 表示是否希望将代码生成的所有消息进行显示。这包括 print 打印语句！该值或者是 TRUE（显示，默认值），或者是 FALSE（不显示）。

⊖　knitr 代码块选项和包选项：https://yihui.name/knitr/options/。

- include 表示代码的所有结果是否显示在报告中。需要注意，此时代码块中的所有代码仍会被执行，只是不插入到文档中。非常常见的、最佳的做法是：在报告的开头有一个 "setup" 代码块（include = FALSE），用于执行初始的处理工作（如 library() 包、source() 分析代码）或执行其他的数据整理。使用 RStudio 向导生成的 R Markdown 报告中的代码块就采用该形式。

如果只是显示 R 代码，而不运行它，可使用标准 Markdown 代码块的形式，来表示 R 语言（使用 ```r 而不是 ```{r}），或者将 eval 选项设置成 FALSE。

18.2.2 内联代码

除了上述的代码形式，通常还要在文档中内联（inline）执行 R 代码。从而能够引用 Markdown 部分中代码块里定义的变量，将存储在变量中的值插入到正在编写的文档中。使用该技术，可在文档中包含一个特定的结果。如果计算发生变化，重新 knit 文档即可更新文档中的值，而不需做任何其他事情。

回忆下，单个的反引号（`）是 Markdown 中用于以文本形式显示代码的语法。只要在第一个反引号后紧跟一个 r 字母和一个空格，就可让 R Markdown 执行内联代码而不是显示代码。例如：

```
To calculate 3 + 4 inside some text, you can use `r 3 + 4` right in the _middle_.
```

当 knit 这部分内容后，`r 3 + 4` 会替换成数字 7（是 3+4 的执行结果）。

还可以引用内联代码之前的任何代码块的计算结果。例如：`r SOME_VARIABLE` 会包含内联在本段中的 SOME_VARIABLE 的值。事实上，最好在代码块中进行计算（使用 echo = FALSE 选项），将结果保存在变量中，而后将变量内联以显示。

> **技巧**：通过 RStudio 菜单的 Help → Cheatsheets，可以快速查看 R Markdown 的备忘单和参考手册。

18.3 在报告中渲染数据与可视化

R Markdown 的代码块可直接在文档中执行数据分析，但经常需要引入更复杂的数据输出，而不仅仅是结果数字。本节将讨论如何在 R Markdown 中渲染动态、复杂的数据输出。

18.3.1 渲染字符串

在 knit R Markdown 文档时，会注意到一个奇怪的现象：使用 print() 生成的内容看上去像一个打印的向量（例如，在 RStudio 控制台所见）。例如：

```{r raw_print_example, echo = FALSE}
print("Hello world")
```

将输出：

```
## [1] "Hello world"
```

为此，经常需要让代码块生成保存字符串的变量，该变量之后可以通过使用内联表达式进行显示（例如在自己的行内）：

````
```{r stored_print_example, echo = FALSE}
msg <- "**Hello world**"
```
````

```
Below is the message to see:
```

`` `r msg` ``

当 knit 时，该代码将生成如图 18-4 所示的文本。变量中包含的 Markdown 语法也会
被渲染：`` `r msg` `` 将被表达式的值替换，如同直接输入 Markdown。如果要从数据中构建
Markdown 字符串（例如包含 Markdown 语法），这种方式可以使文档包含动态样式。

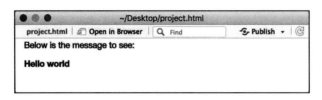

图 18-4 knit 一个 R Markdown 文档生成的 .html 文件的预览，文档中包含一个代码块（块
中将消息保存在变量中），并包含消息的内联表达式

或者，使用块的 results 选项[⊖]，选项值是 "asis"，这样将结果直接渲染到 Markdown 中。
当与基础 R 函数 cat() 组合使用时（它连接内容，而不指定向量位置等额外信息），可以使代
码块有效地渲染特定的字符串。

````
```{r asis_example, results = "asis", echo = FALSE}
cat("**Hello world**")
```
````

18.3.2 渲染 Markdown 列表

因为输出字符串渲染了它们所包含的任何 Markdown，所以可构造这些 Markdown 字符
串，以便它们包含更复杂的结构，如无序列表。要执行此操作，需指定字符串以包含连字
符 - 和用于指示 Markdown 列表的符号（列表中每个项目通过换行符或者 \n 字符分割）：

````
```{r list_example, echo = FALSE}
markdown_list <- "
- Lions
- Tigers
- Bears
- Oh mys
"
```
````

`` `r markdown_list` ``

该代码的输出列表如下：

- Lions
- Tigers
- Bears
- Oh mys

⊖ knitr 文本结果选项：https://yihui.name/knitr/options/#text-results。

当该方法与向量化的 paste() 函数及其 collapse 参数结合使用时，会将向量转换成可渲染的 Markdown 列表：

```{r pasted_list_example, echo = FALSE}
# Create a vector of animals
animals <- c("Lions", "Tigers", "Bears", "Oh mys")
# Paste `-` in front of each animal and join the items together with
# newlines between
markdown_list <- paste("-", animals, collapse = "\n")
```

`r markdown_list`

当然，向量的内容（例如，"Lions" 文本）能包含额外的 Markdown 语法，以实现黑体、斜体或超链接。

> **技巧**：最好的办法是创建一个用来格式化输出的 "辅助函数"。这个领域的其他工作，请参见 pander⊖包。

18.3.3 渲染表格

因为在 R 编程中，数据框非常重要，R Markdown 具有将数据框渲染为 Markdown 表格的能力，该过程通过 knitr 包中的 kable() 函数实现。该函数将要渲染的数据框作为参数，自动将其转换成表示 Markdown 表格的字符串文本：

```{r kable_example, echo = FALSE}
library("knitr") # make sure you load the package (once per document)

# Make a data frame
letters <- c("a", "b", "c", "d")
numbers <- 1:4
df <- data.frame(letters = letters, numbers = numbers)

# "Return" the table to render it
kable(df)
```

图 18-5 比较了使用 kable() 函数与未使用 kable() 函数的 R Markdown 渲染结果。kable() 函数的一些参数可用来定制表格形式，参见相应文档。另外，如果数据框的数值是字符串，字符串包含的 Markdown 语法（例如黑体、斜体或者超链接），也将被原样渲染在表格中！

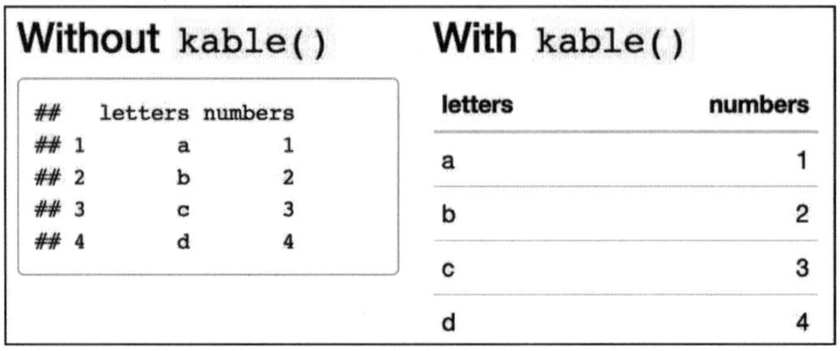

图 18-5　使用和未使用 kable() 函数在 R Markdown 中渲染数据框

⊖ http://rapporter.github.io/pander/。

深入学习：kable() 函数生成的表格，通过使用其他包可进一步进行定制，比如 kableExtra[⊖]。该包能够为表格添加层、风格，格式类似于使用 ggplot2 包添加标签和主题。

因此，可能需要手工做一些工作生成 Markdown 语法，不过基于动态数据源，R Markdown 可动态生成复杂文档。

18.3.4　渲染绘图

R Markdown 支持在渲染的文档中插入 R 生成的可视化！为此，需要包含返回绘图的代码块：

```{r plot_example, echo = FALSE}
library("ggplot2") # make sure you load the package (once per document)

# Plot of college education vs. poverty rates in the Midwest
ggplot(data = midwest) +
  geom_point(
    mapping = aes(x = percollege, y = percadultpoverty, color = state)
  ) +
  scale_color_brewer(palette = "Set3")
```

当 knit 时，包含上述代码的文档将包含 ggplot2 图表。而且，RStudio 允许在 knit 前预览每个代码块，只需在每个块上单击绿色的播放按钮图标，见图 18-6。虽然这有助于调试单个块，但在较长的脚本中调试可能会很麻烦，尤其当一个代码块中的变量依赖于较早的代码块时。

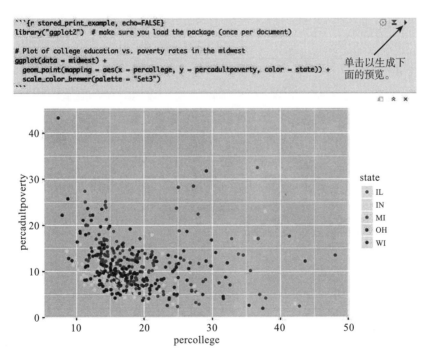

图 18-6　单击绿色播放按钮图标（非常有利于调试 .Rmd 文件），将显示 knitr 生成的内容预览

最好的办法是在单独的 .R 文件中为绘制进行必要的数据整理，然后通过 source() 加载进 R Markdown（在初始的 setup 代码块中，该块使用 include＝False 选项）。有关这部分内容，参见 18.5 节。

18.4 以网站形式共享报告

RStudio 新建的 R Markdown 脚本的默认输出格式是 HTML（内容保存成 .html 文件）。HTML 代表超文本标记语言，类似于 Markdown 语言，是描述内容结构和格式的语法形式（尽管 HTML 更广泛、更详细）。尤其，HTML 是可被 Web 浏览器自动渲染的标记语言，所以该语言用来生成网页。事实上，可在任何 Web 浏览器中打开 RStudio 创建的 .html 文件。另外，这表示由 R Markdown 生成的 .html 文件可以直接作为网页放到网上，以供浏览。

事实证明，GitHub 不仅可用来托管代码，还可用来显示 .html 文件，包括来自 R Markdown 的。GitHub 在一个可公开访问的 Web 服务器上存放网页，该服务器可以为任何请求网页的人"服务"（位于 github.io 域上的特定 URL）。此功能称为 GitHub Pages⊖。

使用 GitHub Pages 只需几步。首先，需要将文档 knit 成一个名为 index.html 的 .html 文件，这是网站主页的传统名称（该文件将在特定的 URL 上默认显示）。需要将此文件推送到 GitHub 仓库，index.html 文件需要位于 repo 的根文件夹中。

接下来，需要配置 GitHub 仓库以启用 GitHub Pages。在 repo 的门户网页上，单击"Setting"选项卡，向下滚动到"GitHub Pages"部分。在这里，需要指定 .html 文件的来源，即 GitHub Pages 要显示的文件。选择"master branch"选项开启 GitHub Pages，从而显示 index.html 的"master"版本（见图 18-7）。

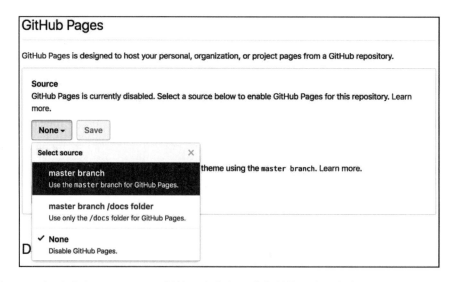

图 18-7 想要通过 GitHub Pages 托管一个仓库，首先浏览相应的仓库设置选项卡并滚动到
　　　　 GitHub Pages 部分，然后选择主分支作为托管源，以便将编译过的 index.html 文
　　　　 件作为一个网站托管

⊖ 什么是 GitHub Pages：https://help.github.com/articles/what-is-github-pages/。

深入学习：如果将代码推送到 GitHub 中以 gh-pages 命名的不同分支，不需要调整仓库的设置，GitHub Pages 会自动处理该分支的文件。更详细内容见 20.1 节。

一旦启用了 GitHub Pages，将能够查看该 URL 下的托管页面。

```
# The URL for a website hosted with GitHub Pages
https://GITHUB_USERNAME.github.io/REPO_NAME
```

将 GITHUB_USERNAME 替换成相应的仓库的用户名，将 REPO_NAME 替换成仓库名。如果将代码推送到 mkfreeman/report 的仓库（保存在 https://github.com/mkfreeman/report），网页地址将是 https://mkfreeman.github.io/report。更详细内容见官方文档[一]。

18.5　R Markdown 实战：寿命预测报告

为了说明 R Markdown 作为动态报告生成工具的强大功能，本节将介绍如何编写一份 1960 年至 2015 年各国寿命预测的报告。数据可从世界银行[二]下载。分析过程的完整代码可从本书代码库[三]下载。图 18-8 显示了部分数据。

	Country.Name	Country.Code	Indicator.Name	Indicator.Code	X1960	X1961
1	Aruba	ABW	Life expectancy at birth, total (years)	SP.DYN.LE00.IN	65.56937	65.98802
2	Afghanistan	AFG	Life expectancy at birth, total (years)	SP.DYN.LE00.IN	32.33756	32.78698
3	Angola	AGO	Life expectancy at birth, total (years)	SP.DYN.LE00.IN	33.22602	33.54776
4	Albania	ALB	Life expectancy at birth, total (years)	SP.DYN.LE00.IN	62.25437	63.27346
5	Andorra	AND	Life expectancy at birth, total (years)	SP.DYN.LE00.IN	NA	NA
6	Arab World	ARB	Life expectancy at birth, total (years)	SP.DYN.LE00.IN	46.81505	47.39723
7	United Arab Emirates	ARE	Life expectancy at birth, total (years)	SP.DYN.LE00.IN	52.28871	53.33405
8	Argentina	ARG	Life expectancy at birth, total (years)	SP.DYN.LE00.IN	65.21554	65.33851
9	Armenia	ARM	Life expectancy at birth, total (years)	SP.DYN.LE00.IN	65.86346	66.28439
10	American Samoa	ASM	Life expectancy at birth, total (years)	SP.DYN.LE00.IN	NA	NA

图 18-8　1960 年至 2015 年各国寿命预测的世界银行数据子集

为了保证代码的组织性，将以两份文件编写本报告：

- analysis.R：包含分析过程，保存重要值到变量中。
- index.Rmd：使用 source() 加载 analysis.R 脚本并生成报告（该文件的命名是为了便于托管到 GitHub Pages 来渲染）。

analysis.R 文件将需要执行下面的任务：

- 加载数据。
- 计算所需指标。
- 生成要显示的数据可视化。

因为该文件执行了上述每一步，关键报告数据和图表被保存到变量中，从而可在 index.Rmd 文件中引用。

为了引用这些变量，需要在 index.Rmd 文件的 "setup" 部分加载 analysis.R（使用 source()）。include＝FALSE 代码块选项表示代码将被执行，但结果不渲染到文档中。

[一]　GitHub Pages 文档：https://help.github.com/articles/user-organization-and-project-pages/。
[二]　世界银行：基于出生数据的寿命预测：https://data.worldbank.org/indicator/SP.DYN.LE00.IN。
[三]　R Markdown 实战：https://github.com/programming-for-data-science/in-action/tree/master/r-markdown。

```r
```{r setup, include = FALSE}
# Load results from the analysis
# Errors and messages will not be printed because `include` is set to FALSE
source("analysis.R")
```
```

注意：所有的"算法"工作应该放在独立的 analysis.R 文件中，便于调试和重复分析。由于可视化是"呈现"信息的一部分，因此可直接在 R Markdown 中生成。尽管可视化的数据应该在 analysis.R 文件进行预处理。

为了计算 analysis.R 文件中感兴趣的指标。可使用 dplyr 函数来询问数据框的问题。例如：

```r
# Load the data, skipping unnecessary rows
life_exp <- read.csv(
  "data/API_SP.DYN.LE00.IN_DS2_en_csv_v2.csv",
  skip = 4,
  stringsAsFactors = FALSE
)

# Which country had the longest life expectancy in 2015?
longest_le <- life_exp %>%
  filter(X2015 == max(X2015, na.rm = T)) %>%
  select(Country.Name, X2015) %>%
  mutate(expectancy = round(X2015, 1)) # rename and format column
```

本例中，longest_le 数据框保存了"Which country had the longest life expectancy in 2015"问题的答案。该数据框可直接作为 index.Rmd 文件的内容。能够从该数据框引用值，以确保报告使用的是最新信息，即使分析数据改变了：

```
The data revealed that the country with the longest life expectancy is
`r longest_le$Country.Name`, with a life expectancy of
`r longest_le$expectancy`.
```

当渲染时，此代码段将用该变量的值替换`r longest_le$Country.Name`。类似地，如果希望将表格作为报告的一部分显示，则可以在 analysis.R 脚本中使用所需的信息构造数据框，并在 index.Rmd 文件中使用 kcable() 函数进行渲染：

```r
# What are the 10 countries that experienced the greatest gain in
# life expectancy?
top_10_gain <- life_exp %>%
  mutate(gain = X2015 - X1960) %>%
  top_n(10, wt = gain) %>% # a handy dplyr function!
  arrange(-gain) %>%
  mutate(gain_str = paste(format(round(gain, 1), nsmall = 1),"years")) %>%
  select(Country.Name, gain_formatted)
```

一旦将所需信息保存到 analysis.R 文件中的 top_10_gain 数据框中，就可在 index.Rmd 文件中显示该信息，语法如下：

```r
```{r top_10_gain, echo = FALSE}
# Show the top 10 table (specifying the column names to display)
kable(top_10_gain, col.names = c("Country", "Change in Life Expectancy"))
```
```

下面的 R Markdown 代码生成了一个报告，该报告使用了 rworldmap 包（等同于使用 ggplot2）。

```
# analysis.R script

# Load required libraries
library(dplyr)
library(rworldmap) # for easy mapping
library(RColorBrewer) # for selecting a color palette

# Load the data, skipping unnecessary rows
life_exp <- read.csv(
  "data/API_SP.DYN.LE00.IN_DS2_en_csv_v2.csv",
  skip = 4,
  stringsAsFactors = FALSE
)

# Notice that R puts the letter "X" in front of each year column,
# as column names can't begin with numbers

# Which country had the longest life expectancy in 2015?
longest_le <- life_exp %>%
  filter(X2015 == max(X2015, na.rm = T)) %>%
  select(Country.Name, X2015) %>%
  mutate(expectancy = round(X2015, 1)) # rename and format column

# Which country had the shortest life expectancy in 2015?
shortest_le <- life_exp %>%
  filter(X2015 == min(X2015, na.rm = T)) %>%

  select(Country.Name, X2015) %>%
  mutate(expectancy = round(X2015, 1)) # rename and format column

# Calculate range in life expectancies
le_difference <- longest_le$expectancy - shortest_le$expectancy

# What 10 countries experienced the greatest gain in life expectancy?
top_10_gain <- life_exp %>%
  mutate(gain = X2015 - X1960) %>%
  top_n(10, wt = gain) %>% # a handy dplyr function!
  arrange(-gain) %>%
  mutate(gain_str = paste(format(round(gain, 1), nsmall = 1), "years")) %>%
  select(Country.Name, gain_str)

# Join this data frame to a shapefile that describes how to draw each country
# The `rworldmap` package provides a helpful function for doing this
mapped_data <- joinCountryData2Map(
  life_exp,
  joinCode = "ISO3",
  nameJoinColumn = "Country.Code",
  mapResolution = "high"
)
```

下面的 index.Rmd 使用了前面的 analysis.R 脚本渲染报告：

```
---
title: "Life Expectancy Report"
output: html_document
---

```{r setup, include = FALSE}
# Load results from the analysis
# errors and messages will not be printed given the `include = FALSE` option
```
```

```
source("analysis.R")

# Also load additional libraries that may be needed for output
library("knitr")
```

```
## Overview
This is a brief report regarding life expectancy for each country from
1960 to 2015 ([source](https://data.worldbank.org/indicator/SP.DYN.LE00.IN)).
The data reveals that the country with the longest life expectancy was
`r longest_le$Country.Name`, with a life expectancy of
`r longest_le$expectancy`. That life expectancy was `r le_difference`
years longer than the life expectancy in `r shortest_le$Country.Name`.

Here are the countries whose life expectancy **improved the most** since 1960.

```{r top_10_gain, echo = FALSE}
# Show the top 10 table (specifying the column names to display)
kable(top_10_gain, col.names = c("Country", "Change in Life Expectancy"))
```

Life Expectancy in 2015
To identify geographic variations in life expectancy,
here is a choropleth map of life expectancy in 2015:

```{r le_map, echo = FALSE}
# Create and render a world map using the `rworldmap` package
mapCountryData(
  mapped_data, # indicate the data to map
  mapTitle = "Life Expectancy in 2015",
  nameColumnToPlot = "X2015",
  addLegend = F, # exclude the legend
  colourPalette = brewer.pal(7, "Blues") # set the color palette
)
```

为了练习使用 R Markdown 生成报告，可见随书练习题[⊖]。

```

第 19 章

使用 Shiny 构建交互式 Web 应用程序

在数据报告中添加交互性是进行信息沟通和使用户浏览数据集的高效方式。本章将描述用来在 R 中构建交互式应用程序的 Shiny 框架[⊖]。它能够用来创建一个动态系统，从中用户可以选择他们想要查看的信息和他们想查看的方式。

Shiny 在用户界面（例如 Web 浏览器）和数据服务器（例如 R 对话）之间提供了一个通信框架，使用户可以通过 Shiny 交互式地更改运行代码和输出数据。这不仅使开发人员能够创建交互式的数据演示，而且为用户直接与 R 会话交互提供了一个方法（无须编写任何代码）。

19.1　Shiny 框架

Shiny 是 R 语言的 Web 应用程序框架。与简单（静态）的网页不同，使用 R Markdown 编写的 Web 应用程序是交互式的动态网页，用户可单击按钮、复选框或者输入文本来更改显示数据的方式和内容。Shiny 是一个框架，提供了用于生成和启用交互的"代码"，而开发人员只需使用能创建代码的变量或者函数来创建交互式页面，从而"填充空白"。

与他人共享数据需要代码执行两种不同的任务：需要处理和分析信息，而后将信息呈现给用户查看。而且，通过交互程序，用户能够与呈现的数据进行交互（例如单击按钮或者在表单中输入查询）。然后重新处理用户输入的信息，并重新显示输出结果。

Shiny 框架为应用程序提供了执行交互功能的框架结构：通过编写 R 函数将结果输出（服务）到 Web 浏览器，Shiny 框架提供了在浏览器中显示输出的界面。用户通过该界面发送信息给服务器，而后服务器输出新的内容给用户。Shiny 在来回传递这些输入和输出（见图 19-1）的过程中，为用户提供了动态交互式体验！

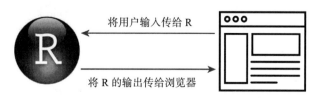

图 19-1　在 R 对话和浏览器之间传递内容

⊖　Shiny：http://shiny.rstudio.com。

趣事：因为 Shiny 为 Web 浏览器渲染了一个用户界面，它实际上是创建了一个网站。也就是说，该框架创建了所有必要的组件（HTML 元素）、相应的样式（CSS 规则）、脚本（JavaScript 代码）来启用交互性。但不用担心：并不需要学习这些语言，Shiny 代码是完全使用 R 编写的。不过，如果已了解 Web 开发的相关知识，就可增强 Shiny 生成的元素与交互性，从而使应用程序更优秀。

19.1.1　Shiny 核心概念

Shiny 框架包含许多不同的组件，需要熟悉并区分这些术语，来理解 Shiny 应用程序的机理：

- **用户界面（UI）**：Shiny app 的 UI 定义了程序在浏览器中的显示方式。UI 提供了一个网页，该网页用来渲染类似文本或图形的（如同 knit 的 R Markdown 文档）R 内容。而且，Shiny UI 通过控制小部件实现交互模式，这些小部件是应用程序的交互控件（比如按钮或滑动条）。UI 可为这些组件指定布局，可以使用并排面板或多个选项卡的形式来组织内容。

- **服务器**：Shiny app 的服务器定义并处理数据，UI 将显示这些数据。一般来说，服务器是运行在一台计算机（经常是远程的）上的程序，用于接收请求并基于请求提供（"服务"）内容。例如，当从一个 Web API 请求信息时，请求将被提交给服务器，服务器处理请求并返回所需信息。在 Shiny 应用程序中，可将服务器想象成交互式的 R 对话，用户将通过与 Web 浏览器（不是在 RStudio 中）中的 UI 交互来"运行"数据处理功能。服务器接收用户的输入（基于他们的交互）并运行用 UI 显示结果（例如文本或者图表）的函数。这些数据处理函数是响应模式，即当输入改变（处理函数对此响应），处理函数自动重新运行。所以 Shiny 的输出是动态的、交互式的。

- **控制小部件**：是 UI 的元素，用户通过它向服务器输入数据，例如文本输入框、下拉菜单或者滑动条。控制小部件保存输入数值，当用户与这些小部件交互时，小部件会自动更新这些数值。更改的数值将从 UI 发送到服务器，服务器根据更改会显示新的内容。

- **响应输出**：是 UI 显示服务器生成的动态（可变）内容的元素，例如，当用户选择要显示不同数据时动态更新的图表，或响应搜索查询的表格。当服务器发送一个用于显示的新值时，响应输出会自动更新。

- **渲染函数**：是指服务器中产生输出的函数，这些输出可以被 UI 的响应输出理解和显示。只要相关控制小部件改动，渲染函数就会自动重新执行，生成一个更新的值，该值将由响应输出读取和显示。

- **响应**：Shiny app 是围绕响应设计的，更新 UI 中的某些部件（例如控制小部件）会导致其他部分（例如服务器中的渲染函数）响应更改并自动重新执行。这类似于电子表格程序（例如 Microsoft Excel）中公式的工作机理：当更改一个单元格的值时，引用该单元格的其他单元格也会随之变化。

19.1.2　程序结构

Shiny 应用程序是编写在 app.R（必须使用这个名字，以便 RStudio 能够正确处理该文件）的脚本程序中。app.R 文件要保存到项目的根目录（比如 git repo 的根目录）下。可自建该文件和文件夹，也可通过 RStudio（File → New File → Shiny Web App）新建一个 Shiny 项目。

Shiny 应用程序的基础是 shiny 包（类似 dplyr 和 ggplot2），使用前需要安装并加载：

```
install.packages("shiny") # once per machine
library("shiny")          # in each relevant script
```

这样，所有 shiny 包中的函数和变量都可被使用了。

图 19-1 已说明，Shiny 应用程序被分成两部分：UI 和服务器。

1）UI 定义了浏览器显示应用程序的方式。Shiny 应用程序的 UI 被定义成一个值，该值几乎总是从调用 Shiny 的布局函数中返回。

下面的 UI 例子中定义了 fluidPage() 函数（函数中的内容流入了响应的页面中，页面随浏览器尺寸而调整），该函数中包含了三个内容元素：页面头的静态文本内容、用户可输入名字的文本输入框、计算消息值（由服务器定义）的输出文本。在 19.2 节中将详细讲解这些函数和用法。

```
# The UI is the result of calling the `fluidPage()` layout function
my_ui <- fluidPage(
  # A static content element: a 2nd level header that displays text
  h2("Greetings from Shiny"),

  # A widget: a text input box (save input in the `username` key)
  textInput(inputId = "username", label = "What is your name?"),

  # An output element: a text output (for the `message` key)
  textOutput(outputId = "message")
)
```

2）服务器定义和处理将由 UI 显示的数据。Shiny 应用程序的服务器被定义成一个函数（与此相反，UI 是一个值）。该函数需要两个列表作为参数，习惯上称为输入和输出。从用户界面（例如 Web 浏览器）中接收输入列表中的数值，并使用该数值生成新的内容（比如计算信息或者绘图）。生成的内容被保存成输出列表，回发给 UI，而后在浏览器中渲染。服务器使用渲染函数将这些数值赋值给输出，从而，只要输入列表变动了就会自动重新计算出新的内容，例如：

```
# The server is a function that takes `input` and `output` arguments
my_server <- function(input, output) {
  # Assign a value to the `message` key in the `output` list using
  # the renderText() method, creating a value the UI can display
  output$message <- renderText({
    # This block is like a function that will automatically rerun
    # when a referenced `input` value changes

    # Use the `username` key from `input` to create a value
    message_str <- paste0("Hello ", input$username, "!")

    # Return the value to be rendered by the UI
    message_str
  })
}
```

（服务器的特性和函数的具体内容将在 19.3 节详细说明。）

UI 和服务器均需写在 app.R 文件中。通过调用 shinyApp() 函数，将它们结合到一起，UI 值与服务器函数将作为 shinyApp() 的参数。例如：

```
# To start running your app, pass the variables defined in previous
# code snippets into the `shinyApp()` function
shinyApp(ui = my_ui, server = my_server)
```

执行 shinyApp() 函数将启动该 app。另外，可使用 RStudio 中的 " Run App " 按钮加载 Shiny app（见图 19-2）。这将启动一个显示应用程序的查看窗口（图 19-3），也可单击查看窗口上部的 " Open in Browser " 按钮从而调用 Web 浏览器来运行 app。注意，如果必须停止 app，可关闭窗口或者单击 RStudio 控制台中的 " Stop Sign " 图标。

技巧：如果更改了 UI 或服务器，通常不必停止后重启 app。相反，可刷新浏览器或查看窗口，以重载新的 UI 和服务器。

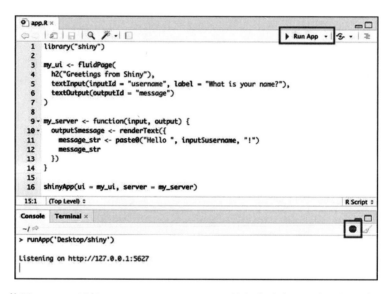

图 19-2 使用 RStudio 运行 Shiny app。" Run App " 按钮启动应用程序，控制台中的 " Stop Sign " 图标停止程序

图 19-3 在 RStudio 查看器中运行的基于输入名欢迎用户的 Shiny 应用程序，注意上部的 " Open in Browser " 和 Refresh 按钮

本例程序运行时，Shiny 会将 UI 和服务器部件组合成一个网页，允许用户在输入框中输入名字，在名字前面添加上 " Hello " 后显示在页面上（见图 19-3）。当用户在输入框（由 textInput() 生成）中输入时，UI 将更新过的用户名发送给服务器，该值被保存到输入参数列表中（input$username）。服务器上的 renderText() 函数收到新的 input$username 值，而后自动重新计算出新的结果，结果保存在 output$message 中，并发送回 UI（见图 19-4）。这就是

app 实现的动态过程，即用户在输入框中输入而后得到响应信息。尽管这是个简单例程，不过该结构同样适用于创建搜索表格、更改交互图内容或者填写机器学习模型的参数！

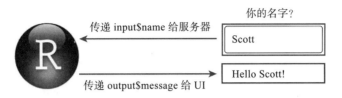

图 19-4　在 UI 和服务器之间传递变量。服务器函数从 UI 接收输入并生成一组输出，回传
　　　　　给 UI，供 UI 渲染

技巧： *Shiny app 的响应性不利于调试。与多数脚本不同，Shiny app 的代码不是从上到下的编写过程，另外如果出错了 Shiny 可能在控制台输出一些模糊的错误信息。同 R Markdown 一样，查错的好办法是系统地删除（注释掉）项目片段，并尝试重新运行应用程序。*

有关 Shiny app 中如何解决问题的其他办法，参见官方的 Debugging Shiny applications⊖。

在 UI 和服务器之间，Shiny app 划分了责任：UI 负责显示信息，服务器负责处理信息。关注点分离是设计计算机程序的基本原则，因为该原则使得开发人员将问题隔离解决并容易创建可扩展和协作的项目。实际上，这种分割方法同样适用于分割 .R 和 .Rmd 文件的代码。

尽管可将 UI 和服务器的定义放到同一个 app.R 文件中，但为了遵守分割原则将 UI 和服务器的定义放到独立文件中（例如 my_ui.R 和 my_server.R）。为了组合，可使用 source() 函数来将这些变量加载进 app.R 脚本。这种分割有利于保持代码的组织性和易懂性，尤其当应用程序越来越大时。

如果准确地命名了 ui.R 和 server.R 的独立文件（并且每个脚本中的最后返回值分别是 UI 值和服务器函数），RStudio 将能够加载没有统一 app.R 文件的 Shiny 应用程序。即便如此，最好还是使用一个单独的 app.R 脚本运行 Shiny app，而后通过 source() 加载进 UI 和服务器，以便使它们保持独立。

警告： *避免在项目中同时使用 app.R 和准确命名的 ui.R 与 server.R。这容易误导 RStudio，导致程序无法运行。选择其中一种方法！*

深入学习： *可通过 Shiny 框架给 R Markdown 创建的 HTML 文档添加交互部件！参见《Introduction to Interactive Documents》⊖。需要注意的是仍旧需要将网页托管到支持 Shiny 服务器的网站上（例如 shinyapps.io，参见 19.4 节）。*

19.2　设计用户界面

为了快速发现信息，应该创建界面，以清晰和良好组织的方式优先处理有关信息。Shiny 框架提供了结构化元素，可用来组建一个组织良好的页面。

⊖　https://shiny.rstudio.com/articles/debugging.html。

⊖　https://shiny.rstudio.com/articles/interactive-docs.html。

编写 UI 代码就是定义 app 在浏览器中显示的方式。通过调用类似 fluidPage() 的布局函数来新建一个 UI，布局函数会返回一个 UI 定义，以供 shinyApp() 函数使用。布局函数将布局要包含（将要显示在 app 的 UI 中）的内容元素（内容片段）作为参数：

```
# A "pseudocode" example rendering 3 UI elements in a fluid layout
ui <- fluidPage(element1, element2, element3)
```

布局函数可根据需要接受任意多的内容元素，每个元素都作为附加参数（为了易读，每个参数占一行）。例如，图 19-2 中有三个内容元素：h2() 函数生成的；textInput() 函数生成的；textOutput() 函数生成的。

很多不同类型的内容元素可传递给布局函数，下节将详细介绍。

技巧：可使用"空"的服务器函数来初步实现 app，用来设计和测试 UI，因为 UI 不要求服务器的任何实际内容！在 19.3 节中，有一个空服务器函数的例子。

19.2.1　静态内容

UI 可包含的内容元素的最简单类型是静态内容元素。这些元素在用户与页面交互时，包含的内容不会改变。它们通常用来提供关于用户正在查看内容的进一步的解释性信息，类似 R Markdown 文档中的 Markdown 部分。

通过调用特定的函数生成内容元素。例如，h1() 函数将生成一级标题的元素（类似在 Markdown 中使用 #）。将要显示的内容（通常是字符串）作为这些函数的参数：

```
# A UI whose layout contains a single static content element
ui <- fluidPage(
  h1("My Static App")
)
```

静态内容函数也可作为标记列表的元素（例如 tags$h1()）引用，它们也被称为"标记函数"。这是因为静态内容函数用来生成 HTML[⊖]，该语言用来生成网页内容（回忆下：Shiny app 是一个交互式网页）。基于此，静态内容函数名通常以 HTML 标记为前缀。但由于 Markdown 也是被编译成 HTML 标记（当 knit 一个 R Markdown 文档时），很多静态内容函数相当于 Markdown 语法，见表 19-1。HTML 标记词汇表[⊖]给出了各个函数的含义以及常用参数。

静态内容函数可有多个未命名参数（即多个字符串），所有这些都作为静态内容使用。甚至可将其他内容元素作为参数传递给标记函数，从而可"嵌套"格式化的内容。

```
# Create a UI using multiple nested content elements
ui <- fluidPage(
  # An `h1()` content element that contains an `em()` content element
  # This will render like the Markdown content `# My _Awesome_ App`
  h1("My", em("Awesome"), "App"),

  # Passing multiple string arguments will cause them to be concatenated (within
  # the same paragraph)
  p("My app is really cool.", "It's the coolest thing ever!"),
)
```

⊖　来自 Mozilla 开发者网络的 HTML 教程和参考：https://developer.mozilla.org/en-US/docs/Web/HTML。

⊖　Shiny HTML 标记词汇表：https://shiny.rstudio.com/articles/tag-glossary.html。

通常的做法是包含一些静态元素（通常具有此类嵌套）来描述应用程序，类似在 R Markdown 中包含静态 Markdown 内容的方式。特别是，几乎所有 Shiny app 都包含 titlePanel() 内容元素，它为页面标题提供了二级标题（h2()）元素，并指定 Web 浏览器的选项卡标题。

表 19-1　静态内容函数示例以及等价的 Markdown 语法

静态内容函数	等价的 Markdown 语法	描　　述
h1("Heading 1")	# Heading 1	一级标题
h2("Heading 2")	## Heading 2	二级标题
p("some text")	some text (on own line)	段落（纯文本）
em("some text")	_some text_	斜体
strong("some text")	**some text**	黑体
a("some text", href = "url")	[some text](url)	超链接
img("description", src = "path")		图片

深入学习：如果熟悉 HTML 语法，可直接使用 HTML() 函数编写这些内容，传入要包含的 HTML 字符串。同样，如果熟悉 CSS，可使用 includeCSS() 内容函数包含样式表。有关其他内容可阅读《Style Your Apps with CSS》[⊖]。

19.2.2　动态输入

尽管程序可能包含很多静态内容，Shiny 的真正威力和目的是对用户交互的支持。在 Shiny app 中，用户与内容元素交互的部分是控制小部件。这些元素允许用户提供输入到服务器中，并包含类似文本输入框、下拉菜单和滑动条的元素。图 19-5 显示了 Shiny 包中的小部件的例子。

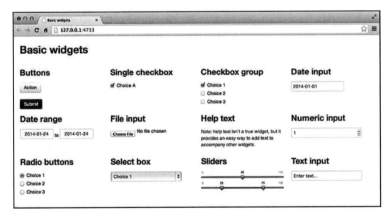

图 19-5　可用于 Shiny 应用程序 UI 的控制小部件示例（图片来源：shiny.rstudio.com）

每个小部件通过保存用户输入值来处理用户输入，无论是输入框中的输入、移动滑块或是单击按钮。当用户与小部件交互并改变输入值时，保存的值会随自动改变。这样可以将小部件的值看成"变量"，用户能够通过与浏览器互动修改的变量。更新小部件保存的值将

⊖　https://shiny.rstudio.com/articles/css.html。

被发送给服务器，服务器响应更改后会生成新的待显示内容。

类似静态内容元素，控制小部件由相应的函数创建，这些函数名字中多数包含"input"单词，例如：

- textInput() 创建一个用户输入的文本框。前述的"Greeting"app 已使用了 textInput()。
- sliderInput() 创建滑动条，用户可拖动以选择数值（或数值范围）。
- selectInput() 创建用户可选择的下拉菜单。
- checkboxInput() 创建复选框（使用 checkboxGroupInput() 可对选项分组）。
- radioButtons() 创建"radio"按钮（用户只能一次选择一个按钮，类似收音机选台）。

Shiny 参考手册⊖给出了控制小部件用法的完整列表，Shiny 部件展览馆⊜给出了相关例程。所有小部件函数至少有两个参数：

- inputId（字符串）或部件值的"name"。这是"键值"，服务器借此访问部件的值（准确地说，它是输入列表参数值的键值）。
- 标签（label）（作为一个字符串或者静态内容元素），将显示在小部件的旁边并说明该值的含义。如果不希望显示内容，该标签可为空字符串 (" ")。

某些小部件会要求其他参数。例如，滑动条要求最大、最小和开始值，参见下面的代码。

控制小部件用来接收用户输入，而后将输入值发送给服务器处理。有关使用输入值的细节见 19.3 节。

```
# A UI containing a single slider
ui <- fluidPage(
  sliderInput(
    inputId = "age",          # key this value will be assigned to
    label = "Age of subjects", # label to display alongside the slider
    min = 18,                 # minimum slider value
    max = 80,                 # maximum slider value
    value = 42                # starting value for the slider
  )
)
```

19.2.3　动态输出

UI 使用响应式输出元素来显示来自服务器的输出值。这种内容元素类似于静态内容元素，不过不是显示不变的内容，而是显示服务器生成的动态（可变）的内容，例如根据用户选择动态更新的图表、响应搜索查询的表格。只要服务器发送了待显示值，响应输出将自动更新。

与其他内容元素一样，响应输出由调用相应的函数生成，多数函数名中有一个"output"，例如：

- textOutput() 显示纯文本内容。使用 htmlOutput() 渲染 HTML 内容。
- tableOutput() 显示表格内容（类似 R Markdown 中的 kable()）。需要注意，DT 包中的 dataTableOutput() 函数显示交互式表格。
- plotOutput() 显示图形绘制，例如使用 ggplot2 包创建的图。plotly 包中的 plotlyOutput() 函数可渲染一个交互式绘图，也可使 ggplot2 绘图具有交互性⊜。

⊖　Shiny 参考手册：http://shiny.rstudio.com/reference/shiny/latest/。
⊜　Shiny 部件展览馆：http://shiny.rstudio.com/gallery/widget-gallery.html。
⊜　交互式绘图：http://shiny.rstudio.com/articles/plot-interaction.html。

- verbatimTextOutput() 将内容显示成格式化的代码块，例如想将非字符串变量显示成向量或数据框。

这些函数都使用一个 outputId（字符串）或者显示值的 name 作为参数。函数使用该键值访问变量值，服务器将输出这些变量值。例如，可显示服务器生成下列信息：

```
# A UI containing different reactive outputs
ui <- fluidPage(
  textOutput(outputId = "mean_value"),  # display text stored in `output$mean_value`
  tableOutput(outputId = "table_data"), # display table stored in `output$table_data`
  plotOutput(outputId = "my_chart")     # display plot stored in `output$my_chart`
)
```

需要注意的是，每个函数也支持多个参数（例如绘图大小的参数）。关于函数的具体内容请阅读相应文档。

警告：每页只能显示一个输出结果一次（因为每个结果在生成的 HTML 中有唯一的标识）。例如，不能在同一个 UI 中使用两次 textOutput(outputId = "mean_value")。

注意：在构建应用程序的 UI 时，要注意每个控制小部件和响应输出的名字（input Id 和 output Id），需要与服务器引用的值相匹配。

19.2.4　布局

使用不同的布局内容元素指定页面内容如何组织。布局元素类似其他内容元素，但是用来指定页面中内容块的位置信息，比如说，以列或网格形式组织内容或者将网页转成选项卡形式。

布局内容元素由调用相应的函数创建，参见 Shiny 文档或布局向导[⊖]。布局函数将其他内容元素（通过调用其他函数创建）的序列作为参数，这些内容将显示在指定布局的页面中。例如前面的例子中，响应浏览器窗口大小的方式，是使用 fluidPage() 以从上到下的方式布局页面内容。

因为布局本身是内容元素，也可将一个布局函数的调用结果作为参数传递给另外一个布局函数。从而可将以"列"摆放的内容，按照"行"的形式放置到一个网格中。例如，常用的 sidebarLayout() 函数将内容组织成两列：一列是"sidebar"（显示在灰色框中，通常用于控件或相关内容），一列是"main"部分（通常用于响应输出，例如绘图或表格）。因此 sidebarLayout() 需要传入两个参数：包含针对侧边栏（sidebar）内容的 sidebarPanel() 布局元素；包含针对 main 部分内容的 mainPanel() 布局元素。

```
ui <- fluidPage(  # lay out the passed content fluidly
  sidebarLayout(  # lay out the passed content into two columns
    sidebarPanel( # lay out the passed content inside the "sidebar" column
      p("Sidebar panel content goes here")
    ),
    mainPanel(    # lay out the passed content inside the "main" column
      p("Main panel content goes here"),
      p("Layouts usually include multiple content elements")
    )
  )
)
```

⊖　Shiny 应用程序布局向导：http://shiny.rstudio.com/articles/layout-guide.html。

图 19-6 是一个关于侧边栏布局的例子。

警告：因为 Shiny 布局通常随浏览器尺寸而变化，在小窗口（例如默认的 app 查看器）中，侧边栏可能放在内容上面，因为旁边没有合适的空间摆放侧边栏。

由于布局和它的内容元素经常嵌套（类似其他静态内容元素），需要在代码中使用换行符和缩进来展示嵌套过程。针对大型程序或者复杂布局，可能需要跟踪页面以查找右括号），其用来表示特定布局的参数列表（传入内容）的结束。

因为布局函数可很快变得复杂（通过大量其他嵌套内容的函数），所以它也有利于将返回的布局保存到变量中。这些变量随之被传给更高级的布局函数。下面的例子使用了多个"选项卡"（通过 tabPanel() 布局函数创建），随之将其作为 navbarPage() 布局函数的参数生成顶端有"导航栏"的页面，通过"导航栏"可以浏览不同的选项卡。运行结果见图 19-6。

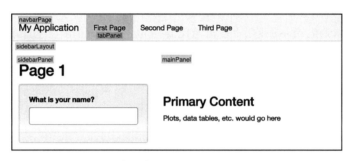

图 19-6　一个"多页"的应用程序，使用了包括 navbarPage() 和 sidebarLayout() 在内的 Shiny 布局函数构建。增加了灰底的注释

```r
# Define the first page content; uses `tabPanel()` and `sidebarLayout()`
# layout functions together (as an example)
page_one <- tabPanel(
  "First Page", # label for the tab in the navbar
  titlePanel("Page 1"), # show with a displayed title

  # This content uses a sidebar layout
  sidebarLayout(
    sidebarPanel(
      textInput(inputId = "username", label = "What is your name?")
    ),
    mainPanel(
      h3("Primary Content"),
      p("Plots, data tables, etc. would go here")
    )
  )
)

# Define content for the second page
page_two <- tabPanel(
  "Second Page" # label for the tab in the navbar
  # ...more content would go here...
)

# Define content for the third page
page_three <- tabPanel(
  "Third Page" # label for the tab in the navbar
```

```
  # ...more content would go here...
)

# Pass each page to a multi-page layout (`navbarPage`)
ui <- navbarPage(
  "My Application", # application title
  page_one,         # include the first page content
  page_two,         # include the second page content
  page_three        # include the third page content
)
```

只需调用 R 函数，就可使用 Shiny 框架来开发高度复杂的布局。关于如何实现特定布局和 UI 效果的更多示例和详细信息，请查看 Shiny 文档和应用程序库。

趣事：多数的 Shiny 样式和布局结构是基于 Bootstrap⊖的 Web 框架，这是响应窗口尺寸的基础。需注意的是 Shiny 使用 Bootstrap 3，而不是最新的 Bootstrap 4。

19.3　开发应用程序服务器

要生成可在 UI 中显示的动态数据视图（作为响应输出），需要确定基于用户输入（通过小部件）操作数据的流程。在 Shiny 框架中，将此操作定义成应用程序的服务器。

可通过定义一个函数（而并不是调用已有的，比如一个 UI）创建一个 Shiny 服务器。该函数必须定义成至少接受两个参数：一个列表保存输入值，一个列表保存输出值：

```
# Define a server function for a Shiny app
server <- function(input, output) {
  # assign values to `output` here
}
```

请注意，服务器函数只是一个普通函数，尽管运行后可"设置"应用程序的响应数据处理。因此可在此包含任何代码语句，尽管该代码只运行一次（当应用程序首次启动时），除非将函数定义成渲染函数的一部分。

为设置应用程序而调用服务器函数时，服务器函数会包含输入和输出的列表参数。第一个参数（输入）是包含 UI 控件中存储的所有值的列表：控件中的每个 inputId("name") 是列表的键，其值是小部件当前存储的值。例如，图 19-2 中的 textInput() 有一个 username 的 inputId，从而输入列表中有一个 username 的键（对应服务器函数中的 input$username）。这允许服务器访问用户输入到 UI 中的任何数据。重要的是，这些列表是响应式的，因此当用户与 UI 的控件交互时，列表中的值将自动更改。

服务器函数的主要功能是为输出列表分配新的值（每个值都对应一个键）。然后，这些值将由 UI 中的响应输出进行显示。输出列表被赋予的值是由渲染函数生成的，渲染函数能够以 UI 识别的格式生成输出（响应输出不能只显示纯字符串）。同 UI 的响应输出函数一样，服务器针对不同类型的输出调用不同的渲染函数，如表 19-2 所示。

渲染函数的结果必须被赋值给输出列表参数中的一个键，该键对应于响应输出中的 outputId("name")。例如，UI 包含了 textOutput(outputId="message")，值必须被赋给 output$message。如果键不匹配，UI 将不知显示什么内容！另外，渲染函数的类型必须匹配响应输出的类型：不能期望服务器提供绘图功能，但 UI 可以输出表格！这通常意味着渲

⊖ http://getbootstrap.com/docs/3.3/。

染函数"render"后的单词必须与响应输出函数"Output"前的单词相同。需要注意的是，Shiny 服务器函数有多个渲染函数，可将值分配给输出列表，UI 中每个相应的响应输出分配一个值。

表 19-2 部分渲染函数以及对应的响应输出

渲染函数（服务器）	响应输出（UI）	内 容 类 型
renderText()	textOutput()	非格式化文本（字符串）
renderTable()	tableOutput()	简单的数据表格
renderDataTable()	dataTableOutput()	交互式数据表格（使用 DT 包）
renderPlot()	plotOutput()	图形绘图（例如使用 ggplot2 创建）
renderPlotly()	plotlyOutput()	交互式 Plotly 绘图
renderLeaflet()	leafletOutput()	交互式 Leaflet 地图
renderPrint()	verbatimTextOutput()	使用 print() 生成的所有输出

所有渲染函数使用响应表达式作为参数。响应表达式类似函数：以代码块形式编写（在大括号 {} 中），返回要渲染的值。实际上，编写函数与编写响应表达式的唯一差别在于后者不用包含关键字函数或者参数列表，只需包含代码块（大括号及其内的代码）：

```
# Create a server function that defines a `message` output based on a
# `username` input
server <- function(input, output) {
  # Define content to be displayed by the `message` reactive output
  # `renderText()` is passed a reactive expression
  output$message <- renderText({
    # A render function block can include any code used in a regular function
    my_greeting <- "Hello "

    # Because the render function references an `input` value, it will be
    # automatically rerun when that value changes, producing an updated output
    message_str <- paste0(my_greeting, input$username, "!")
    message_str # return the message to be output
  })
}
```

深入学习：响应表达式技术上定义了一个闭包，这是一个编程概念，用来封装函数和函数的上下文。

渲染函数的特点：每当输入列表引用的值更改时，自动"重新执行"传入的代码块。所以如果用户使用了 UI 中的 username 控件，（并更改了 input$username 值），前例中的函数将再次执行，生成新的值给 output$message。并且，一旦 output$message 更改，UI 中的所有响应输出（例如 textOutput()）将显示新值。这是 app 的交互原理。

注意：实际上，渲染函数是自动重新执行的函数，在输入更改时无须干预地自动重新执行！可将它们看成是针对输出而定义的函数，并且这些函数在输入更改时重新运行。

因此，服务器定义了一系列"函数"（渲染函数），这些函数决定了输出随着输入而变的过程。

技巧：通常，在服务器函数之外可以定义非交互式的（不随用户输入而变）数据值。如果需要在 UI 中使用非交互值，比如说配置信息或静态数据范围信息，需要在 app.R 文件的服务器函数之外或者在独立的 global.R 文件中定义该数据值。具体参考 Scoping Rules for Shiny Apps[⊖]。

深入学习：理解渲染函数与其他交互表达式的数据流是开发复杂 Shiny 应用程序的关键。有关 Shiny 的交互性，参见 RStudio 关于交互性的文章[⊜]，特别是 Reactivity: An Overview[⊜]和 How to Understand Reactivity in R[⊛]。

19.4　发布 Shiny 应用程序

前面讨论了在电脑上构建和运行 Shiny app，交互程序的核心是为了与他人共享。为此，需要一个托管应用程序的网站，从而他人能够使用浏览器访问它。然而，不能仅使用 GitHub 来托管程序，这是因为除了 UI，需要一个 R 解释器来运行服务器（GitHub 不提供 R 解释器）。基于此，共享 Shiny app 比将代码提交给 GitHub 稍复杂点。

尽管有几种托管 Shiny app 的方案，最简单的是托管在 shinyapps.io[⑤]。shinyapps.io 是由 RStudio 提供的平台，用来托管和运行 Shiny app。尽管部署大型应用程序需要收费，不过任何人都可免费将五个小型应用程序部署和托管到 shinyapps.io 平台上。

为了在 shinyapps.io 托管 app，需要创建一个免费账户[⑥]。可用 GitHub 账户（推荐）或者 Google 账户注册。注册后，按照网站说明进行如下配置：

- 选择用户名，用户名是被访问的 URL 的一部分。
- 安装必需的 rsconnect 包（可能已经包含在 RStudio 安装包中）。
- 设置上传 app 的授权令牌（"密码"）。为此，点击绿色的"Copy to Clipboard"按钮，而后粘贴选中的命令到 RStudio 控制台中。每台电脑上只需操作一次。不要担心列出的"Step 3 - Deploy"，实际上是通过 RStudio 发布的！

设置完账户后，通过 RStudio 运行 app（点击"Run App"按钮），而后点击 app 查看器右上角的"Publish"按钮来发布应用程序（见图 19-7）。

上传后，可通过下列 URL 访问 app：

```
# The URL for a Shiny app hosted with shinyapps.io
https://USERNAME.shinyapps.io/APP_NAME/
```

尽管发布听起来就是点击按钮，不过，发布到 shinyapps.io 是使用 Shiny 的难点。此时会无缘无故地出错，比本地 Shiny app 更难查找问题！下面是一些有关发布应用程序的有用技巧：

- 始终在本地测试和调试应用程序（例如，在自己电脑上，使用 RStudio 运行 app）。本地调试更容易发现和修复错误，确保程序放到网上之前工作正常。

⊖　https://shiny.rstudio.com/articles/scoping.html。
⊜　https://shiny.rstudio.com/articles/#reactivity。
⊜　https://shiny.rstudio.com/articles/reactivity-overview.html。
⊛　https://shiny.rstudio.com/articles/understanding-reactivity.html。
⑤　托管 Shiny 应用程序的网站 shinyapps.io：https://www.shinyapps.io。
⑥　shinyapps.io 注册：https://www.shinyapps.io/admin/#/signup。

- 可使用应用程序视图中的"Logs"选项卡或调用 showLogs() 函数(在 rsconnect 包中)查看错误日志。这些日志将显示 print() 语句并经常列出用以解释部署 app 时所遇问题的错误。

- 使用正确的文件夹结构和相对路径。所有的应用程序文件应该放在一个文件夹中(通常以项目命名)。保证所有被引用的 .csv 和 .R 文件在 app 文件夹内,且在代码中不使用相对路径。不要在代码中包含任何的 setwd() 语句;只能通过 RStudio(因为 shinyapps.io 有自己的工作目录)设置工作目录。

- 确保使用的任何外部包均是通过 app.R 文件中的 library() 引用的。最常见的问题是外部包不可用。参见文档中的例程与解决方案[⊖]。

有关更多内容和细节,参见 shinyapps.io 用户手册[⊜]。

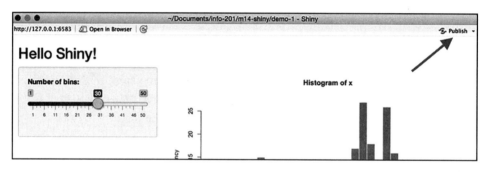

图 19-7   点击 Shiny app 右上角的 Publish 按钮,将 app 发布到 shinyapps.io 上

19.5 Shiny 实战:可视化警察致命射击

本节演示了一个 Shiny 应用程序的构建过程,该程序将 2018 年上半年(1 月到 6 月)美国被警察射中致命的数据集进行可视化显示。华盛顿邮报发布了该数据集[⊜],并已上传到 GitHub[⊛]。程序为数据集的城市和州信息添加上了经纬度内容;数据准备的代码和完整的应用程序代码都在本书代码仓库中[⊕]。

本书写作时,数据集中包含了 506 个死亡事件,每个事件包含 17 条信息,例如名字、年龄和种族(图 19-8 显示了部分信息)。Shiny 应用程序是为了显示被警察杀死的人群的地理分布,并提供该事件的总结信息,例如按种族或者性别分类的死亡总数。该程序(见图 19-10)允许用户在数据集中选择变量来分析数据,例如选择种族或性别。该选择将指定地图中的颜色编码以及汇总表中的聚合程度。

本程序的主要功能是显示每个射击地点的交互式地图。图中每个点的颜色表示该个体的附加信息(例如种族或性别)。用户动态选择相应颜色的列,可以先从创建"硬编码"列的地图开始。例如,可以使用 Leaflet(17.3 节)生成地图,显示每次射击的位置,并根据死者

⊖ 发布时 shinyapps.io 的错误信息:http://docs.rstudio.com/shinyapps.io/Troubleshooting.html#build-errors-on-deployment。

⊜ shinyapps.io 用户手册:http://docs.rstudio.com/shinyapps.io/index.html。

⊜ 华盛顿邮报的"致命力":https://www.washingtonpost.com/graphics/2018/national/police-shootings-2018/。

⊛ GitHub 中的致命射击主页:https://github.com/washingtonpost/data-police-shootings。

⊕ Shiny 实战:https://github.com/programming-for-data-science/in-action/tree/master/shiny。

的种族进行颜色标记（如图 19-9 所示）：

▲	date	manner_of_death	age	gender	race	city	state
1	2018-01-02	shot	30	Female	White, non-Hispanic	Camp Wood	TX
2	2018-01-02	shot	49	Male	White, non-Hispanic	Ozark	AR
3	2018-01-02	shot	66	Male	White, non-Hispanic	Joplin	MO
4	2018-01-03	shot	28	Male	Black, non-Hispanic	Oakland	CA
5	2018-01-04	shot	27	Male	White, non-Hispanic	Boise	ID
6	2018-01-04	shot	31	Male	White, non-Hispanic	Crandon	WI
7	2018-01-05	shot	46	Male	White, non-Hispanic	Springfield	MO
8	2018-01-05	shot	28	Male	Black, non-Hispanic	Whitehall	OH
9	2018-01-05	shot	35	Male	Asian	Long Beach	CA

图 19-8　警察射击数据集的子集，华盛顿邮报发布

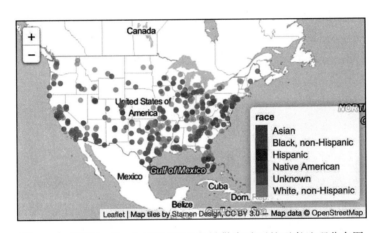

图 19-9　使用 leaflet 生成的 2018 年被警察杀死的死者地理分布图

```
# Create a map of fatal police shootings using leaflet

# Load the leaflet function for mapping
library("leaflet")

# Load the prepared data
shootings <- read.csv("police-shootings.csv", stringsAsFactors = FALSE)

# Construct a color palette (scale) based on the `race` column
# Using double-bracket notation will make it easier to adapt for use with Shiny
palette_fn <- colorFactor(palette = "Dark2", domain = shootings[["race"]])

# Create a map of the shootings using leaflet
# The `addCircleMarkers()` function will make circles with radii based on zoom
leaflet(data = shootings) %>%
  addProviderTiles("Stamen.TonerLite") %>% # add Stamen Map Tiles
  addCircleMarkers( # add markers for each shooting
    lat = ~lat,
    lng = ~long,
    label = ~paste0(name, ", ", age), # add a hover label: victim's name and age
    color = ~palette_fn(shootings[["race"]]), # color points by race
    fillOpacity = .7,
    radius = 4,
    stroke = FALSE
```

```
) %>%
addLegend( # include a legend on the plot
  position = "bottomright",
  title = "race",
  pal = palette_fn, # the palette to label
  values = shootings[["race"]], # again, using double-bracket notation
  opacity = 1 # legend is opaque
)
```

技巧：Shiny 应用程序中的服务器输入是字符串，有利于使用 R 的双方括号标记来选择所需数据（例如 df[[input$some_key]]），而不依赖于 dplyr 函数，比如说 select()。

技巧：开发 Shiny 应用程序的最佳办法是首先构建静态版本，而后将静态值（变量名）转换成动态值（保存在输入变量中的信息）。使用内容的工作版本，有助于程序的调试。

尽管该地图有利于获取死者地理分布的全貌，不过定量数据上的支持能提供更准确的信息，比如按种族分类的死亡总数。dplyr 包的 group_by() 和 count() 可计算这类汇总信息。请注意，直接将列值传入双括号标记的方法，有助于在 Shiny 应用程序中使列名具有动态性。

```
# Calculate the number of fatalities by race
# Use double-bracket notation to support dynamic column choice in Shiny
table <- shootings %>%
  group_by(shootings[["race"]]) %>% # pass the column values directly
  count() %>%
  arrange(-n) # sort the table in decreasing order by number of fatalities

colnames(table) <- c("race", "Number of Victims") # Format column names
```

确定了数据表示之后，就可开始实现 Shiny 应用程序了。对于每个 Shiny 应用程序，都需一个 UI 和服务器。从 UI 开始有利于提供程序的框架结构（也容易进行测试工作）。为了生成渲染内容的 UI，可使用类似第 19.2.4 节所述的结构，并声明一个 fluidPage() 布局，该布局有一个 sidebarPanel() 来保存控件（一个"下拉框"，允许用户选择要分析的列），以及一个显示主要内容（leaflet 地图和数据表）的 mainPanel()。

```
# Define the UI for the application that renders the map and table
my_ui <- fluidPage(
  # Application title
  titlePanel("Fatal Police Shootings"),

  # Sidebar with a selectInput for the variable for analysis
  sidebarLayout(
    sidebarPanel(
      selectInput(
        inputId = "analysis_var",
        label = "Level of Analysis",
        choices = c("gender", "race", "body_camera", "threat_level")
      )
    ),

    # Display the map and table in the main panel
    mainPanel(
      leafletOutput(outputId = "shooting_map"), # reactive output from leaflet
      tableOutput(outputId = "grouped_table")
    )
  )
)
```

通过提供空的服务器函数并调用 shinyApp() 函数来执行该应用程序，可检测 UI 显示情况。尽管地图和数据不能显示（没有被定义），但至少可检查程序布局。

```
# A temporarily empty server function
server <- function(input, output) {

}


# Start running the application
shinyApp(ui = my_ui, server = server)
```

一旦完成 UI，就可进行服务器函数的编写。因为 UI 渲染需要两个响应输出（leafletOutput() 和 tableOutput()），所以服务器需要为此提供相应的渲染函数。这些函数可返回先前定义的"硬编码"地图和数据表格的版本，但使用从 UI 输入中获取的信息来选择相应列，换句话说，将"race"列替换成 input$analysis_var 命名的列。

注意：使用 input$analysis_var 动态设置每个点颜色，以及数据表的聚合列。

```
# Define the server that renders a map and a table
my_server <- function(input, output) {

  # Define a map to render in the UI
  output$shooting_map <- renderLeaflet({

    # Construct a color palette (scale) based on chosen analysis variable
    palette_fn <- colorFactor(
      palette = "Dark2",
      domain = shootings[[input$analysis_var]]
    )

    # Create and return the map
    leaflet(data = shootings) %>%
      addProviderTiles("Stamen.TonerLite") %>% # add Stamen Map Tiles
      addCircleMarkers( # add markers for each shooting
        lat = ~lat,
        lng = ~long,
        label = ~paste0(name, ", ", age), # add a label: name and age
        color = ~palette_fn(shootings[[input$analysis_var]]), # set color w/ input
        fillOpacity = .7,
        radius = 4,
        stroke = FALSE
      ) %>%
      addLegend( # include a legend on the plot
        "bottomright",
        title = input$analysis_var,
        pal = palette_fn, # the palette to label
        values = shootings[[input$analysis_var]], # again, double-bracket notation
        opacity = 1 # legend is opaque
      )
  })

  # Define a table to render in the UI
  output$grouped_table <- renderTable({
    table <- shootings %>%
      group_by(shootings[[input$analysis_var]]) %>%
      count() %>%
      arrange(-n)
```

```
    colnames(table) <- c(input$analysis_var, "Number of Victims") # format columns
    table # return the table
  })
}
```

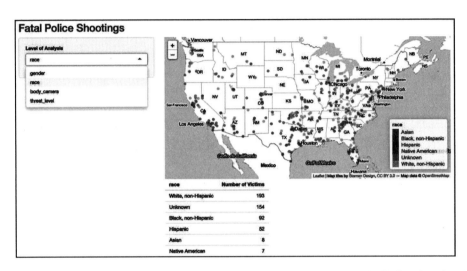

图 19-10　一个 Shiny 应用程序，显示 2018 年致命的警察枪击事件，下拉菜单允许用户选择
　　　　　在地图上指定颜色的功能以及汇总表的聚合级别

　　如本例所示，通过不到 80 行注释良好的代码，构建了一个交互式应用程序，展示了致命的警察枪击事件。最终的应用程序见图 19-10。完整代码如下：

```
# An interactive exploration of police shootings in 2018
# Data compiled by the Washington Post

# Load libraries
library(shiny)
library(dplyr)
library(leaflet)

# Load the prepared data
shootings <- read.csv("police-shootings.csv", stringsAsFactors = FALSE)

# Define UI for application that renders the map and table
my_ui <- fluidPage(
  # Application title
  titlePanel("Fatal Police Shootings"),

  # Sidebar with a selectInput for the variable for analysis
  sidebarLayout(
    sidebarPanel(
      selectInput(
        inputId = "analysis_var",
        label = "Level of Analysis",
        choices = c("gender", "race", "body_camera", "threat_level")
      )
    ),

    # Display the map and table in the main panel
    mainPanel(
```

```r
      leafletOutput("shooting_map"), # reactive output provided by leaflet
      tableOutput("grouped_table")
    )
  )
)


# Define server that renders a map and a table
my_server <- function(input, output) {

  # Define a map to render in the UI
  output$shooting_map <- renderLeaflet({

    # Construct a color palette (scale) based on chosen analysis variable
    palette_fn <- colorFactor(
      palette = "Dark2",
      domain = shootings[[input$analysis_var]]
    )

    # Create and return the map
    leaflet(data = shootings) %>%
      addProviderTiles("Stamen.TonerLite") %>% # add Stamen Map Tiles
      addCircleMarkers( # add markers for each shooting
        lat = ~lat,
        lng = ~long,
        label = ~paste0(name, ", ", age), # add a label: name and age
        color = ~palette_fn(shootings[[input$analysis_var]]), # set color w/ input
        fillOpacity = .7,
        radius = 4,
        stroke = FALSE
      ) %>%
      addLegend( # include a legend on the plot
        "bottomright",
        title = "race",
        pal = palette_fn, # the palette to label
        values = shootings[[input$analysis_var]], # double-bracket notation
        opacity = 1 # legend is opaque
      )
  })

  # Define a table to render in the UI
  output$grouped_table <- renderTable({
    table <- shootings %>%
      group_by(shootings[[input$analysis_var]]) %>%
      count() %>%
      arrange(-n)

    colnames(table) <- c(input$analysis_var, "Number of Victims") # format column names
    table # return the table
  })
}


# Start running the application
shinyApp(ui = my_ui, server = my_server)
```

通过创建展示数据的交互式 UI，有利于其他人发现数据关系，而不管他们的技术技能如何。这将有助于增强他人对数据集的理解，并降低因不同的分析需求而增加的工作量（别人可自己做！）。

　　技巧：Shiny 是一个非常复杂的框架和系统，为此 RStudio 提供了大量资源来帮助学习和使用。除了 RStudio 菜单中的备忘单（Help→Cheatsheets），RStudio 还编制了详细和高效的视频和教程[一]。

　　为了练习使用 Shiny，参见随书练习题[二]。

第 20 章

协 同 工 作

数据科学团队中每一位成员，都需要高效地与他人进行协作。尽管其他类的工作也需要协作，但数据科学的特殊之处在于需要基于同一工程的共享代码进行工作。协作编程的主要技能涉及编写整洁、良好注释的代码（本书已展示），且代码可被别人阅读、理解、修改。另外还需要高效地将自己的代码与别人的代码融合到一起，避免任何"复制粘贴"的工作。此时，使用版本控制系统是最好的办法。实际上，git 的最大优点就是支持协作（与他人一起工作）。本章将继续介绍版本控制技能和协作开发的两种不同模式，例如使用 git 的分支模式来维护同一代码的不同版本。

20.1 使用分支跟踪代码的不同版本

为了与他人合作，需要理解 git 的分支功能支持非线性项目开发的原理。在 git 中，分支是标记一个提交序列的方式。标记的提交分支（分支）在同一个项目中并存，创建分支允许同时有不同的开发"线"，这些开发"线"并行进行又各自为战。这样，可使用 git 跟踪不同的代码版本、从而能够同时处理多个版本。

第 3 章讲解了在处理使用线性提交序列的单个分支（称为主分支 master）的情况下，如何使用 git。例如，图 20-1 演示了示例工程的一连串提交历史。每次提交紧跟前一次提交，通过 hash 值区分每次提交（比如短格式的 e6cfd89）。每次提交直接来自其他的提交；从而能直接恢复各个时期的历史版本。线性序列表示使用单线开发的工作流。使用单线开发是工作过程的良好开端，从而能够跟踪变动并恢复到早期版本。

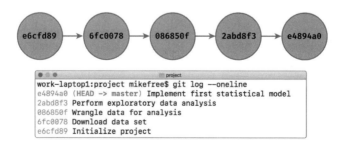

图 20-1　线性提交序列图，终端中显示了提交的历史记录。该项目有一个单一的提交历史（即分支），每个提交历史由六个字符的提交 hash 值表示。最近提交的 HEAD 在主分支上

除了支持单线开发，git 还支持非线性模型，可从某一开发版本中"分支"出一个新的，并保存更改历史。可将此视为"备用时间线"，用于开发不同功能或者修复 bug。例如，假如要为项目开发一个新的可视化功能，但不确定效果如何以及是否适合。又不想破坏开发的主线（"主要工作"），此时可从主线开发中分支出来，同时进行该代码的开发以作为核心工作的补充。如图 20-2 所示，可对实验性的可视化分支和主开发线提交迭代更改。如果最终认为实验分支的代码值得保留，可以很容易地将其合并到主开发中，如同一开始就在那里一样。

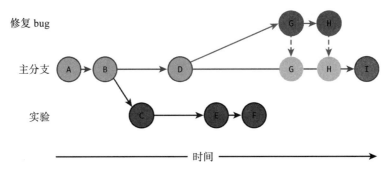

图 20-2   涉及多个分支的提交序列，生成"备用时间线"。在每个分支之间切换提交。修复
bug 分支的提交（标记为 G 和 H）被合并到主分支中，成为主分支的一部分

20.1.1   不同分支

所有的 git 仓库至少有一个分支（开发线），是提交保存的地方。默认情况下，该分支叫 master。使用 git branch 命令可查看仓库中的当前分支列表：

```
# See a list of current branches in the repo
git branch
```

使用星号（*）打印的行是所在的"当前分支"。还可使用 git branch 命令创建一个新的分支：

```
# Create a new branch called BRANCH_NAME
git branch BRANCH_NAME
```

这将生成新的名为 BRANCH_NAME 的分支（将 BRANCH_NAME 替换成自己想要的分支名，通常不要全部大写）。例如创建 experiment 分支：

```
# Create a new branch called `experiment`
git branch experiment
```

如果再次执行 git branch 命令，会发现当前所在分支并未变化。实际上，上述过程只是以当前提交为基础创建了一个新分支！

深入学习：生成新的分支类似于计算机科学中在链表中新建一个指向节点的指针。

为了在分支中切换，需使用 git checkout 命令（在 3.5.2 节中描述过）。

```
# Switch to the BRANCH_NAME branch
git checkout BRANCH_NAME
```

例如使用下面的命令将切换到 experiment 分支：

```
# Switch to the `experiment` branch
git checkout experiment
```

切换分支实际上没有新建一个提交！只是改变了 HEAD，现在指向了目标分支（备用时间线）的最新提交。HEAD 是指"当前分支的最近提交"。此时可工作在最新的提交下，而不需使用专用的提交 hash 值。

如图 20-3 所示，可使用 git branch 命令和查看星号标记，来确认分支是否已更改。

另外（更常见），可通过 git checkout 命令的 -b 选项直接新建并切换分支。

```
# Create and switch to a branch called BRANCH_NAME
git checkout -b BRANCH_NAME
```

图 20-3　使用命令行的 git 命令（git branch）显示当前分支，新建并切换到 experiment 分支（git checkout -b experiment）

例如，使用下面的命令，将新建并切换到 experiment 分支：

```
# Create and switch to a new branch called `experiment`
git checkout -b experiment
```

这相当于执行 git branch BRANCH_NAME 后紧跟着执行了 git checkout BRANCH_NAME。推荐使用该方式。

一旦切换到某一分支，此时所有新的提交只发生在"备用时间线"上，而不影响其他开发线。新的提交附加到 HEAD（当前分支的最新提交）上，其他分支（比如 master）保持不变。如果再次使用 git checkout，可切换到其他分支。该过程见图 20-4。

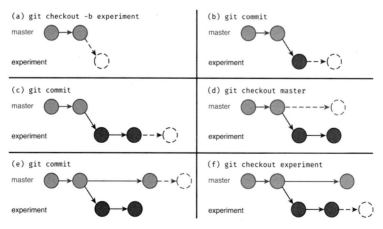

图 20-4　使用 git 提交到多个分支。空心圆用来表示下一个提交的添加位置。图中的（a）、（d）、（f）表示切换分支将改变 HEAD 的位置（指向空心圆的提交）；图（b）、（c）、（e）在提交时将在当前分支上添加新的提交

重要的是，切换分支将 repo 中的文件和代码"重置"成当前分支的最新提交的样子；来自其他分支版本的代码保存在 repo 的 .git 数据库中。可在分支之间来回切换，观察代码变动。

例如，图 20-5 演示了下列过程：

图 20-5 切换分支可同时处理多个版本的代码

1）git status：核对项目状态。这里确认了 repo 是在 master 分支中。

2）git checkout -b experiment：新建并切换到 experiment 分支。该代码将从 master 分支中新建分支。

3）使用文本编辑器对文件做些改动（仍旧在 experiment 分支中）。

4）git commit -am "Update README"：这将添加并提交改动（作为单个命令）！该提交只针对 experiment 分支；该分支已在时间线中。

5）git checkout master：切换回 master 分支。文件切换回 master 分支的最后版本。

6）git checkout experiment：切换回 experiment 分支。文件切换回 experiment 分支的最后版本。

警告：只有在当前工作目录没有未提交的变动时，只能切换分支。这意味着在切换到其他分支前必须将所有改动提交给当前分支。如果要保存改动而不提交，需要使用 git 的暂时隐藏（stash）功能[⊖]。

最后，可使用 git branch -d BRANCH_NAME 删除分支。请注意，该命令将警告会丢失工作成果；确保认真阅读了这些信息。

总的来说，这些命令保证了可以并行地开发项目的不同方面。下一节将讨论如何将这些开发线合并。

技巧：可使用 git checkout BRANCH_NAME FILE_NAME 命令从某一分支签出单独一个文件。将文件直接加载到当前工作目录，替换文件的当前版本（git 不合并两个文件）！这相当于从以往提交中签出一个文件（见第 3 章），只使用分支名而不使用提交 hash 值。

⊖ https://git-scm.com/book/en/v2/Git-Tools-Stashing-and-Cleaning。

20.1.2 合并分支

如果在多个分支中进行了更改，最终需要将这些更改组合到一个分支中。该过程称为合并：将更改从一个分支合并到另外一个。使用 git merge 命令进行合并：

```
# Merge OTHER_BRANCH into the current branch
git merge OTHER_BRANCH
```

例如，下面的命令将 experiment 分支合并到 master 分支：

```
# Make sure you are on the `master` branch
git checkout master

# Merge the `experiment` branch into the current (`master`) branch
git merge experiment
```

合并命令将（事实上）在文件的两个版本中遍历每一行代码，查找差异。对传入分支的每行代码更改都将应用到当前分支的对应行，以便文件的当前版本包含所有传入的更改。例如，如果 experiment 分支有一个提交，该提交是向文件的第 5 行添加了一个新的代码语句、第 9 行代码更改过、删除了第 13 行代码，那么 git 将会将新的第 5 行代码添加到文件中（将其他内容下移）、更改第 9 行代码、删除第 13 行代码。git 将自动"缝合"文件的两个版本，以便当前版本包含所有更改。

技巧：当合并时，想一下代码要放置的位置，就是要签出和合并的分支位置。

实际上，合并是将其他分支的提交插入到当前分支的历史记录中。图 20-6 演示了该过程。

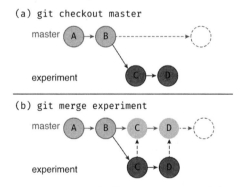

图 20-6 将一个 experiment 分支合并到主分支。experiment 分支提交的更改（以 C 和 D 标记）被插入到 master 分支的历史中，同时保留了 experiment 分支

请注意，git merge 命令是将 OTHER_BRANCH 合并到当前所在的分支。例如，如果要将 experiment 分支的更改合并到 master 分支，首先需要切换到 master 分支，然后合并 experiment 分支的更改。

警告：如果出现错误，不要慌、不要关闭命令 shell！相反，深呼吸并查看如何修补问题（例如如何退出 vim）。通常，如果不确定 git 的异常原因，可使用 git status 查看当前状态并确定下一步要做什么。

如果两个分支没有编辑代码的同一行，git 会将文件无缝缝合，从而可继续开发。否则将不得不解决合并时的各种冲突。

20.1.3 合并冲突

如果两个分支中编辑了同一行代码并提交，在进行合并时将导致合并冲突（因为更改内容发生了冲突），见图 20-7。

git 仅仅是一个计算机程序，不知道哪个冲突版本可保留，是 master 还是 experiment？因为 git 不能确定如何保留，它会停止合并并强制用户手工加以选择。

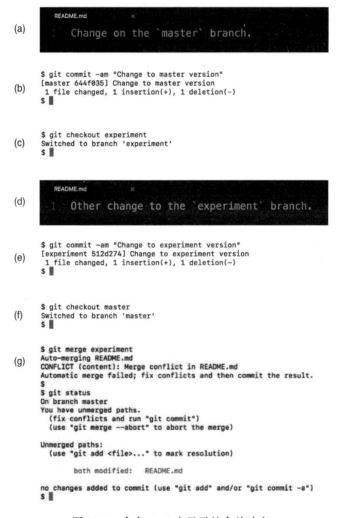

图 20-7　命令 shell 中显示的合并冲突

为了解决合并冲突，需要编辑文件（代码）来确定保留哪个版本。git 在文件中添加特殊字符（比如 <<<<<<<<）来表示冲突位置，见图 20-8。

为了解决合并冲突，需要执行下列步骤：

1）使用 git status 查看合并冲突的具体文件。请注意可能存在多个文件冲突，且每个文件可能有多个冲突。

2）选择要保留的代码版本。通过编辑文件（例如在 RStudio 或者 Atom 中）来进行选择。可通过 IDE（包括 Atom）提供的直接选择代码版本的按钮（比如图 20-8 中的"Use me"按钮）手工编辑冲突文件。

图 20-8　Atom 显示的合并冲突。可点击其中一个 Use me 按钮或者直接在文件中编辑以选择要保留的版本

请注意可选择保留当前分支的最原始的 HEAD 版本、来自其他分支的传入版本或者它们的组合体。另外，还可直接全部替换冲突部分！要记得删除 <<<<<<< 和 ======= 以及 >>>>>>>；这些符号对任何语言都是非法的。

技巧：解决合并冲突的事情，就权当小猫在键盘上跑了一圈后给代码加了一堆垃圾。要做的只是修复和保存成干净的工作状态。做完修改后，一定要测试以确保代码能正常工作。

3）一旦解决完冲突问题，依照 git status 中的指示添加和提交更改：

```
# Check current status: have you edited all conflicting files?
git status

# Add and commit all updated files
git add .
git commit -m "Resolve merge conflict"
```

这就完成了合并！使用 git status 查看是否一切正常。

技巧：如果要取消带有冲突的合并（例如，执行了合并，但因为各种各样的冲突，不想继续执行），使用 git merge --abort 命令可以取消合并过程。

注意：合并冲突一定会存在的。一旦出现了不要紧张！不要担心合并冲突或者试图回避：解决冲突、修复问题、然后继续即可。

20.1.4　GitHub 的合并

从 GitHub 上下载和上传，实际上就是在 GitHub 上执行合并操作！因为 GitHub 不知要保留哪个版本，需要在本地计算机上解决所有合并冲突。有两种方式：

1）如果将提交合并进 GitHub 的仓库时出现合并冲突，此时是不能上传到 GitHub 的。git 会报告一个错误，会告知需要先下载更改，并确保当前版本是最新的。此时，"最新"表示下载并且合并了本地计算机上的所有提交，因此当上传合并时，不会出现导致合并冲突的各种更改。

2）无论何时从 GitHub 中下载更改，都可能存在合并冲突。可采用与解决本地分支冲突相同的办法。需要编辑文件以解决冲突，而后添加并提交更新过的版本。

因此，当在 GitHub 上工作时（尤其是与多个人一起），需要执行下面的步骤来上传更改：

1）下载所有最新的改动。

2）修复所有合并冲突。

3）上传合并过的更改。

当然，因为 GitHub 与本地计算机一样都采用仓库形式，都可以有分支。克隆 repo 时，可访问任何远程分支；可使用 git branch-a（使用 all 选项）查看所有分支的列表。

如果在本地计算机上新建了一个分支，可以将该分支提交给 GitHub，在远程仓库新建一个镜像分支（通常有一个别名 origin）。可在 git push 命令中指定该分支。

```
# Push the current branch to the BRANCH_NAME branch on the `origin`
# remote (GitHub)
git push origin BRANCH_NAME
```

其中 BRANCH_NAME 是当前所在分支的名字（而且将要提交给 GitHub）。例如，可使用下面的命令将 experiment 分支提交给 GitHub：

```
# Make sure you are on the `experiment` branch
git checkout experiment

# Push the current branch to the `experiment` branch on GitHub
git push origin experiment
```

经常要在本地分支与 GitHub 的远程仓库间建立关联。可使用 push 命令的 -u 选项建立关联：

```
# Push to the BRANCH_NAME branch on origin, enabling remote tracking
# The -u creates an association between the local and remote branches
git push -u origin BRANCH_NAME
```

从而本地仓库可跟踪 GitHub 上的仓库。使用 git status 命令将显示两仓库之间的差异。一旦设置跟踪将被记住，所以仅需使用一次 -u 选项。最好是在第一次提交时设置。

20.2 使用特性分支开发项目

分支的主要优点是允许多人同时处理代码的不同方面，但不会干扰主代码库。将开发工作划分成不同的特性分支是良好的组织方式，每个分支专门用于项目的不同特性（能力或部分）。例如，一个分支叫 new-chart，专注于复杂的可视化；另外一个分支叫 experimental-analysis，用于尝试分析数据的新方法。重要的是，每个分支都是基于项目的一个特性，而不是某一个人：一个开发人员可在多个特性分支上工作。多个开发人员可以在一个特性分支上合作（稍后详细介绍）。

按特性组织项目分支的目标是：主分支应该总是包含"生产级"代码，可随心部署或发布（供老板或老师阅读）的有效且完全工作的代码。所有特性分支来自主分支，允许包含临时甚至有问题的代码（因为正在开发过程中）。这样，代码（master）总有一个"正在工作的"（如果不完整）副本，开发工作可被隔离、并被看成独立于整体。请注意，这种组织形式类似于前面使用 experiment 分支的示例。

特性分支的使用类似于以下情形。

1）决定要添加新的特性到项目中：漂亮的可视化。从主分支中新建一个特性分支：

```
# Make sure you are on the `master` branch
git checkout master
```

```
# Create and switch to a new feature branch (called `new-chart`)
git checkout -b new-chart
```

2）紧接着在该分支上进行编码。一旦完成部分工作，执行一次提交将最新的进展添加到仓库中：

```
# Add and commit changes to the current (`new-chart`) branch
git add .
git commit -m "Add progress on new vis feature"
```

3）不幸的是，此时可能意识到 master 分支存在 bug。为了解决这个问题，切换到 master 分支，紧接着新建一个分支来修补 bug：

```
# Switch from your `new-chart` branch back to `master`
git checkout master

# Create and switch to a new branch `bug-fix` to fix the bug
git checkout -b bug-fix
```

（如果一个 bug 很复杂或者涉及多个提交，那么可在单独的分支修复，以便与常规工作分离开。）

4）在 bug-fix 分支上修复完 bug 后，应该添加并提交这些更改，而后切换到 master 分支，以便将修复部分合并到 master：

```
# Add and commit changes that fix the bug (on the `bug-fix` branch)
git add .
git commit -m "Fix the bug"

# Switch to the `master` branch
git checkout master

# Merge the changes from `bug-fix` into the current (`master`) branch
git merge bug-fix
```

5）修复完 bug（并合并进 master 分支），就可回去继续可视化开发（在 new-chart 分支）。当完成后，应该添加并提交这些更改，而后切换到 master 分支，以便将可视化代码合并进 master：

```
# Switch back to the `new-chart` branch from the `master` branch
git checkout new-chart

# Work on the new chart...

# After doing some work, add and commit the changes
git add .
git commit -m "Finish new visualization"

# Switch back to the `master` branch
git checkout master

# Merge in changes from the `new-chart` branch
git merge new-chart
```

应用特性分支有助于隔离项目不同部分的进展，减少半完成特性的重复合并（以及合并冲突），以及创建良好组织的项目历史。请注意，特性分支可作为集中工作流（见 20.3 节）和分叉工作流（见 20.4 节）的一部分。

20.3   使用集中工作流协作

本节讨论同一项目上多人通过 GitHub 合作和共享的模型，尤其，它侧重于集中的工作流⊖，在此所有合作者使用 GitHub 中的一个仓库。该工作流可进行扩展，来支持 20.2 节介绍的特性分支的应用（是指各种特性由不同分支开发），唯一变化是多人处理同一特性！使用集中工作流涉及配置 GitHub 上的共享仓库，管理来自不同贡献者的更改。

20.3.1   新建一个集中仓库

集中工作流使用 GitHub 上的一个仓库，就是团队的每个成员将上传和下载到同一个 GitHub 仓库。然而，由于需要在某一账户下新建仓库，因此团队的某个成员将需要新建该仓库（例如，通过单击 GitHub Web 门户上的 "Repositories" 选项卡上的 "New" 按钮）。

为了确保每个人都能够上传到该仓库，repo 的创建者需要将其他团队成员添加为合作者⊖。他们可以在 repo 的 Web 门户页面的 "Settings" 选项卡下执行此操作，如图 20-9 所示。（创建者授予所有团队成员 "写入" 的访问权限，以便他们可以将更改上传到 repo。）

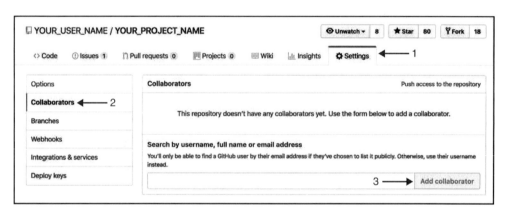

图 20-9   通过门户网站添加合作者到 GitHub 仓库

一旦被添加到 GitHub 仓库中，每个团队成员需要克隆仓库到本地计算机中，以便独立编写代码，见图 20-10。合作者上传各自的更改到中心仓库，并从其中下载他人做的更改。

当大家一起工作在同一个仓库时，确保每人都在使用最新版本的代码尤为重要。这意味着必须定期从 GitHub 上下载更改。因此，使用集中工作流开发代码需遵循以下步骤：

1）首先从 GitHub 下载最新更改。例如：

```
# Pull latest changes from `origin` (GitHub's) `master` branch
# You could specify a different branch as appropriate
git pull origin master
```

2）进行相应工作、更改代码。记得要在每次重大进展时添加并提交代码。

3）一旦觉得完成更改，要与团队成员共享时，需要将这些更改上传到 GitHub。但要注意的是，如果他人在你之前做过上传，此时就必须在上传前将这些更改合并到自己的工作中（并测试）。因此，首先下载此期间的所有更改，然后准备上传：

⊖ Atlassian：集中工作流：https://www.atlassian.com/git/tutorials/comparing-workflows#centralized-workflow。
⊖ GitHub：邀请合作者到个人仓库：https://help.github.com/articles/inviting-collaborators-to-a-personal-repository/。

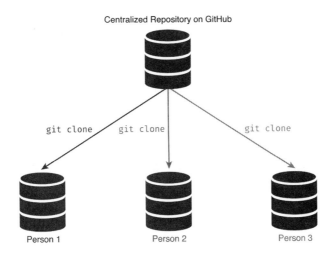

图 20-10　在集中工作流中，每个合作者从 GitHub 克隆同一个仓库。所有用户必须具有该仓库的写权限以便提交他们的更改

```
# Pull latest changes from `origin` (GitHub's) `master` branch
# You could specify a different branch as appropriate
git pull origin master

# In case of a merge conflict, fix the changes
# Once fixed, add and commit the changes (using default commit message)
git add .
git commit --no-edit

# Push changes to `origin` (GitHub's) `master` branch
# You could specify a different branch as appropriate
git push origin master
```

请记住，当下载更改时，git 实际上将远程分支与本地分支进行了合并，这个过程可能导致合并冲突；确保修复冲突而后将其标记为已解决。（git commit 中的 --no-edit 参数通知 git 使用默认提交信息，而不使用 -m 参数指定信息）。

虽然在单个主分支上工作的策略可能适合小型团队和项目，但如果团队为每个功能使用专用的特性分支，则可减少合并不同团队成员的提交的时间。

20.3.2　在集中工作流中使用特性分支

集中工作流支持使用特性分支进行开发（通常称为特性分支工作流）。这类似于先前提及的特性分支的开发过程。唯一额外的复杂性是必须在 GitHub 的多个分支上传和下载，以便可以多人工作在同一特性上。

　　注意： *在特性分支工作流中，每个分支是针对不同特性的，而不是针对不同开发人员的！这表示一个开发人员可处理多个不同特性，并且一个特性可由多个开发人员处理。*

下面的工作流的例子中，设计了两个开发人员进行协作的过程，开发人员是 Ada 和 Bebe：

1）Ada 决定给代码添加新的功能：漂亮的可视化功能。她通过 master 分支新建了一个特性分支：

```
# Double-check that the current branch is the `master` branch
```

```
git checkout master

# Create and switch to a new feature branch (called `new-chart`)
git checkout -b new-chart
```

2）Ada 在此分支做了一些工作，并在完成工作后提交更改：

```
# Add and commit changes to the current (`new-chart`) branch
git add .
git commit -m "Add progress on new vis feature"
```

3）Ada 非常满意其工作，决定休息会儿。她将该特性分支上传到 GitHub 进行备份（以便她的团队也可为之做出贡献）：

```
# Push to a new branch on `origin` (GitHub) called `new-chart`,
# enabling tracking
git push -u origin new-chart
```

4）Bebe 与 Ada 沟通后，决定帮助她完成该功能。她签出该特性分支，修改后上传到 GitHub：

```
# Use `git fetch` to "download" commits from GitHub, without merging
# This makes the remote branch available locally
git fetch origin

# Switch to local copy of the `new-chart` branch
git checkout new-chart

# Work on the feature is done outside of terminal...

# Add, commit, and push the changes back to `origin`
# (to the existing `new-chart` branch, which this branch tracks)
git add .
git commit -m "Add more progress on feature"
git push
```

git fetch 命令将从 GitHub "下载" 提交和分支（但不合并）；它用于访问克隆仓库后新建的分支。注意，git pull 实际上是 git fetch 紧跟 git merge 的快捷方式。

5）随后 Ada 下载 Bebe 的更改到她（Ada）的本地计算机中：

```
# Download and merge changes from the `new-chart` branch on GitHub
# to the current branch
git pull origin new-chart
```

6）Ada 认为该功能已完成，要合并进 master。但首先，她要确保拥有 master 代码的最新版本：

```
# Switch to the `master` branch, and download any changes
git checkout master
git pull

# Merge the feature branch into the master branch (locally)
git merge new-chart
# Fix any merge conflicts!
# Add and commit these fixes (if necessary)

# Push the updated `master` code back to GitHub
git push
```

7）现在，该功能被成功地添加到项目中，Ada 可删除特性分支（使用 git branch -d new-chart）。她可通过网站页面删除该分支的 GitHub 版本，或者使用 git push origin -d new-chart。

对于协作，这种工作流很常见也很实用。而且，随着项目增大，需要更加有条理地了解如何以及何时新建特性分支。例如，Git Flow[一]模型围绕产品发行版组织特性分支，并且是大型协作项目的常见开始点。

20.4 使用分叉工作流协作

分叉工作流采用了一种从根本上不同于集中工作流的方式。每个开发人员都有其自有的GitHub 仓库，而不是一个共享的远程仓库，该自有仓库由原始仓库分叉而来，如图 20-11所示。如第 3 章所述，开发人员通过分叉（fork），可在 GitHub 上新建自己的仓库副本。这样，个人就可对仓库进行修改（并作出贡献），而不需要修改"原始"repo 的权限。这使得没有项目所有权的用户也可以对开源代码项目（如 R 包的 dplyr）做出贡献。

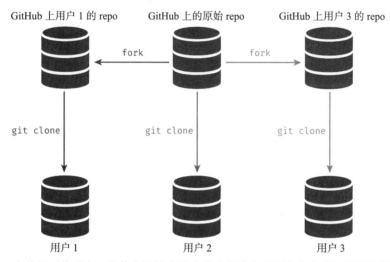

图 20-11   在分叉工作流中，协作者通过分叉仓库来创建自己版本的仓库。然后他们克隆自己的分叉，并将更改推送到远程仓库。多个分叉的更改可以通过下拉请求进行合并

在该模型中，每个人都将代码贡献给仓库的个人副本。不同仓库之间的更改通过GitHub 流程中的下拉（pull）请求[二]进行合并。下拉请求（通俗地称为"PR"）是将一个版本的代码（分叉）的更改拉取（合并）到另外一个分叉中。通过下拉请求，一个开发人员可向另外一个开发人员发送请求，相当于在说"我分叉了你的仓库，做了一些更改，可将我的更改添加到你的仓库中吗？"第二个开发人员可执行代码审查：审查提出的变更并注释，或对可疑问题提出纠正要求。一旦完成变更（提交上传到 GitHub 上的"源"分支），下拉请求就被接受，并且更改被合并进"目标"分支。因为下拉请求可用于共享历史的（分叉的）多个仓库，开发人员可分叉已有的专业项目，对该分叉进行修改，然后向最初的开发人员发送下拉请求，要求该开发人员合并更改。

警告：应该只用下拉请求来整理远程分支（即仓库的两个不同的分叉）的变更。为了合并来自同一个仓库不同分支的提交，应该在本地计算机上合并提交（不要使用GitHub 的下拉请求功能）。

⊖ Git Flow：成熟的 Git 分支模型：http://nvie.com/posts/a-successful-git-branching-model/。

⊖ GitHub：有关下拉请求：https://help.github.com/articles/about-pull-requests/。

　　为了提出下拉请求,需要对仓库的分叉做些改动,而后上传到 GitHub。下列步骤演示了该过程:

　　1)分叉一个仓库来新建 GitHub 上自己的版本。例如,可分叉 dplyr 包[⊖]的仓库,借此可对其做出贡献,或修复发现的 bug。必须克隆该仓库的分叉到本地计算机。要注意,克隆正确的 repo(查看 repo 的用户名,即在 GitHub 的 Web 主页上显示的 YOUR_USER_NAME,如图 20-12)。

图 20-12　在仓库的分叉上单击"New pull request"按钮新建一个下拉请求

　　2)克隆仓库的分叉到本地后,根据需要做些改动。完成后,提交这些更改,而后上传到 GitHub。

　　3)一旦上传更改后,浏览仓库分叉的 GitHub 主页,并单击"New pull request"按钮,见图 20-12。

　　4)在下一页面中,要指定合并的分支。base 分支是要合并进的分支(通常是原始仓库的主分支),head 分支是(标记为"compare")拥有要合并的新更改的分支(通常是仓库分叉的主分支)。见图 20-13。

图 20-13　发出下拉请求之前比较两个分叉的变更

　　5)而后单击"Create pull request"按钮(见图 20-13),可添加下拉请求的标题和描述(见图 20-14)。描述完变更后,单击"Create pull request"按钮,提出下拉请求。

　　注意: 下拉请求是合并两个分支的请求,而不是合并一组特定的提交。这表示可向 head 分支上传很多提交,并且他们将被自动地包含在下拉请求中,该请求总是更新(远程)分支的所有提交。

────────────

　　⊖　dplyr 包的 GitHub 仓库:https://github.com/tidyverse/dplyr。

如果代码审核者要求更改代码，需要在本地仓库更改，然后正常上传这些更改。更改将被自动融入已有的下拉请求中，无须发出新的请求！

图 20-14　为下拉请求编写一个标题和说明，而后单击"Create pull request"按钮发出请求

通过仓库门户上的"Pull Requests"选项卡，可查看所有下拉请求（包括已被接受的）。该视图可用来查看审核者留下的注释。

如果某人（比如说团队中其他成员）发送了一个下拉请求，你可通过 GitHub 门户接受该下拉请求[⊖]。如果分支能够无冲突地合并，仅需单击"Merge pull request"按钮。但是，如果 GitHub 发现冲突，则需要下载分支后在本地合并[⊖]。

请注意，当通过 GitHub 网站合并一个下拉请求时，合并是在 GitHub 服务器的仓库完成的。本地计算机的仓库副本并没有这些变更，所以必须使用 git pull 下载这些变更到相应分支中。

最后，应用 git 和 GitHub 的最大好处之一是能够在编程和数据项目上与他人进行高效的协作。尽管这种协作可能涉及协调和额外命令，但是本章介绍的技术将有助于在更大更重要的项目上与他人（包括团队成员和整个开源社区的人们）一同工作。

技巧：分支和协作是 git 中最容易混淆的部分，不过有很多资源可以帮助澄清这种关系。Git and GitHub in Plain English[⊜]是专注于使用分支进行协作的案例教程，Learn Git Branching[⊕]是仅专注于分支的交互式教程。其他关于 git 分支的交互式可视化可见链接[⑤]。

有关协作的版本控制方法，见本书练习题[⑥]。

———————————

⊖　GitHub：合并下拉请求：https://help.github.com/articles/merging-a-pull-request/。

⊖　GitHub：本地签出下拉请求：https://help.github.com/articles/checking-out-pull-requests-locally。

⊜　https://red-badger.com/blog/2016/11/29/gitgithub-in-plain-english。

⑭　http://learngitbranching.js.org。

⑤　https://onlywei.github.io/explain-git-with-d3/。

⑥　git 协作练习题：https://github.com/programming-for-data-science/chapter-20-exercises。

第 21 章
继 续 学 习

本书已讲完基础的编程技巧，它们是进入数据科学领域的必备技能。编写代码处理数据的能力能够使你以透明、复用、协作的方式探索和交流信息。众多科学家已证实，一个工程最耗时的部分是组织和探索数据，前面章节已经讲述了这些技能。这些技能能够从定量信息中获得洞察力，不过还有很多要学的。下面是一些数据科学将用到的知识，有助于扩展技能。

21.1　统计学习

统计学习包含将数据转成信息的统计和计算技术。本书已经讲述了在 R 语言中使用这些技能的基础，但没有详述专门的函数或包。统计学习的核心可被归纳成两点：变量间评估关联性和针对非观测数据进行预测。

21.1.1　评估关系

本书涵盖的编程技巧有助于应用汇总统计和可视化在组间进行比较。但本书没有讨论针对变化大小或重要性的统计评估。R 中有很多统计技术，可评估变量间的相关强度。这包括性别间工资是否一致和教育投资是否关系到降低城市的医疗成本。虽然本书讲述了数据分析原理，但没有讲述测量变量间关联强度的方法。为了得出因果关系的结论以及控制数据中的复杂关系，就需要学习相关统计知识。下面是相关资源：

- R for Everyone [一]介绍了 R 的统计模型和评估，包含线性和非线性方法。
- An Introduction to Statistical Learning[二]是关于统计学习的更通俗介绍，包含了 R 中的实现（相比编程，它更注重概念性讲述）。
- OpenIntro Stats [三]是关于概率和统计的基础性读物，是开源的[四]。

21.1.2　预测

数据科学的另一个重要领域是针对非观测数据的预测。这包含一些问题，比如哪些学生

[一]　Lander, J. P. (2017). R for everyone: Advanced analytics and graphics (2nd ed.). Boston, MA: Addison-Wesley。

[二]　James, G., Witten, D., Hastie, T., & Tibshirani, R. (2013). An introduction to statistical learning (Vol. 112). Springer. http://www-bcf.usc.edu/~gareth/ISL/。

[三]　Diez, D. M., Barr, C. D., & Cetinkaya-Rundel, M. (2012). OpenIntro statistics. CreateSpace. https://www.openintro.org/stat/textbook.php。

[四]　OpenIntro Statistics：https://www.openintro.org。

最有可能通过一门课程？国会议员如何可能对一项立法投票？广义上讲，统计方法更适合评估关系，而机器学习更适合进行预测。这些技能涉及根据数据隐含的模式采用某一算法进行预测（有关机器学习的精彩的视觉介绍，参看在线交互式教程[一]）。虽然准确应用和解释机器学习算法需要大量基础知识，但许多算法可通过 R 外部包的一行代码来实现。

21.2 其他编程语言

R 是处理数据的优秀编程语言（如果不是，就没有本书了！）。基于要扩展的技能、团队使用技术的情况，可花费些时间学习下其他编程语言。幸运的是，学完一门语言。很容易学习其余语言。本书已经介绍了安装软件、阅读文档、调试代码和编写程序的基本技巧。下面列出了一些值得投入时间和精力学习的语言：

- Python 是另外一门数据科学的流行语言。类似 R，它是开源的，有大量致力于统计、机器学习、可视化包的社区。因为 R 和 Python 多数情况都能解决数据科学领域的同一问题，学习 Python 的动力包括协作（与其他只使用 Python 的数据分析师）、好奇（关于不同语言解决同一问题）和分析（如果只有 Python 有某一成熟的分析方法）。学习 Python 数据科学编程的一本好书是 Python Data Science Handbook[二]。
- Web 开发技术包含了 HTML、CSS 和 JavaScript，是数据分析的补充技能。如果需要为数据添加交互功能，就要构建 Web 可视化界面，Shiny 框架就有点受限。从头构建交互式网站需要大量准备工作，但会有不同反响的效果。如果要构建自己的可视化系统，可了解下 d3.js[三]库，也可阅读下 Visual storytelling with D3[四]。

21.3 道德准则

数据科学正改变着我们周围的世界，有好也有坏的方面。在过去十年，数据科学的威力是显而易见的。数据科学有助于推动各种社会影响领域的研究，比如说公共卫生和教育。同时，它还被用于开发（有意和无意）系统性剥夺人们群体权利的系统。看上去似乎公正的算法产生了深远的负面影响。例如，ProPublica 的一项分析[五]发布了一款揭示犯罪的种族主义的软件（GitHub 上有其代码[六]）。

数据科学中未经验证假设造成的后果是很难察觉的，并且对人影响太大了。所以，当使用新学到的技能时要小心。记住：个人要对自己的程序影响负责。本书介绍的分析和编程技能有助于识别和交流世界上的不公正。作为一个数据科学家，要有道德上的责任，使用技能不造成任何伤害（或最好是，努力消除过去和现在造成的伤害）。当从事数据科学时，必须考虑工作对人们的影响。仔细考虑数据中的代表和排除对象，分析隐含的假设以及数据分析结果对不同社区的影响，特别是那些经常被忽略的社区。

感谢阅读本书！希望本书对数据科学方面提供了一些启发和指导，使大家能更好地使用这些技能。

一 关于机器学习的视觉介绍：http://www.r2d3.us/visual-intro-to-machine-learning-part-1/。
二 VanderPlas, J. (2016). Python data science handbook: Essential tools for working with data. O'Reilly Media, Inc.
三 d3.js：https://d3js.org。
四 King, R. S. (2014). Visual storytelling with D3: An introduction to data visualization in JavaScript. Addison-Wesley.
五 Angwin, J. L. (2016, May 23). Machine bias. ProPublica. https://www.propublica.org/article/machine-bias-risk-assessments-in-criminal-sentencing。
六 机器偏差分析，完整代码：https://github.com/propublica/compas-analysis。

数据即未来：大数据王者之道

作者：[美]布瑞恩·戈德西 ISBN：978-7-111-58926-6 定价：79.00元

预见未来，抽丝剥茧，呈现数据科学的核心

一本帮助你理解数据科学过程，高效完成数据科学项目的实用指南。

内容聚焦于数据科学项目中所特有的概念和挑战，组织与利用现有资源和信息实现项目目标的过程。

推荐阅读